Microsoft Conversational AI-Platform für Entwickler

Stephan Bisser

Microsoft Conversational AI-Platform für Entwickler

Ende-zu-Ende-Chatbot-Entwicklung
von der Planung bis zum Einsatz

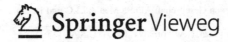

Stephan Bisser
Vasoldsberg, Österreich

This book is a translation of the original English edition "Microsoft Conversational AI Platform for Developers" by Bisser, Stephan, published by APress Media, LLC in 2021. The translation was done with the help of artificial intelligence (machine translation by the service DeepL.com). A subsequent human revision was done primarily in terms of content, so that the book will read stylistically differently from a conventional translation. Springer Nature works continuously to further the development of tools for the production of books and on the related technologies to support the authors.

ISBN 978-3-662-66471-1   ISBN 978-3-662-66472-8 (eBook)
https://doi.org/10.1007/978-3-662-66472-8

Die Deutsche Nationalbibliothek verzeichnet diese Publikation in der Deutschen Nationalbibliografie; detaillierte bibliografische Daten sind im Internet über http://dnb.d-nb.de abrufbar.

Lektorat: David Imgrund
Springer Vieweg ist ein Imprint der eingetragenen Gesellschaft APress Media, LLC und ist ein Teil von Springer Nature.
Die Anschrift der Gesellschaft ist: 1 New York Plaza, New York, NY 10004, U.S.A.

Ich widme dieses Buch meiner Familie, insbesondere meiner Frau Nicole, meinen beiden wunderbaren Kindern Nele und Diego, meinem Vater, den ich sehr vermisse, und meiner Mutter. Ich liebe euch!

Danksagungen

Ich möchte meinem Arbeitgeber, **Solvion**, dafür danken, dass er das beste Unternehmen ist, das viele Dinge möglich macht, die vor einiger Zeit noch unmöglich schienen. Natürlich möchte ich auch allen Kollegen danken, denn unsere Arbeitsfreundschaft ist etwas Besonderes. Aber dir, **Thomy**, muss ich ganz besonders danken, denn es ist eine Ehre, mit dir zusammenzuarbeiten, nicht nur an Firmenthemen, sondern auch an den kleinen Dingen der Community. Damit darf ich mich auch bei der gesamten MVP- und Nicht-MVP-Community bedanken, insbesondere bei meinen Freunden **Rick** und **Appie**, die mich mit neuen Ideen und Projekten auf Trab halten!

Danke, **Herbert** und **Brigitte**, dass ihr die besten Schwiegereltern seid, die ich mir hätte wünschen können!

Ich möchte meinem Vater dafür danken, dass er mir alles beigebracht hat, was er wusste, und dass er mich zu dem gemacht hat, was ich heute bin! *Ich vermisse dich*, **Papa**.

Danke, Mama, dass du in meinem Leben für mich da bist und mich unterstützt, wo immer du kannst! *Danke*, **Mama**!

Ich möchte meinen beiden wunderbaren Kindern, **Diego** und **Nele**, dafür danken, dass sie mich fit halten und unglaublich viel Freude in mein Leben bringen. Ohne euch würde mir etwas fehlen. *Ich liebe euch beide!*

Und schließlich möchte ich mich bei meiner Frau **Nicole** dafür bedanken, dass sie mich in jeder Situation unterstützt. Ich weiß, dass es manchmal schwer ist, mit mir zusammen zu sein, aber ich könnte nicht glücklicher sein, dich an meiner Seite zu haben. Du bist die Beste! *Ich liebe dich!*

Einführung

Dieses Buch deckt alle Schritte ab, die Sie bei der Entwicklung eines Chatbots mit der Microsoft Conversational AI-Plattform durchlaufen werden. Sie lernen die wichtigsten Fakten und Konzepte über das Microsoft Bot Framework und Azure Cognitive Services kennen, die für die Entwicklung und Pflege eines Chatbots erforderlich sind. Dieses Buch richtet sich vor allem an Entwickler und Personen mit einem Entwicklungshintergrund, da Sie die Konzepte der modernen End-to-End-Chatbot-Entwicklung kennenlernen werden. Da es aber auch die grundlegenden Konzepte abdeckt, kann fast jede IT-versierte Person, die sich für die Chatbot-Entwicklung interessiert, von der Lektüre dieses Buches profitieren.

Beginnend mit den theoretischen Konzepten geben die ersten drei Kapitel detaillierte Einblicke in die Microsoft Conversational AI Plattform, das Microsoft Bot Framework und die Azure Cognitive Services, die in diesem Buch für die Entwicklung von Chatbots verwendet werden. Die Kap. 4, 5, 6, 7 und 8 behandeln dann die verschiedenen Phasen eines jeden Chatbot-Entwicklungsprojekts, beginnend mit der Designphase, in der die Designprinzipien besprochen werden, gefolgt von der Erstellungsphase, in der ein realer Beispiel-Chatbot mit dem Microsoft Bot Framework Composer, einem visuellen Bot-Bearbeitungswerkzeug, entwickelt wird. Danach wird die Testphase behandelt, um zu sehen, wie man einen Chatbot richtig testet, bevor die letzten beiden Kapitel sich mit der Veröffentlichungs- und der Verbindungsphase befassen, um den Chatbot den Endnutzern anzubieten.

Inhaltsverzeichnis

Über den Autor

 **Stephan Bisser** ist technischer Leiter bei Solvion und ein Microsoft MVP für künstliche Intelligenz mit Sitz in Österreich. In seiner aktuellen Rolle konzentriert er sich auf Conversational AI, Microsoft 365 und Azure. Seine Leidenschaft gilt der Conversational AI Plattform und dem gesamten Microsoft Bot Framework und Azure Cognitive Services Ökosystem. Stephan hat zusammen mit einigen anderen MVPs die Bot Builder Community gegründet, eine Community-Initiative, die Bot Framework-Entwicklern mit Codebeispielen und Erweiterungen hilft. Zusammen mit Thomy Gölles, Rick Van Rousselt und Albert-Jan Schot ist Stephan Gastgeber von SelectedTech, wo sie Webinare und Videos auf sozialen Medien rund um SharePoint, Office 365 und das Microsoft AI-Ökosystem veröffentlichen. Darüber hinaus bloggt er regelmäßig und ist ein mitwirkender Autor des *Microsoft AI MVP Book*.

Sie können ihn in seinem Blog (https://bisser.io), auf Twitter (@stephanbisser), auf LinkedIn (www.linkedin.com/in/stephan-bisser/) und auf GitHub (stephanbisser) erreichen.

Über den technischen Prüfer

Fabio Claudio Ferracchiati ist ein leitender Analyst/Entwickler, der Microsoft-Technologien verwendet. Er ist ein Microsoft Certified Solution Developer für .NET, ein Microsoft Certified Application Developer für .NET, ein Microsoft Certified Professional und ein produktiver Autor und technischer Gutachter. In den letzten zehn Jahren hat er Artikel für italienische und internationale Zeitschriften verfasst und war Mitautor von mehr als zehn Büchern zu einer Vielzahl von Computerthemen.

Einführung in die Microsoft Conversational AI Plattform

Konversationelle KI (kurz für künstliche Intelligenz) ist ein Begriff, der als ein Teilgebiet oder eine Disziplin der künstlichen Intelligenz im Allgemeinen beschrieben werden kann. Dieser Bereich befasst sich mit der Frage, wie Software oder Dienste über eine mit KI-Algorithmen angereicherte Konversationsschnittstelle zugänglich gemacht werden können. Diese Konversationsschnittstellen reichen in der Regel von einfachen textbasierten Chat-Schnittstellen bis hin zu recht komplexen Sprach- und Sprechschnittstellen. Das Hauptziel besteht darin, Menschen über diese Konversationsschnittstellen mit Softwarediensten interagieren zu lassen, um die Interaktion zwischen Menschen und Maschinen natürlicher zu gestalten. Ein Beispiel dafür wäre folgendes: Stellen Sie sich vor, Sie sitzen in Ihrem Auto und wollen die Heizung regulieren. In der Gegenwart müssten Sie wahrscheinlich einen Knopf drücken oder einen Schalter im Auto betätigen, um die Heizung hoch- oder runterzudrehen. In einem moderneren Szenario wäre es viel natürlicher, einfach etwas zu sagen wie „Auto, bitte die Heizung auf 22 Grad Celsius stellen", um das Gleiche zu erreichen. In diesem zweiten Fall müssten Sie keinen Knopf drücken, der Sie vom Fahren ablenkt; Sie müssten nur sprechen und dem Gerät sagen, was es tun soll. Damit hätten Sie nicht nur die Möglichkeit, sich auf Ihre Hauptaufgabe, das Fahren, zu konzentrieren, sondern dies könnte auch von Vorteil sein, da es schneller sein kann, etwas zu sagen, als ein System über Tasten oder Schalter zu steuern.

In diesem ersten Kapitel des Buches werden die wichtigsten Konzepte und Prinzipien der Konversations-KI mit Schwerpunkt auf dem Microsoft-Ökosystem sowie Nutzungsszenarien für Konversations-KI-Dienste vorgestellt.

Schlüsselkonzepte der konversationellen KI

Wenn man von „Conversational AI" spricht, muss man immer an eine Orchestrierung verschiedener Komponenten denken. Diese Komponenten müssen so aufeinander abgestimmt sein, dass sie den Menschen, die sie nutzen, die bestmögliche dialogorientierte Schnittstelle bieten. In vielen Fällen kann eine umfassende konversationelle KI-Schnittstelle aus Folgendem bestehen:

- Verarbeitung natürlicher Sprache (NLP)
- Textanalytik
- Text-in-Sprache
- Sprache-zu-Text
- Text-/Sprachübersetzung

Aber warum ist das heutzutage so wichtig? Die Antwort ist recht einfach, wenn man sich ansieht, was die Menschen in der Vergangenheit genutzt

© Der/die Autor(en), exklusiv lizenziert an APress Media, LLC, ein Teil von Springer Nature 2022
S. Bisser, *Microsoft Conversational AI-Platform für Entwickler*,
https://doi.org/10.1007/978-3-662-66472-8_1

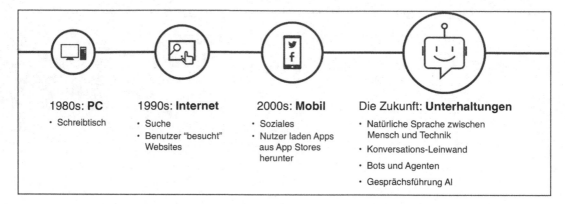

1980s: PC
• Schreibtisch

1990s: Internet
• Suche
• Benutzer "besucht" Websites

2000s: Mobil
• Soziales
• Nutzer laden Apps aus App Stores herunter

Die Zukunft: Unterhaltungen
• Natürliche Sprache zwischen Mensch und Technik
• Konversations-Leinwand
• Bots und Agenten
• Gesprächsführung AI

Abb. 1.1 Entwicklung der IT

haben. Abb. 1.1 zeigt, dass sich derzeit ein Paradigmenwechsel vollzieht, da es wichtiger denn je ist, mit einem Dienst eine Unterhaltung zu führen, anstatt „nur" zu klicken und zu browsen.

Vor vielen Jahrzehnten, als PCs populär wurden, bestand der Haupteinsatzzweck von Personalcomputern darin, allein an verschiedenen Aufgaben zu arbeiten, ohne die Möglichkeit zu haben, sich mit anderen Menschen über den Computer zu verbinden. Mit der Einführung des Internets änderte sich dies ein wenig, denn nun konnte man seinen Computer mit anderen verbinden. Dies führte dazu, dass jeder Nutzer die Möglichkeit hatte, über das Internet mit anderen zu kommunizieren. In den 2000er-Jahren begann das mobile Zeitalter, in dem die Menschen Smartphones und Social-Media-Apps nutzten, um sich über ihre mobilen Geräte mit anderen zu verbinden. Von diesem Zeitpunkt an brauchten die Menschen keinen Computer oder Laptop mehr, um mit anderen Menschen zu kommunizieren. Man konnte einfach sein Smartphone benutzen und über verschiedene Social-Media-Kanäle einen Chat mit anderen starten und sich mit ihnen unterhalten. Aber bis dahin ging es immer um die Interaktion zwischen einer Person und einer anderen über verschiedene Kommunikationskanäle und -dienste.

Dies ändert sich nun ein wenig, denn es beginnt eine neue Ära, in der der Schwerpunkt auf der Fähigkeit der Menschen liegt, nicht nur mit anderen Menschen, sondern auch mit den von ihnen genutzten Diensten auf menschliche Art und Weise zu kommunizieren. Stellen Sie sich vor, Sie würden mit Ihrer Kaffeemaschine nicht mehr so interagieren, wie Sie es gewohnt sind, indem Sie auf Knöpfe klicken, um sich einen Kaffee zu kochen, sondern eine einfache, aber ziemlich ungewöhnliche Erfahrung machen. Mit dem neuen Ansatz wäre es möglich, mit Ihrer Kaffeemaschine zu sprechen und zu sagen: „Ich möchte einen Cappuccino trinken. Kannst du mir bitte einen machen?". Und dieser Ansatz könnte auch für Softwaredienste verwendet werden, wie Sie sie jetzt nutzen, aber anstatt hier und da auf Schaltflächen zu klicken, um dem Dienst zu sagen, was er tun soll, führen Sie einfach ein natürliches Gespräch mit dem besagten Dienst, so wie Sie es mit einem anderen Menschen tun würden. In gewisser Weise ist dies eine neue Art von Benutzeroberfläche. Diese neue Benutzeroberfläche muss natürlich intuitiv sein und ist daher auf die Fähigkeit angewiesen, den Benutzer zu verstehen.

Verarbeitung natürlicher Sprache

Bei diesem neuen Ansatz der Nutzung von und Interaktion mit Diensten auf eine natürlichere oder menschlichere Art und Weise ist die Fähigkeit zur Verarbeitung natürlicher Sprache von entscheidender Bedeutung. Und dies ist einer der vielen Bereiche der konversationellen KI, an denen nicht nur Entwickler und Ingenieure, sondern auch Fachexperten beteiligt sein sollten. Es macht keinen Sinn, dass Sie als Entwickler, der eine KI-Anwendung wie einen Bot entwickelt, das Sprachmodell für Ihre Anwendung konstruieren. Der Grund dafür ist, dass Sie in den meisten Fällen nicht der Fachexperte sind, für den Ihre App entwickelt werden soll. Daher ist es sinnvoll, in diesen Bereichen, wie z. B. bei Sprachmodellen, mit Fachexperten und Personen zusammenzuarbeiten, die die Zielgruppe Ihres Bots kennen. Diese Fachleute haben in vielen Fällen ein besseres Verständnis für die Art und Weise, wie Benutzer mit Ihrem Bot interagieren, und können daher die Qualität Ihrer kognitiven Fähigkeiten innerhalb Ihres Bots verbessern. Die Schlüsselfaktoren eines solchen Modells zum Verstehen natürlicher Sprache, das eine Schlüsselkomponente jeder KI-Anwendung ist, sind Intentionen und Äußerungen.

Intents sind verschiedene Bereiche innerhalb Ihres Sprachverständnismodells. Diese Intents können verwendet werden, um anzuzeigen, welche Absicht der Benutzer hat, wenn er dem Bot etwas mitteilt. Sie können als Indikatoren oder Auslöser innerhalb der Geschäftslogik einer App verwendet werden, um festzulegen, wie der Bot auf eine bestimmte Eingabe reagieren soll. Wenn ein Benutzer zum Beispiel fragt: „Wie ist das Wetter heute?", möchten Sie sicherlich, dass der Bot mit etwas wie „Es wird überwiegend sonnig bei 28 Grad Celsius." antwortet. Um eine solche Absicht zu definieren, wie im Beispiel „GetWeather", müssen Sie dem natürlichen Sprachmodell Beispielsätze zur Verfügung stellen, die als Äußerungen bezeichnet werden. Diese Äußerungen für die gegebene Absicht könnten sein

- Wie ist das Wetter?
- Wie ist das Wetter?
- Wie ist das Wetter?
- Können Sie mir die Wettervorhersage sagen?
- Ich würde gerne einige Details über das Wetter erfahren.

Wie Sie sehen können, unterscheiden sich diese fünf Beispielsätze in Wortwahl und Syntax. Dies ist entscheidend für die Qualität Ihres Sprachmodells, denn Sie müssen sich in die Endnutzer einfühlen und wissen, wie sie Ihren Bot nach dem Wetter fragen. Und je mehr Äußerungen Sie

Ihrem Modell zur Verfügung stellen, desto mehr Möglichkeiten wird Ihr Modell abdecken.

Aber das ist noch nicht alles, wie dieses einfache Beispiel zeigt. In diesem Szenario fragt der Nutzer X und der Bot antwortet mit Y. Aber man muss auch den Kontext dieser Konversation irgendwie berücksichtigen. Denn wenn ein Benutzer einem Bot nur eine Frage zum Wetter stellt, kennt der Bot nicht den Ort, für den der Benutzer das Wetter wissen möchte. Was Sie also zu Ihrem Sprachmodell hinzufügen müssten, sind so genannte Entitäten, die bestimmte Eigenschaften angeben, die Sie kennen müssen, bevor Sie die Anfrage bearbeiten können. In diesem Szenario wäre der Ort eine solche Entität, die Sie kennen müssen, bevor Sie mit Details über das Wetter antworten können. Um diese Fähigkeit zu erhalten, müssen Sie Ihr Sprachverständnismodell erweitern, indem Sie beispielsweise die folgenden Äußerungen hinzufügen und die Entitäten markieren:

- Wie ist das Wetter in {**location=Seattle**}?
- Wie ist das Wetter in {**Ort=New York**}?
- Wie ist das Wetter in {**location=Berlin**}?
- Können Sie mir die Wettervorhersage für {**location=Redmond**} mitteilen?
- Ich würde gerne einige Details über das Wetter in {**location=Amsterdam**} erfahren.

Das Sprachverstehensmodell ist nun in der Lage, Ortseinheiten in gegebenen Phrasen zu erkennen und diese Orte für Sie zu markieren. Innerhalb der Geschäftslogik Ihrer Anwendung können Sie diese Entitäten nun wie Variablen verwenden und die Anfrage entsprechend verarbeiten. Jetzt wäre es möglich, dass Sie mit den richtigen Wetterdetails antworten, wenn ein Benutzer fragt: „Wie ist das Wetter heute in Seattle?" Was Sie in Ihrer Geschäftslogik behandeln müssten, ist der Prozess, wenn ein Benutzer keinen Ort für die Abfrage des Wetters angibt. In den meisten Fällen ist es sinnvoll, mit einer Frage zu antworten, die lautet: „Um Ihnen die Wettervorhersage geben zu können, geben Sie mir bitte die Stadt an, für die Sie das Wetter wissen möchten." Dadurch wird die Interaktion zwischen dem Benutzer und dem Bot natürlicher, da eine Art von Kontextbewusstsein vorhanden ist.

Die Verarbeitung natürlicher Sprache ist jedoch nur eine Komponente innerhalb einer KI-Anwendung für Konversation. Stellen Sie sich vor, Sie wollen einen Chatbot bauen, der Ihr Kundenservice-Szenario erweitert und den Nutzern einen zusätzlichen Ansprechpartner bietet, der rund um die Uhr erreichbar ist. In vielen Fällen kann ein Chatbot ein guter Weg sein, um in einem ersten Schritt Fragen oder Anfragen zu bearbeiten und die Mitarbeiter im Kundenservice zu entlasten. Ein Chatbot kann die grundlegenden Fragen problemlos bearbeiten, aber was ist, wenn ein Kunde oder Endnutzer eine dringende Anfrage hat, die nicht vom Bot bearbeitet werden kann? Die Analyse der Kundennachrichten, um daraus eine Bedeutung abzuleiten, kann Ihnen dabei helfen, die Nachrichten an die richtige Kontaktperson im Backend weiterzuleiten. Daher ist es sinnvoll, eine Art Textanalyse-Engine zu verwenden, die die Stimmung in den Nachrichten erkennen kann. Auf diese Weise können Sie innerhalb der Geschäftslogik Ihres Chatbots entscheiden, ob es notwendig ist, an einen Menschen weiterzugeben, anstatt das Gespräch mit dem Bot fortzusetzen.

Übersetzung von Sprachen

Erweitern wir den vorangegangenen Anwendungsfall um die Abwicklung von Flugbuchungen, die vom Bot übernommen werden können. In vielen Fällen kann der Bot den Nutzern bei ihren Buchungen helfen. Aber Sie müssen auch Beschwerden berücksichtigen. Auch das kann ein Bot erledigen, doch viele Menschen möchten sofort eine klare Antwort erhalten, wenn sie eine Beschwerde einreichen wollen. Mithilfe einer Art Textanalyse könnte man die Stimmung des Nutzers erkennen und auf der Grundlage des Stimmungswerts entscheiden, ob es notwendig ist, das Gespräch sofort an einen Kundendienstmitarbeiter weiterzuleiten, da der Kunde verärgert oder aufgebracht ist. Dadurch könnte verhindert werden, dass unzufriedene Kunden zu Kundenverlusten führen, da sie weiterhin entsprechend ihrer Situation bedient werden. Außerdem hätten die Kundendienstmitarbeiter mehr Zeit, sich um die „schwierigen" Fälle zu kümmern, und könnten die Kunden effizienter bedienen, da grundlegende Fragen vollständig vom Bot bearbeitet werden.

Wenn Sie einen Bot erstellen, der sich mit Kundenanfragen befassen soll, kann es je nach Angebot auch von Vorteil sein, einen mehrsprachigen Bot zu implementieren. Nun gibt es zwei mögliche Implementierungsansätze:

- Erstellen Sie separate Bots für jede Sprache.
- Erstellen Sie einen Bot und nutzen Sie die Übersetzung, um Mehrsprachigkeit zu ermöglichen.

Natürlich hängt dies vom jeweiligen Szenario und anderen Umständen wie Budget und Zeitrahmen ab, aber in vielen Fällen könnte der zweite Ansatz eine gute Alternative zur Implementierung eines mehrsprachigen Bots sein. Durch den Einsatz von Übersetzungen könnten Ihre Mitarbeiter, die für die Inhalte und das Wissen des Bots verantwortlich sind, die Inhalte nur in einer Sprache verwalten, anstatt Wissensdatenbanken oder Datensilos für jede Sprache zu erstellen, die der Bot verwenden soll. Der Nachrichtenfluss auf hoher Ebene für einen solchen mehrsprachigen Bot könnte wie in Abb. 1.2 dargestellt aussehen.

Sprache

Ein weiterer Aspekt, der ebenfalls nicht vernachlässigt werden sollte, ist die Frage, ob der Bot ein reiner Textbot sein soll oder ob er auch sprachfähig sein soll. Sprache ist sicherlich eine anspruchsvollere Disziplin, wenn es um das Bot-Design geht. Der Grund dafür ist, dass viele Menschen es gewohnt sind, mit anderen Menschen oder Bots zu schreiben, ohne Akzentphrasen zu verwenden. Aber wenn Menschen sprechen, sind sie es gewohnt, mit einem Akzent zu sprechen, anstatt grammatikalisch korrekt, wie beim Schreiben. Wenn Sie also einen Bot entwickeln, der in der Lage sein soll, eine Unterhaltung per Sprache zu führen, müssen Sie an

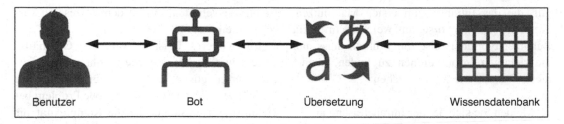

| Benutzer | Bot | Übersetzung | Wissensdatenbank |

Abb. 1.2 Bot-Übersetzungsfluss – hohe Ebene

alle Szenarien und Akzente denken, die Menschen in ihren Gesprächen verwenden könnten. Außerdem müssen Sie sich Gedanken über die Art der Architektur machen, die Sie implementieren möchten. Für Bots, insbesondere in der Microsoft Conversational AI-Plattform, ist ein solides Szenario die Verwendung von Azure Speech Services, einem Dienst, der auf Sprachszenarien zur Implementierung von Sprache-zu-Text und Text-zu-Sprache ausgerichtet ist. In einem solchen Fall könnten Sie Speech-to-Text verwenden, um alle eingehenden Sprachnachrichten zu sammeln und sie in Text umzuwandeln, bevor Sie diese Textnachrichten an die Logik Ihres Bots zur Ausführung der Geschäftslogik weiterleiten. Wenn der Bot eine Antwort an den Benutzer sendet, können Sie Text-to-Speech verwenden, um diese textbasierte Nachricht erneut in eine sprachbasierte Nachricht zu übersetzen, bevor sie an den Kanal des Benutzers gesendet wird. Mit dieser Art von Architektur können Sie einen Bot entwickeln, der in der Lage ist, Nachrichten sowohl in einem textbasierten Szenario wie einem Chat als auch in einem sprachbasierten Szenario wie einem Telefonanruf mit derselben Geschäftslogik im Backend zu beantworten. Der einzige Unterschied aus Sicht der Entwicklung besteht darin, dass die Benutzerkanäle unterschiedlich behandelt werden müssen, um sicherzustellen, dass jeder Anruf Sprache-zu-Text und Text-zu-Sprache verwendet, bevor die natürlichen Sprachverarbeitungsroutinen ausgeführt werden. Ein großer Vorteil ist, dass Sie Ihren Bot einmal entwickeln und ihn dann gleichzeitig für text- und sprachbasierte Kanäle einsetzen können, ohne den Code zu ändern oder zwei verschiedene Bots entwickeln zu müssen.

Anwendungsszenarien von Conversational AI

Es gibt viele verschiedene Szenarien, in denen konversationelle KI nützlich sein kann. Tatsächlich könnte man fast jedes Geschäftsproblem mit KI in irgendeiner Form lösen. Das größte Risiko besteht heutzutage darin, den Prozess des Requirements Engineering zu vergessen, wenn man mit dem Aufbau von KI-Anwendungen beginnt. Konversationelle KI ist ein Teilbereich der künstlichen Intelligenz, der sich auf den Aufbau nahtloser Konversationen zwischen Computern und Menschen konzentriert. Da dies heutzutage ein großes Schlagwort ist, werden die richtigen Anwendungsfälle oft nicht gründlich evaluiert. Viele Unternehmen und Anbieter versuchen, KI-Dienste zu implementieren, weil dies heutzutage ein Trend ist. Dies führt jedoch häufig dazu, dass die Nutzer nicht von den neuen KI-gestützten Lösungen profitieren. Der entscheidende Punkt, der einen KI-gestützten Anwendungsfall erfolgreich macht, insbesondere einen, der unter Verwendung von Konversations-KI entwickelt wurde, ist, dass er die Nutzererfahrung deutlich verbessert oder beschleunigt und nicht verschlechtert.

Ein einfaches Beispiel könnte ein Intranet-Szenario in einem großen Unternehmen sein. Diese Intranet-Lösungen sind in der Regel so konzipiert, dass sie eine Vielzahl von Informationen wie Dokumente speichern. Das Problem dabei ist, dass diese Lösungen in vielen Fällen über viele Jahre hinweg wachsen und die Benutzer Schwierigkeiten haben, relevante Informationen in diesem „Informationsdschungel" zu finden, was insbesondere für neue Mitarbeiter gilt, die das Intranet zum ersten Mal nutzen. Wenn Sie sich nun vorstellen, welche Schritte ein Benutzer typischerweise durchführen muss, um die richtigen Informationen zu finden, könnte dieser Prozess wie folgt aussehen:

1. Melden Sie sich bei der Intranetlösung an.
2. Navigieren Sie zu dem richtigen Bereich im Intranet, in dem die Informationen gespeichert sein könnten.
3. Navigieren Sie zu der Dokumentenablage in diesem Bereich.
4. Sehen Sie die Dokumente durch, um das richtige Dokument zu finden.
5. Öffnen Sie das Dokument.

Stellen Sie sich nun denselben Anwendungsfall vor, der jedoch über eine KI-App in Form eines Chatbots bedient wird. Die Nutzer müssten in der Regel Folgendes tun, um das gleiche Ergebnis zu erzielen:

1. Melden Sie sich in dem Kanal an, in dem der Bot zugänglich ist.
2. Senden Sie eine Nachricht wie: „Könnten Sie mir bitte das Dokument xyz senden" oder „Könnten Sie mir bitte alle Dokumente mit den Metadaten xyz senden."
3. Öffnen Sie die vom Chatbot gesendeten Dokumente.

Wenn man nun diese beiden Ansätze vergleicht, wäre der Nutzer viel schneller, wenn er dem Chatbot einfach sagen könnte, welche Informationen er haben möchte, ohne die Dateien selbst durchsuchen zu müssen. Dies wiederum hat das Potenzial, den Nutzern viel Zeit zu ersparen, die sie in innovative Aufgaben investieren können oder in Aufgaben, die sie gerne tun, weil sie angenehmer sind als das Durchsuchen von Dokumenten. Natürlich hängt dies von einer Architektur ab, bei der der Bot in die Intranetlösung integriert ist und in der Lage ist, alle Dokumente zu indexieren, um sie in Sekundenschnelle an die Benutzer zu senden. Der entscheidende Punkt ist jedoch, dass der Bot oder generell die angewandten KI-Lösungen einen Mehrwert für die

Endnutzer schaffen, anstatt den Prozess zu verschlimmern.

Ein weiteres Beispiel wäre das Geschäftsberichtswesen. Auf dem Markt gibt es eine Vielzahl von Lösungen, die Dienste für verschiedene Berichtszwecke anbieten. Das große Problem bei vielen dieser Lösungen ist die Komplexität für die Endnutzer in den meisten Fällen. Da ein Reporting-Tool in der Lage sein sollte, mit komplexen Datenstrukturen umzugehen, um anspruchsvolle Berichte zu erstellen, ist auch die Benutzeroberfläche zur Erstellung dieser Berichte recht komplex. Es wäre viel einfacher, wenn man dem Dienst in natürlicher Sprache mitteilen könnte, welche KPIs man sehen möchte. Daher bauen viele Anbieter, darunter auch Microsoft, Dienste in ihre Berichterstattungslösungen ein, die die Möglichkeit bieten, die Daten in natürlicher Sprache abzufragen, anstatt über die gewohnte komplexe Berichtsschnittstelle. Auf diese Weise sparen die Endnutzer potenziell viel Zeit, da sie dem System nur mitteilen müssen, was sie sehen wollen, was in der Regel eine Sache von Sekunden ist, anstatt viel Zeit mit der Erstellung von Dashboards im Vorfeld zu verbringen. Daher kann die konversationelle KI als eine Art neue Benutzerschnittstelle betrachtet werden, die dazu dient, Softwaredienste über eine konversationelle Schnittstelle bereitzustellen, die relativ einfach zu handhaben sein sollte, da Menschen gewohnt sind, mit natürlicher Sprache zu sprechen und zu interagieren.

Ein weiterer wichtiger Punkt der konversationellen KI ist, dass diese Dienste durch die Einführung einer Art von konversationeller KI in Unternehmen den Menschen möglicherweise die Angst vor künstlicher Intelligenz nehmen könnten. In vielen Teilen der Welt, insbesondere in Fertigungsunternehmen, haben die Menschen Angst, dass KI-Dienste oder allgemein gesprochene Maschinen früher oder später ihre Arbeit übernehmen werden. Daher weigern sie sich, diese „modernen" Lösungen zu nutzen, da sie glauben, dass die Maschine ihre Arbeit übernehmen wird und sie vor ernsthaften Problemen stehen würden. Durch die Einführung von „leichtgewichtigen" KI-Diensten in Form von

Chatbots und anderen konversationellen KI-Lösungen haben Unternehmen die Möglichkeit, den Menschen zu sagen, dass diese als virtuelle Assistenten für ihre Mitarbeiter fungieren werden, die den Menschen helfen und sie unterstützen sollen. Diese virtuellen Assistenten sollten so konzipiert sein, dass sie sich wiederholende Aufgaben der Nutzer übernehmen, so dass diese die Möglichkeit haben, mehr Zeit für innovative oder schwierigere Aufgaben zu verwenden, die virtuelle Assistenten nicht bewältigen könnten. Mit einem solchen Ansatz sind die Akzeptanzraten von KI-Diensten in Unternehmen in der Regel viel höher, wenn die Menschen diese Dienste als Assistenten betrachten, die ihnen die Arbeit abnehmen, die sie nicht gerne tun.

Ein gutes Beispiel für ein solches Szenario wäre der IT-Support. Jedes Unternehmen hat eine Art Helpdesk-Team, das sich im Grunde mit einer Vielzahl von Fragen und Problemen beschäftigt. Eines der häufigsten Probleme ist die Frage nach dem Zurücksetzen des Passworts. Stellen Sie sich vor, Sie arbeiten in einem IT-Helpdesk und bekommen mehrmals täglich die Frage gestellt, wie man ein Passwort zurücksetzt. Irgendwann könnte diese Frage lästig werden, aber dennoch müssten Sie Benutzern helfen, die mit einem abgelaufenen oder vergessenen Kennwort zu kämpfen haben. Wenn Sie jedoch einen IT-Helpdesk-Chatbot einführen würden,

der in der Lage wäre, diese grundlegenden Fragen zu beantworten, wie z. B. die Frage, wie man das Passwort eines Benutzers zurücksetzt, hätten Sie mehr Zeit, um sich mit anspruchsvolleren Problemen zu befassen oder sogar an der Prozessoptimierung innerhalb der Supportabteilung zu arbeiten. Und da der Chatbot Ihnen kaum jemals sagen wird, dass er es leid ist, immer wieder dieselben Fragen zu beantworten, werden die Nutzer richtig bedient, wenn nicht sogar effizienter, da der Chatbot dem Nutzer, der das Problem hat, sofort die Antwort liefern kann, da er immer verfügbar ist, auch außerhalb der Geschäftszeiten.

Service-Angebote rund um Conversational AI in Microsoft Azure

Als öffentliche Cloud-Plattform von Microsoft bietet Azure viele verschiedene Dienste und Lösungen für die unterschiedlichen Bereiche wie Infrastructure as a Service (IaaS), Platform as a Service (PaaS) und Software as a Service (SaaS); es bietet auch viele Dienste im Bereich AI as a Service (AIaaS). Das Serviceangebot ist recht breit gefächert und deckt viele verschiedene Servicetypen ab, die in einer KI-Anwendung zum Einsatz kommen, wie in Abb. 1.3 dargestellt.

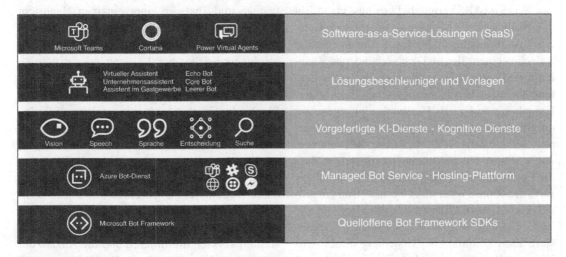

Abb. 1.3 Microsoft KI-Plattform für Unterhaltungen

Bot Framework und Azure Bot Service

Die Grundlage jeder konversationellen KI-Anwendung oder jedes Chatbots ist das Microsoft Bot Framework. Dabei handelt es sich um ein Open-Source-SDK, das mittlerweile in C#, JavaScript und Python (alle allgemein verfügbar) sowie in Java (Vorschau) verfügbar ist. Dieses SDK bietet eine offene, modulare und erweiterbare Architektur für die Entwicklung von Bots und KI-Apps für Unterhaltungen. Es bietet ein eingebautes Dialogsystem, das agil ist und angepasst werden kann. Einer der Hauptvorteile dieses SDKs ist die Tatsache, dass es in allen Entwicklungssprachen dieselbe Implementierung verwendet. Das bedeutet, dass Entwickler Bots mit .NET und JavaScript erstellen können und nicht zwei verschiedene Implementierungsansätze oder Konzepte lernen müssen, da sie in allen Programmiersprachen vereinheitlicht sind. Außerdem lässt sich das Microsoft Bot Framework SDK nahtlos in die Microsoft Azure-Plattform sowie in alle Microsoft Cognitive Services integrieren.

Bei der Bereitstellung eines Bots, der mit dem Microsoft Bot Framework erstellt wurde, fungiert der Azure Bot Service als Hosting-Plattform in Azure. Dieser Dienst beschleunigt im Wesentlichen die Bereitstellungs- und Verwaltungszyklen eines Bot Framework-Bots. Der Azure Bot Service (ABS) ermöglicht es uns, einen Bot innerhalb weniger Minuten mit mehreren Kanälen zu verbinden, da Microsoft die Integration zwischen einem Bot und den verbundenen Kanälen für uns verwaltet. Sie müssen also nicht tagelang eine neue Verbindung zwischen Ihrer Azure-Umgebung und z. B. Facebook einrichten, nur um Ihren Bot im Facebook Messenger zu aktivieren – dies wird von Microsoft übernommen. Alles, worum Sie sich kümmern müssen, ist, dass die Logik und der Code Ihres Bots von der Plattform des Kanals unterstützt werden. Und ein großer Vorteil ist die Tatsache, dass Microsoft die Liste der unterstützten Kanäle ständig aktualisiert. Zum Zeitpunkt der Erstellung dieses Artikels werden die folgenden Kanäle unterstützt (Änderungen sind vorbehalten):

- Cortana
- Office 365 E-Mail
- Microsoft Teams
- Skype
- Slack
- Twilio (SMS)
- Facebook Messenger
- Kik Messenger
- GroupMe
- Facebook für Workplace
- LINE
- Telegramm
- Web-Chat
- Direkte Linie
- Direct Line Rede

Wie die vorangegangene Liste zeigt, integriert Microsoft auch Plattformen von Drittanbietern wie Facebook Messenger oder Slack. Dies erweitert die möglichen Anwendungsfälle für Chatbots, da der Bot gleichzeitig in Slack und Microsoft Teams verwendet werden kann und dieselbe Codebasis nutzt. Natürlich muss man sich vergewissern, dass der Code des Bots auf beiden Plattformen unterstützt wird, vor allem, wenn es um Front-End-Angelegenheiten geht, denn Microsoft Teams unterstützt zum Beispiel ein Konzept namens Adaptive Cards, das in einem späteren Kapitel erläutert wird. Diese Lösung bietet die Möglichkeit, umfangreiche Anhänge wie Bilder, Audiodateien, Schaltflächen und Texte in einer einzigen Nachricht darzustellen. Der Vorteil dabei ist, dass die Definition einer solchen Adaptive Card mit JSON erfolgt und daher zur Laufzeit ersetzt werden kann. Der Nachteil ist, dass viele Kanäle dieses neue Konzept noch nicht unterstützen, wie Slack oder Facebook Messenger. Wenn Sie also einen Bot für Teams und Slack erstellen, müssen Sie beide Kanäle in verschiedenen Bereichen Ihrer Konversation unterschiedlich behandeln. Das übergeordnete Ziel ist jedoch, einen Bot einmal zu schreiben und ihn in mehreren Kanälen einzusetzen. Auf diese Weise können Sie Ihre Entwicklungs- und Bereitstellungszyklen minimieren und die Anzahl der möglichen Nutzer und die Reichweite maximieren. Die Details des Bot-Frameworks und alle seine Konzepte und Muster werden in einem späteren Kapitel erläutert.

Kognitive Dienste

Microsoft bietet eine Reihe von vorgefertigten Diensten für maschinelles Lernen mit der Bezeichnung „Cognitive Services" an, die Entwicklern, die über keine Kenntnisse als Datenwissenschaftler verfügen, helfen sollen, intelligente Anwendungen zu entwickeln. Dieser Satz umfassender APIs soll die Möglichkeit bieten, ohne großen Aufwand eine Anwendung zu entwickeln, die entscheiden, verstehen, sprechen, hören und suchen kann. Die folgende Liste fasst alle Cognitive Services zusammen, die derzeit verfügbar sind:

* **Entscheidung**
  - **Anomalie-Detektor (Vorschau)**
    Ein Dienst, der den Nutzern hilft, jede Art von Problem vorherzusehen, bevor es auftritt.
  - **Inhalt Moderator**
    Eine API, die zur maschinellen Moderation von Inhalten verwendet werden kann, sowie ein menschliches Überprüfungstool für Bilder, Texte und Videos.
  - **Personalisierer**
    Ein auf Reinforcement Learning basierender Dienst zur Bereitstellung personalisierter und maßgeschneiderter Inhalte für Endnutzer.
* **Sprache**
  - **Immersiver Leser (Vorschau)**
    Ein Dienst, der derzeit in der Vorschauphase ist und die Möglichkeit bietet, Funktionen zum Lesen und Verstehen von Texten in Anwendungen einzubetten.
  - **Sprache Verstehen**
    Integrieren Sie Funktionen zum Verstehen natürlicher Sprache auf der Grundlage von Modellen des maschinellen Lernens in Anwendungen und Bots, um Endbenutzer zu verstehen und Aktionen auf der Grundlage ihrer Bedürfnisse abzuleiten.

  - **QnA Maker**
    Ein cloudbasierter Dienst, der es Entwicklern und Geschäftsanwendern ermöglicht, Wissensdatenbanken auf der Grundlage häufig gestellter Fragen zu erstellen, die dann in Form von Konversationen genutzt werden können.
  - **Textanalyse**
    Text Analytics ermöglicht die Integration von Sentiment- und Spracherkennung, Entity- und Key-Phrase-Extraktion aus einem Eingabetext in Anwendungen und Bots.
  - **Übersetzer**
    Eine neuronale maschinelle Übersetzungs-API für Entwickler, die benutzerfreundliche Schnittstellen zur Durchführung von Textübersetzungen in Echtzeit bietet und mehr als 60 Sprachen unterstützt.
* **Sprache**
  - **Speech to Text (Teil des Sprachdienstes)**
    Eine Echtzeit-Sprach-zu-Text-API, die es den Benutzern ermöglicht, gesprochene Audiodaten in Text umzuwandeln, einschließlich der Möglichkeit, benutzerdefinierte Vokabulare zu verwenden, um Spracherkennungsbarrieren zu überwinden.
  - **Text to Speech (Teil des Sprachdienstes)**
    Mit Hilfe von neuronalen Text-to-Speech-Funktionen bietet diese API die Möglichkeit, Text in Sprache umzuwandeln, um natürliche Konversationsschnittstellen zu schaffen, die eine breite Palette von Sprachen, Stimmen und Akzenten unterstützen.
  - **Sprachübersetzung (Teil des Sprachdienstes)**
    Eine cloudbasierte automatische Übersetzungs-API, die Sprachübersetzungen in Echtzeit bietet.
  - **Sprecher-Erkennung (Vorschau)**
    Speaker Recognition ist ein Dienst, der die Funktionalität bietet, einzelne Sprecher zu erkennen und zu identifizieren, um entweder die Identität eines unbekannten Sprechers zu bestimmen oder Sprache als Verifizierungsmethode zu verwenden.

- **Vision**
  - **Computer Vision**
    Eine API, die den Inhalt von Bildern ana-
    lysieren, Text aus Bildern extrahieren und
    bekannte Objekte wie Marken oder Wahr-
    zeichen auf Bildern erkennen kann.
  - **Benutzerdefinierte Vision**
    Auf der Grundlage des Computer Vision-
    Dienstes können Benutzer von Custom
    Vision ihre eigenen Computer Vision-
    Modelle auf der Grundlage ihrer Anfor-
    derungen erstellen.
  - **Gesicht**
    Die Face API ist darauf zugeschnitten, Ge-
    sichter in Bildern zu analysieren und als
    Gesichtserkennungsdienst zu nutzen, der in
    jede Art von Anwendung integriert werden
    kann.
  - **Form Recognizer (Vorschau)**
    Diese API ist eine KI-gestützte Lösung für
    die Dokumentenextraktion, mit der die Ex-
    traktion von Informationen wie Text,
    Schlüssel-Wert-Paaren oder Tabellen aus
    Dokumenten automatisiert werden kann.
  - **Tintenerkenner (Vorschau)**
    Ink Recognizer ermöglicht die Erkennung
    von Tinteninhalten wie Formen, Hand-
    schrift oder das Layout von mit Tinte ge-
    schriebenen Dokumenten für verschiedene
    Szenarien wie Notizen oder Anmerkungen
    zu Dokumenten.
  - **Video-Indexer**
    Diese API kann automatisch Metadaten
    aus Audio- und Videoinhalten extrahieren
    und so wertvolle Informationen wie ge-
    sprochene Wörter, Gesichter, Sprecher
    oder sogar ganze Szenen liefern.
- **Suche im Internet**
  - **Bing Autosuggest**
    Bing Autosuggest bietet intelligente Funk-
    tionen für die Vorauswahl von Such-
    begriffen, die Endnutzern helfen können,
    Suchanfragen viel schneller und effizienter
    zu beantworten.
  - **Bing Benutzerdefinierte Suche**
    Mit diesem Dienst können Sie eine maß-
    geschneiderte Suchmaschine erstellen, mit

der Sie werbefreie, kommerzielle Ergebnisse auf der Grundlage Ihrer Szenarien an-
bieten können.
  - **Bing Entitätssuche**
    Eine API, die die Möglichkeit bietet, be-
    nannte Entitäten zu erkennen und zu klassi-
    fizieren, um auf der Grundlage dieser Enti-
    täten umfassende Ergebnisse zu suchen
    und zu finden.
  - **Bing Bildsuche**
    Diese API richtet sich an Entwickler, die
    Funktionen für die Bildersuche in Anwen-
    dungen integrieren möchten, und ermög-
    licht das Hinzufügen von Bildersuchoptio-
    nen zu Anwendungen und Websites.
  - **Bing News Suche**
    Bing News Search ermöglicht es Entwick-
    lern, eine anpassbare Nachrichtensuch-
    maschine zu Websites oder Anwendungen
    hinzuzufügen, die die Möglichkeit bietet,
    nach Themen, lokalen Nachrichten oder
    Metadaten zu filtern.
  - **Bing Rechtschreibprüfung**
    Eine API, die Endnutzer bei der Erkennung
    und Korrektur von Rechtschreibfehlern in
    Echtzeit unterstützen kann.
  - **Bing Video-Suche**
    Wie die Bing-Bildersuche ermöglicht es
    diese API Entwicklern, eine Reihe von er-
    weiterten Videosuchfunktionen wie Video-
    vorschauen, Trendvideos oder auf be-
    stimmten Metadaten basierende Videos
    zu Anwendungen hinzuzufügen.
  - **Bing Visual Search**
    Dieser Dienst ermöglicht es den End-
    nutzern, mit Hilfe von Bildern anstelle von
    regulären textbasierten Suchanfragen nach
    Inhalten zu suchen.
  - **Bing Websuche**
    Mit Bing Web Search können Entwickler
    Lösungen erstellen, um mit einem einzigen
    API-Aufruf Dokumente, Webseiten, Vi-
    deos, Bilder oder Nachrichten aus dem
    Internet abzurufen.

Wie Sie sehen können, ist die Liste der kognitiven Dienste recht lang, und es gibt viele ver-

schiedene Dienste, die in einer Vielzahl von Anwendungsfällen eingesetzt werden können. Da es in diesem Buch um den konversationellen Aspekt der künstlichen Intelligenz geht, werden wir sicherlich nicht alle diese kognitiven Dienste im Detail behandeln. Einige dieser APIs werden jedoch in einem späteren Kapitel genauer erläutert, da viele von ihnen eine wichtige Rolle bei der Entwicklung einer KI-Anwendung für Konversation spielen.

Lösungsbeschleuniger und Vorlagen

Wenn Sie mit der Erstellung von Bots mit der Microsoft-Plattform für künstliche Intelligenz beginnen, ist es wahrscheinlich ein guter Ansatz, eine Art Vorlage zu verwenden, anstatt alles von Grund auf neu zu erstellen. Microsoft hat gute Arbeit geleistet und bietet eine Vielzahl von Vorlagen für Entwickler und Chatbot-Architekten an, die als Ausgangspunkt für die Erstellung eines neuen Projekts verwendet werden können. Derzeit sind die folgenden Vorlagen für die .NET-, JavaScript/TypeScript- und Python-Entwicklung verfügbar, die in Tab. 1.1 beschrieben sind.

► **Hinweis** Alle oben genannten Vorlagen können in einer Vielzahl von Szenarien verwendet werden. Wenn Sie ein .NET-Entwickler sind, können Sie die Visual Studio-Erweiterung von https://github.com/Microsoft/BotBuilder-Samples/tree/master/generators/vsix-vs-win/BotBuilderVSIX-V4 verwenden, die die Lösungsvorlagen in Ihrer Visual Studio IDE installiert.

Wenn die Erweiterung installiert ist, können Sie einfach ein neues Visual Studio Bot Framework-Projekt wie jede andere Vorlage starten (siehe Abb. 1.4).

Wenn Sie Bots mit .NET Core erstellen möchten, ohne Visual Studio oder eine andere Webentwicklungs-IDE zu verwenden, können Sie die .NET Core-Vorlagen nutzen.

Tab. 1.1 Bot Framework Vorlagen. (Quelle: https://github.com/microsoft/BotBuilder-Samples/tree/master/generators)

Vorlage	Beschreibung
Echo-Bot	Eine gute Vorlage, wenn Sie ein wenig mehr als „Hello World!" wollen, aber nicht viel mehr. Diese Vorlage befasst sich mit den grundlegenden Aspekten des Sendens von Nachrichten an einen Bot und der Verarbeitung der Nachrichten durch den Bot, indem er sie an den Benutzer zurücksendet. Diese Vorlage erzeugt einen Bot, der einfach alles, was der Benutzer zum Bot sagt, an den Benutzer zurückschickt.
Kern-Bot	Die fortschrittlichste Vorlage, die Core-Bot-Vorlage, bietet sechs Kernfunktionen, die jeder Bot haben sollte. Diese Vorlage umfasst die wichtigsten Funktionen eines konversationellen KI-Bots mit LUIS.
Leerer Bot	Eine gute Vorlage, wenn Sie mit Bot Framework v4 vertraut sind und einfach ein grundlegendes Skelettprojekt benötigen. Außerdem ist es eine gute Option, wenn Sie Beispielcode aus der Dokumentation nehmen und in einen minimalen Bot einfügen möchten, um zu lernen.

► **Hinweis** Die .Net Core Visual Studio Bot Framework-Vorlagen können von hier aus installiert werden: https://github.com/microsoft/BotBuilder-Samples/tree/master/generators/dotnet-templates.

Diese Vorlagen ermöglichen es Ihnen, Ihr Bot-Projekt vollständig über die Befehlszeile mit dem Befehl `dotnet new` wie folgt zu gestalten:

```
dotnet new echobot -n MyEchoBot
```

Wenn Sie jedoch ein Webentwickler sind, der sich mit der Entwicklung von Lösungen in JavaScript oder TypeScript unter Verwendung von Visual Studio Code auskennt, können Sie den Yeoman-Generator für Bot Framework v4 von hier https://github.com/microsoft/BotBuilder-Samples/tree/master/generators/generator-botbuilder verwenden, um ein Projekt unter Verwendung der CLI zu erstellen, indem Sie einfach einen Befehl wie den folgenden über Ihre bevorzugte Befehlszeilenschnittstelle ausführen:

```
yo botbuilder
```

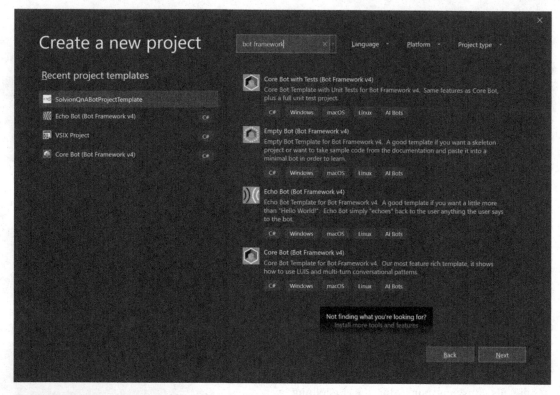

Abb. 1.4   Bot Framework Visual Studio-Vorlagen

Mit diesem Befehl wird der Yeoman-Generator gestartet, der Sie durch den Einrichtungs- und Gerüstprozess Ihres in Abb. 1.5 dargestellten Projekts führt.

Ein ähnlicher Generator ist auch für die Python-basierte Entwicklung verfügbar, der von hier aus installiert werden kann https://github.com/microsoft/BotBuilder-Samples/tree/master/generators/python. Mit diesem Generator können Sie Python-basierte Bot Framework v4-Bots über die Befehlszeile erstellen, was die Entwicklungsphase sehr viel komfortabler macht.

▶ **Hinweis** All diese Vorlagen bieten Ihnen ein Projektgerüst, das Sie mit der Logik des Bots, die Sie implementieren möchten, weiter ausbauen können. Zusätzlich zu diesen Vorlagen bietet Microsoft auch eine Reihe von Lösungsbeschleunigern an, bei denen es sich im Grunde um fertige Bot-Projekte handelt. Alle der folgenden Lösungen finden Sie hier: https://microsoft.github.io/botframework-solutions/index.

In Tab. 1.2 sind alle Lösungsbeschleuniger aufgeführt, die derzeit über das Bot Framework SDK verfügbar sind.

Der virtuelle Assistent ist die fortschrittlichste der drei Vorlagen, die im Grunde alles integriert, was ein typischer Bot für Unternehmen bietet. Es basiert auf den Bot Framework-Fähigkeiten, die es Ihnen ermöglichen, wiederverwendbare Fähigkeiten in Ihren Bot zu integrieren und bereits vordefinierte Fähigkeiten zu nutzen, wie z. B. eine E-Mail-Fähigkeit, eine Kalender-Fähigkeit, eine Aufgaben-Fähigkeit oder eine Fähigkeit für Interessengebiete. Bei dieser Vorlage handelt es sich um einen gebrauchsfertigen Bot, der neben verschiedenen Fertigkeiten auch verschiedene Eingabe- und Ausgabetypen wie Schaltflächen, adaptive Karten und sogar Sprachfunktionen integriert. Dadurch kann der virtuelle Assistent gleichzeitig auf verschiedenen Kanälen und Geräten eingesetzt werden, von Browsern und Apps bis hin zu Smart Devices und sogar Fahrzeugen wie Autos und anderen. Einer der Hauptvorteile des virtuellen Assis-

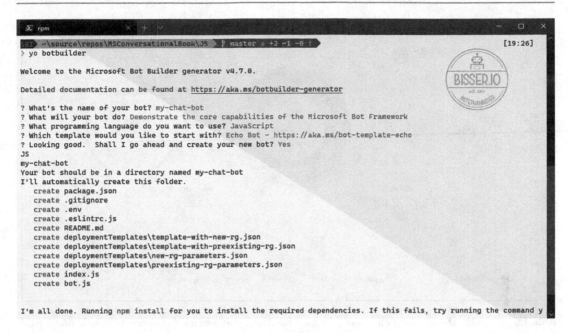

```
  npm                                                              X  +  v                          —  □  ×
         ~\source\repos\MSConversationalBook\JS      master  +2 ~1 -0                    [19:26]
> yo botbuilder

Welcome to the Microsoft Bot Builder generator v4.7.0.

Detailed documentation can be found at https://aka.ms/botbuilder-generator

? What's the name of your bot? my-chat-bot
? What will your bot do? Demonstrate the core capabilities of the Microsoft Bot Framework
? What programming language do you want to use? JavaScript
? Which template would you like to start with? Echo Bot - https://aka.ms/bot-template-echo
? Looking good.  Shall I go ahead and create your new bot? Yes
JS
my-chat-bot
Your bot should be in a directory named my-chat-bot
I'll automatically create this folder.
   create package.json
   create .gitignore
   create .env
   create .eslintrc.js
   create README.md
   create deploymentTemplates\template-with-new-rg.json
   create deploymentTemplates\template-with-preexisting-rg.json
   create deploymentTemplates\new-rg-parameters.json
   create deploymentTemplates\preexisting-rg-parameters.json
   create index.js
   create bot.js

I'm all done. Running npm install for you to install the required dependencies. If this fails, try running the command y
```

Abb. 1.5 Bot Framework Yeoman-Generator für JavaScript/TypeScript

Tab. 1.2 Bot Framework Lösungsbeschleuniger. (Quelle: https://microsoft.github.io/botframework-solutions/index)

Name	Beschreibung
Virtueller Assistent	Im Kern ist der virtuelle Assistent (verfügbar in C# und TypeScript) eine Projektvorlage mit den besten Praktiken für die Entwicklung eines Bots auf der Microsoft Azure-Plattform.
Unternehmensassistent	Das Beispiel für einen Unternehmensassistenten ist ein Beispiel für einen virtuellen Assistenten, der dabei hilft, die Verwendung eines Assistenten in gängigen Unternehmensszenarien zu konzipieren und zu demonstrieren. Es bietet auch einen Ausgangspunkt für diejenigen, die daran interessiert sind, einen für dieses Szenario angepassten Assistenten zu erstellen.
Assistentin im Gastgewerbe	Das Beispiel für das Gastgewerbe baut auf der Vorlage für den virtuellen Assistenten auf und enthält zusätzlich eine QnA-Maker-Wissensdatenbank zur Beantwortung häufig gestellter Fragen in Hotels sowie angepasste adaptive Karten.

tenten ist die Tatsache, dass ein ausgeklügelter Bot, der eine Menge Geschäftslogik enthält, in wenigen Minuten einsatzbereit ist. Dies ermöglicht es den Entwicklern, den Entwicklungsprozess weitgehend zu rationalisieren, so dass mehr Zeit für die Konzentration auf die geschäftlichen Anforderungen zur Verfügung steht, anstatt viel Zeit mit der Einrichtung der Kernumgebung zu verbringen. Abb. 1.6 zeigt ein vollständiges Bild des Virtual Assistant Solution Accelerators und aller verwendeten Dienste, die mit ihm verbunden sind.

Während der virtuelle Assistent ein recht ganzheitliches Beispiel für einen Bot ist, ist der Unternehmensassistent ein Beispiel dafür, wie ein Assistent in einem Unternehmensszenario eingesetzt werden kann. Diese Vorlage umfasst einige der am häufigsten verwendeten Skills und Anwendungsfälle wie E-Mail und ITSM in einem Bot-Projekt der Unternehmensklasse. Die ITSM-Fähigkeit basiert auf der ServiceNow-Plattform. Sie müssen nur einige wenige Konfigurationsobjekte in die appsettings.json-Datei Ihres Bots eingeben, um die Verbindung zwischen Ihrem Bot und ServiceNow herzustellen, und innerhalb weniger Minuten wird Ihr Bot in der Lage sein, neue Tickets zu erstellen, be-

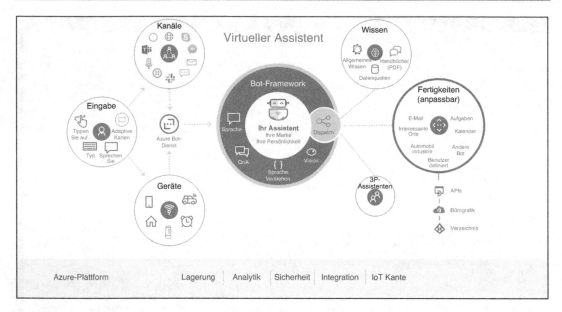

Abb. 1.6 Virtueller Assistent Bot Framework. (Quelle: https://microsoft.github.io/botframework-solutions/overview/virtual-assistant-solution/)

stehende Tickets zu aktualisieren oder die Details bestimmter Tickets innerhalb Ihres Helpdesk-Dienstes anzuzeigen (siehe Abb. 1.7).

Im Gegensatz zur Vorlage für virtuelle Assistenten oder Unternehmensassistenten, die nicht auf ein bestimmtes Geschäftsfeld abzielt, kann die Vorlage für Gastgewerbeassistenten als Ausgangspunkt für den Aufbau eines Bots speziell für Gastgewerbezwecke wie Hotels oder Restaurants verwendet werden. Diese Vorlage besteht aus einer Reihe von Skills wie Restaurantbuchungen, Veranstaltungen, Nachrichten oder Wetter-Skills, die für ein solches Szenario konzipiert sind. Alle folgenden Skills, die in der folgenden Abbildung zu sehen sind, sind bereits einsatzbereit und können an die jeweiligen Anforderungen angepasst werden. Der Wetter-Skill nutzt zum Beispiel die AccuWeather-API, um die Wetterinformationen für einen bestimmten Ort zu sammeln. Alles, was Sie als Entwickler tun müssen, ist, Ihren eigenen API-Schlüssel in der Datei appsettings.json Ihres Bots anzugeben, und der Skill ist voll funktionsfähig, ohne dass Sie Code schreiben müssen. Abb. 1.8 veranschaulicht die Skills, die diesem Solution Accelerator-Beispiel zugeordnet sind.

SaaS-Lösungen

Die Spitze der KI-Plattform von Microsoft besteht aus KI-basierten Software-as-a-Service-Lösungen. Viele dieser Lösungen sind zum Beispiel in Microsoft Teams zu finden. Wenn Sie einen Blick in den Teams-App-Store werfen, werden Sie feststellen, dass dort viele Bots verfügbar sind, wie z. B. WhoBot, ein Bot, der Sie mit Menschen innerhalb Ihrer Organisation verbindet, und Polly, ein KI-basierter Assistent, der Ihnen hilft, Umfragen in einem Team zu erstellen und zu verwalten. Alle diese Lösungen sind so konzipiert, dass sie Sie in verschiedenen Szenarien unterstützen, ohne dass Sie den Bot entwickeln oder verwalten müssen. Viele, wenn nicht sogar alle Bots, die Sie im Teams-App-Store finden, basieren auf der Microsoft Conversational AI-Plattform und nutzen das Microsoft Bot Framework und die Cognitive Services, um einen Bot zu erstellen.

Eine weitere von Microsoft angebotene SaaS-Lösung namens Power Virtual Agents kann Ihnen bei der Erstellung von Bots helfen. Der Unterschied zwischen dieser Lösung und den im vorangegangenen Text beschriebenen

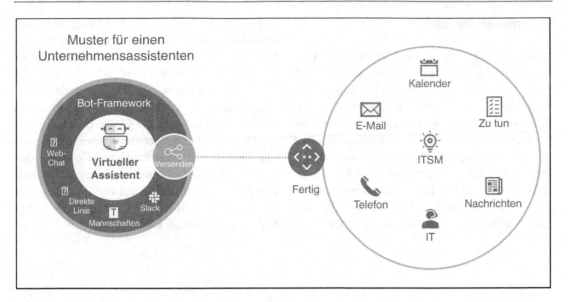

Abb. 1.7 Bot Framework Unternehmensassistent. (Quelle: https://microsoft.github.io/botframework-solutions/solution-accelerators/assistants/enterprise-assistant)

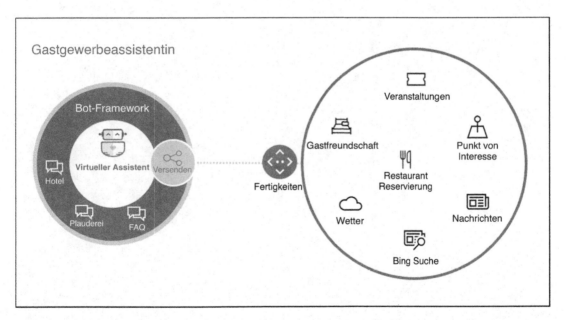

Abb. 1.8 Bot Framework Hospitality Assistant. (Quelle: https://microsoft.github.io/botframework-solutions/solution-accelerators/assistants/hospitality-assistant)

Lösungen besteht darin, dass Sie mit Power Virtual Agents keinen Code schreiben müssen. Es bietet einen visuellen Designer, mit dem Sie Dialogbäume und Konversationsszenarien über eine Drag-and-Drop-Schnittstelle erstellen können, die einen Bot für Sie generiert. Dieser kann dann in einer Vielzahl von Szenarien, wie z. B. im Kundenservice, eingesetzt werden, um Ihre Prozesse mit vorgefertigten KI-Diensten zu verbessern.

Zusammenfassung

Dieses Kapitel war eine kurze Einführung in die Microsoft-Plattform für konversationelle KI. Im ersten Teil dieses Kapitels wurden die Hauptbestandteile von konversationellen KI-Anwendungen mit Schwerpunkt auf der Verarbeitung natürlicher Sprache, Übersetzung und Sprache beschrieben. Dann haben wir uns die verschiedenen Anwendungsszenarien für konversationelle KI und die damit verbundenen Vorteile angeschaut. Im letzten Teil wurden die verschiedenen Teile und Dienste der von Microsoft angebotenen Conversational AI-Plattform beschrieben, wie z. B. das Bot Framework oder die Cognitive Services, die in den folgenden Kapiteln im Detail behandelt werden.

Im nächsten Kapitel werden wir einen genaueren Blick auf das Microsoft Bot Framework werfen, eine Plattform, die für die Erstellung und das Hosting umfassender Bots entwickelt wurde. Dort lernen Sie die wichtigsten Konzepte des Frameworks sowie einige bewährte Verfahren und Tools kennen, die Sie bei der Erstellung von Bots mit der Microsoft Conversational AI-Plattform verwenden können.

Einführung in das Microsoft Bot Framework

Im März 2016 kündigte Microsoft die öffentliche Vorschau eines Projekts an, das aus den FUSE Labs, einer Gruppe innerhalb von Microsoft, die sich auf Echtzeit- und medienreiche Erlebnisse konzentriert, hervorging: das Microsoft Bot Framework. Das Hauptaugenmerk dieses Produkts lag darauf, Bot-Entwicklern alles zur Verfügung zu stellen, was sie benötigen, um intelligente und interaktive Bots zu entwickeln. Bald darauf wurde das Bot Framework SDK Version 3 allgemein verfügbar gemacht, und viele Entwickler begannen, dieses Framework zu nutzen, um umfassende Bots zu erstellen. Fast zweieinhalb Jahre später veröffentlichte Microsoft Ende 2018 die Version 4 des Bot Frameworks, die es noch einfacher macht, Bots für eine Vielzahl von unterstützten Programmiersprachen und Plattformen zu erstellen. Mit Version 4 unterstützt das Bot Framework derzeit die Erstellung von Bots mit .NET, JavaScript/TypeScript und Python sowie Java, das sich noch in der Vorschau befindet.

Mittlerweile gibt es mehr als 50.000 aktive Bots, die mit Microsoft Bot Framework pro Monat erstellt werden, und mehr als 1,25 Milliarden Nachrichten, die von diesen Bots jeden Monat gesendet/empfangen werden. Mit einer Verfügbarkeit von mehr als 99,9 % ist das Microsoft Bot Framework eine der meistgenutzten Plattformen für die Erstellung von Bots auf dem Markt und gewinnt immer mehr an Popularität.

Daher sollen in diesem Kapitel die Grundprinzipien dieses umfassenden Rahmens und alle verfügbaren SDKs, Tools und Dienste für die Erstellung anspruchsvoller Bots vorgestellt werden.

Schlüsselkonzepte des Microsoft Bot Framework

Im Allgemeinen kann ein Bot als eine Webanwendung mit einigen speziellen Integrationen betrachtet werden, da er nicht nur eine grafische Benutzeroberfläche bietet, sondern eine menschenähnliche Konversation mit den Endbenutzern führt. Diese Konversationen können unterschiedlicher Natur sein, einschließlich Text, Grafiken wie Bilder oder Karten, und sogar Sprache. Der Kern dieser Konversationen sind sogenannte Aktivitäten, die eine einzelne Interaktion zwischen dem Bot und dem Benutzer darstellen. Da die Benutzer in der Regel über einen Kanal mit dem Bot interagieren, d. h. über die Anwendung, mit der der Bot verbunden ist, ist der Bot Framework Service für die Weiterleitung der Aktivitäten zwischen dem Bot und dem Kanal verantwortlich. Dieser Bot Framework Service ist eine Komponente innerhalb des Azure Bot Service, die diese Routing- und Messaging-Routinen für Sie übernimmt, sodass Sie sich bei der Entwicklung des Bots nicht darum kümmern müssen.

Betrachtet man die im vorigen Kapitel beschriebene Echo-Bot-Vorlage, so könnte der Aktivitätsablauf einer solchen Konversation

S. Bisser, *Microsoft Conversational AI-Platform für Entwickler*,
https://doi.org/10.1007/978-3-662-66472-8_2

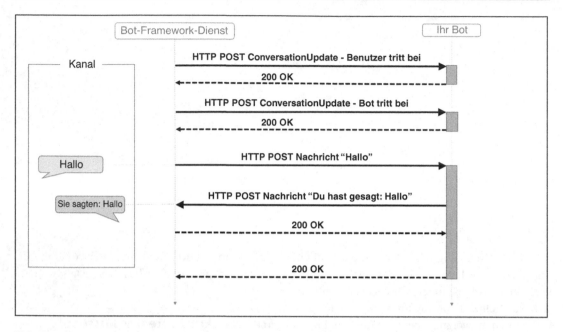

Abb. 2.1 Ablauf der Bot Framework Aktivitäten. (Quelle: https://docs.microsoft.com/en-us/azure/bot-service/bot-builder-basics)

zwischen dem Bot und dem Benutzer wie in Abb. 2.1 dargestellt aussehen.

Diese einfache Konversation besteht aus zwei Nachrichten, einer vom Benutzer an den Bot, der „Hallo" sagt, und einer vom Bot an den Benutzer, der „Du hast „Hallo" gesagt" erwidert. An diese Konversation sind jedoch noch weitere Aktivitäten gebunden. Zunächst sendet der Bot Framework Service eine Aktivität des Typs *ConversationUpdate* an den Bot, die anzeigt, dass ein neuer Benutzer der Unterhaltung beigetreten ist. Nachdem der Bot ein HTTP 200 OK an den Bot Framework Service zurückgeschickt hat, um zu bestätigen, dass die Konversation beginnen kann, wird eine zweite ConversationUpdate-Aktivität zwischen dem Bot Framework Service und dem Bot ausgetauscht, die anzeigt, dass der Bot der Konversation ebenfalls beitritt. Danach kann der Bot die Nachricht des Benutzers empfangen. Die Nachrichten selbst sind ebenfalls Aktivitäten des Typs *Message*, die zwischen dem Kanal und dem Bot über den Bot Framework Service ausgetauscht werden. Wenn der Bot eine Nachrichtenaktivität sendet, ist der vom Benutzer verwendete Kanal für das Rendern der Nachricht verantwortlich, die Text, Bilder, Karten oder andere Rich-Media-Anhänge wie Audio, Video, Schaltflächen oder zu sprechenden Text enthalten kann. In diesem einfachen Beispiel reagiert der Bot auf Nachrichtenaktivitäten, die vom Benutzer gesendet werden, aber der Bot kann auch auf andere Aktivitätstypen reagieren, wie z. B. ConversationUpdate-Aktivitäten, um den Benutzer beim Eintritt in die Konversation zu begrüßen, was dann als „proaktives Messaging" bezeichnet wird und in einem späteren Kapitel beschrieben wird.

Wie in der vorangegangenen Abbildung dargestellt, werden Aktivitäten über HTTP-POST-Anfragen gesendet. Obwohl das Protokoll die genaue Reihenfolge der HTTP-Anfragen nicht festlegt, sind die Anfragen verschachtelt. Das bedeutet, dass ausgehende Anfragen, d. h. Anfragen vom Bot an den Benutzer, im Rahmen der eingehenden Anfragen, d. h. vom Benutzer an den Bot, ausgeführt werden. Dadurch wird sichergestellt, dass die Reihenfolge beim Austausch von Aktivitäten zwischen den Bots eingehalten wird.

Das Bot Framework SDK verwendet ein Muster namens „*turn*", um eine eingehende Aktivität mit allen ausgehenden Aktivitäten zu

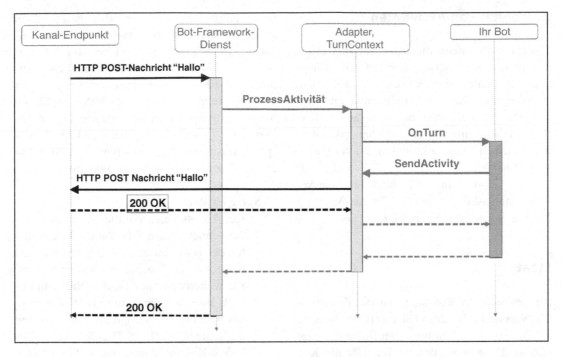

Abb. 2.2 Bot Framework Aktivitätsstapel. (Quelle: https://docs.microsoft.com/en-us/azure/bot-service/bot-builder-basics)

gruppieren, die zu dieser eingehenden Aktivität gehören. Dies kann mit der Art und Weise verglichen werden, wie Menschen sprechen, nämlich abwechselnd und einer nach dem anderen. Daher kann der Turn als die Verarbeitung einer bestimmten Aktivität definiert werden. Innerhalb eines Turns gibt es ein Turn-Kontext-Objekt, das im Grunde ein Informationsspeicher für Aktivitäten ist. Dieser Turn-Kontext speichert in der Regel Informationen über den Sender, den Empfänger, den Kanal und andere notwendige Metadaten, die für die erfolgreiche Verarbeitung der Aktivität benötigt werden. Der Abbiegekontext ist auch über alle verschiedenen Schichten des Bots hinweg zugänglich, wie z. B. die Middleware-Komponenten oder die Logik des Bots, so dass diese Komponenten die Aktivitätsdetails jederzeit abrufen können. Darüber hinaus ermöglicht der Abbiegekontext den Middleware-Komponenten und der Anwendungslogik des Bots, auch ausgehende Aktivitäten zu senden, was ihn zu einer der Schlüsselkomponenten innerhalb des Bot Framework SDK macht.

Aktivität Verarbeitung

Wenn Sie sich Abb. 2.2 ansehen, die im Wesentlichen die Verarbeitung der Aktivität in dem im vorangegangenen Text erwähnten Echo-Bot-Beispiel zeigt, werden Sie sehen, dass noch etwas mehr hinter den Kulissen passiert. Nachdem der Bot Framework Service eine eingehende Aktivität erhalten hat, ruft er die ProcessActivity-Methode des zuständigen Adapters auf. Jede Aktivität, die zwischen dem Kanal und dem Bot als HTTP-POST-Anfrage gesendet wird, besteht immer aus einer JSON-Nutzlast. Diese Payload wird dann als Activity-Objekt deserialisiert, bevor sie an die ProcessActivity-Methode des Adapters übergeben wird. Nachdem der Adapter das deserialisierte Aktivitätsobjekt erhalten hat, wird ein neuer Abbiegekontext erstellt. Mit diesem neuen Abbiegekontext-Objekt ruft der Adapter dann die Middleware-Komponenten auf, um diesen Abbiegekontext zu behandeln. Da der Abbiegekontext die Möglichkeit bietet, ausgehende Aktivitäten zu senden, bietet er Sende-, Aktualisierungs- und Löschantwortfunktionen, die asynchron ablaufen.

Bearbeiter von Aktivitäten

Wenn der Bot dann die neue Aktivität erhält, ruft er die Aktivitätshandler auf. Die Hauptaktivität im Bot Framework SDK ist der Turn Handler, über den alle Aktivitäten geleitet werden. Der Turn Handler ruft dann alle anderen Handler auf, um die spezifischen Aktivitätstypen zu behandeln, die in Tab. 2.1 für C# beschrieben sind.

Tab. 2.2 gibt einen Überblick über die verschiedenen Aktivitätshandler für das Microsoft Bot Framework JavaScript SDK.

Staat

Aus der Sicht des Bots kann man den Zustand als den Verstand oder das Gedächtnis des Bots betrachten. In diesem Sinne ist der Bot in der Lage, sich an Dinge über den Nutzer oder die Konversation zu erinnern. Dadurch kann der Bot auf bestimmte Informationen zugreifen, die der Nutzer beispielsweise einmal geschrieben hat, so dass der Bot diese Informationen in einem späteren Gespräch nicht erneut abfragen muss. Die im Status gespeicherten Informationen sind in der Regel auch länger verfügbar als die Informationen innerhalb einer bestimmten Runde. Diese Komponente ermöglicht es dem Bot daher, sogenannte Multiturn-Konversationen zu führen, d. h. Konversationen, die mehr als eine Runde lang sind. Der Status des Bots besteht aus mehreren verschiedenen Schichten:

- **Speicherschicht**
- **Ebene der Zustandsverwaltung**
- **Status der Eigenschaftszugänge**

Alle diese Komponenten sind miteinander verbunden und bieten eine ausgeklügelte Zustandsverwaltung, die in das Bot Framework SDK integriert ist. Abb. 2.3 zeigt den Ablauf der Zustandsverarbeitung und die Interaktion der verschiedenen Komponenten untereinander.

Die durchgezogenen Pfeile in der vorstehenden Abbildung zeigen einzelne Methodenaufrufe an, die von bestimmten Bot-Komponenten ausgeführt werden, während die gestrichelten Pfeile die daraus resultierenden Antworten anzeigen. Der Zustand wird in der Regel in der Speicherschicht gespeichert, die in dieser Abbildung die Komponente ganz rechts ist. Es gibt viele Möglichkeiten, eine Speicherlösung für die Speicherung des Zustands zu integrieren, z. B. In-Memory, Datenbanken oder andere Dateispeicherlösungen. Das Bot Framework SDK hat einige dieser Lösungen bereits integriert:

- **Speicherplatz**
  - Der Arbeitsspeicher sollte zu Testzwecken verwendet werden, da er für das lokale Testen des Bots konzipiert und gedacht ist, da diese Art von Speicher recht temporär ist. Ein weiterer Nachteil ist, dass Sie beim Betrieb Ihres Bots in Azure als Web-App in der Regel für die Menge der zugewiesenen Ressourcen bezahlen. Dies könnte zu höheren Kosten führen, wenn Sie planen, Speicher für die Speicherung des Zustands zu verwenden, da Sie eine recht hohe Menge an Speicher zuweisen müssten. Ein weiterer Nachteil ist, dass der Status jedes Mal gelöscht wird, wenn der Bot oder die Webanwendung, die den Code enthält, aufgrund von Updates oder Serviceausfällen neu gestartet wird.
- **Azure Blog-Speicher**
  - Die Azure Blob-Speicherfunktionalität bietet die Möglichkeit, die Zustandsinformationen in Blobs innerhalb eines Azure Storage Accounts zu speichern. Dies hat den Vorteil, dass Sie die Daten persistieren und die Logik des Bots von den Komponenten der Zustandsspeicherung trennen können.
- **Azure Cosmos DB-Speicher**
  - In größeren Szenarien ist es sinnvoll, eine Azure Cosmos DB anstelle eines Azure Blob-Speichers für die Speicherung der Zustandsinformationen zu verwenden, da die Cosmos DB in der Regel mehr Flexibilität in Bezug auf Skalierung und Verfügbarkeit bietet, was aber natürlich auch zu höheren Kosten im Vergleich zum Azure Blog-Speicher führen kann.

Tab. 2.1 Bot Framework Aktivitätshandler C#. (Quelle: https://docs.microsoft.com/en-us/azure/bot-service/bot-builder-basics)

Name des Bearbeiters	Veranstaltung	Beschreibung
OnTurnAsync	Jede empfangene Leistungsart	Ruft je nach der Art der empfangenen Aktivität einen der anderen Handler auf.
OnMessageActivityAsync	Empfangene Nachrichtenaktivität	Erledigt Nachrichtenaktivitäten.
OnConversationUpdateActivityAsync	Aktualisierungsaktivität der Konversation erhalten	Ruft bei einer conversationUpdate-Aktivität einen Handler auf, wenn andere Mitglieder als der Bot der Unterhaltung beitreten oder sie verlassen.
OnMembersAddedAsync	Nonbot-Mitglieder haben sich der Unterhaltung angeschlossen	Behandelt Mitglieder, die einer Unterhaltung beitreten.
OnMembersRemovedAsync	Nichtbot-Mitglieder verließen das Gespräch	Behandelt Mitglieder, die ein Gespräch verlassen.
OnEventActivityAsync	Empfangene Ereignisaktivität	Ruft bei einer Ereignisaktivität einen für den Ereignistyp spezifischen Handler auf.
OnTokenResponseEventAsync	Token-Antwort-Ereignisaktivität empfangen	Behandelt Token-Antwort-Ereignisse.
OnEventAsync	Nicht-Token-Antwort-Ereignisaktivität erhalten	Behandelt andere Arten von Ereignissen.
OnMessageReactionActivityAsync	Empfangene Aktivität der Nachrichtenreaktion	Ruft bei einer messageReaction-Aktivität einen Handler auf, wenn eine oder mehrere Reaktionen einer Nachricht hinzugefügt oder entfernt wurden.
OnReactionsAddedAsync	Einer Nachricht hinzugefügte Reaktionen	Behandelt Reaktionen, die einer Nachricht hinzugefügt werden.
OnReactionsRemovedAsync	Nachrichtenreaktionen aus einer Nachricht entfernt	Behandelt Reaktionen, die aus einer Nachricht entfernt wurden.
OnUnrecognizedActivityTypeAsync	Andere erhaltene Leistungsart	Behandelt jede Aktivitätsart, die sonst nicht behandelt wird.

Tab. 2.2 Bot Framework activity handlers JavaScript. (Quelle: https://docs.microsoft.com/en-us/azure/bot-service/bot-builder-basics)

Name des Bearbeiters	Veranstaltung	Beschreibung
onTurn	Jede empfangene Leistungsart	Registriert einen Listener für den Empfang von Aktivitäten.
onMessage	Empfangene Nachrichtenaktivität	Registriert einen Listener für den Empfang einer Nachrichtenaktivität.
onConversationUpdate	Aktualisierungsaktivität der Konversation erhalten	Registriert einen Listener, wenn eine conversationUpdate-Aktivität empfangen wird.
onMembersAdded	Die Mitglieder nahmen an der Konversation teil	Registriert einen Listener, der anzeigt, wann Mitglieder der Unterhaltung beigetreten sind, einschließlich des Bots.
onMembersRemoved	Die Mitglieder verließen das Gespräch	Registriert einen Listener, wenn Mitglieder die Konversation verlassen haben, einschließlich des Bots.
onMessageReaction	Empfangene Aktivität der Nachrichtenreaktion	Registriert einen Listener, wenn eine messageReaction-Aktivität empfangen wird.
onReactionsAdded	Einer Nachricht hinzugefügte Reaktionen	Registriert einen Listener für das Hinzufügen von Reaktionen zu einer Nachricht.
onReactionsRemoved	Nachrichtenreaktionen aus einer Nachricht entfernt	Registriert einen Listener für das Entfernen von Reaktionen aus einer Nachricht.
onEvent	Empfangene Ereignisaktivität	Registriert einen Listener für den Empfang einer Ereignisaktivität.
onTokenResponseEvent	Token-Antwort-Ereignisaktivität empfangen	Registriert einen Listener für den Empfang eines Token-Response-Ereignisses.
onUnrecognizedActivityType	Andere erhaltene Leistungsart	Registriert einen Listener für den Fall, dass kein Handler für die spezifische Art von Aktivität definiert ist.
onDialog	Aktivitätshandler haben abgeschlossen	Wird aufgerufen, nachdem alle anwendbaren Handler abgeschlossen sind.

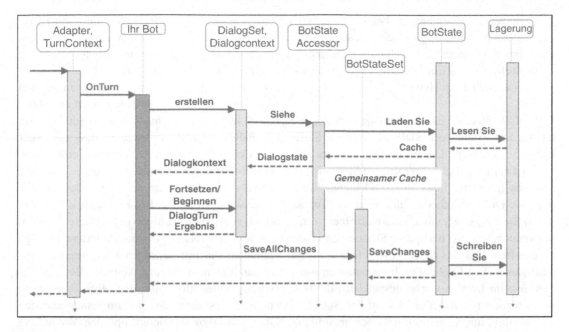

Abb. 2.3 Bot Framework Zustandsverwaltung. (Quelle: https://docs.microsoft.com/en-us/azure/bot-service/bot-builder-concept-state)

Die Zustandsverwaltungskomponente im SDK ermöglicht das automatische Lesen und Schreiben des Zustands in Ihrem Bot, der mit der von Ihnen definierten Speicherebene verbunden ist. Die Statusinformationen selbst werden als Statuseigenschaften gespeichert. Diese Statuseigenschaften sind Schlüssel-Wert-Paare, die es Ihnen ermöglichen, die Objektstruktur zu definieren, da Sie Statuseigenschaften als Klassen definieren können. Wenn Sie also Zustandseigenschaften abrufen, wissen Sie, wie die Struktur dieser Objektdaten aussieht, was die Handhabung in Ihrem Code erleichtert. Die Statuseigenschaften sind von vornherein in drei verschiedene Gruppen unterteilt:

- **Benutzerstatus**
  - Diese Art von Statuseigenschaft kann verwendet werden, um alle Informationen über einen Benutzer zu speichern, der mit dem Bot in diesem bestimmten Kanal kommuniziert. Der Benutzerstatus ist in jeder Runde zugänglich, ohne dass eine Abhängigkeit zur aktuellen Konversation besteht. Daher sollte diese Statuseigenschaft verwendet werden, um Benutzerin-

formationen wie den Namen, Präferenzen oder benutzerspezifische Einstellungen sowie Informationen über frühere Unterhaltungen des Benutzers mit dem Bot zu speichern. Diese Informationen können dann während der gesamten Dauer einer einzelnen Konversation beibehalten werden.

- **Zustand des Gesprächs**
  - Die Eigenschaft Konversationsstatus ist in jeder Runde innerhalb einer bestimmten Konversation verfügbar, unabhängig vom Benutzer. Das bedeutet, dass sie auch in Gruppenunterhaltungsszenarien verwendet werden kann (wie Unterhaltungen in Microsoft Teams-Kanälen). Daher sollte diese Eigenschaft verwendet werden, um Informationen zu speichern, z. B. welche Fragen der Bot dem Benutzer bereits gestellt hat oder was das Thema der aktuellen Unterhaltung ist.

- **Privater Gesprächszustand**
  - Diese Eigenschaft kann als eine Kombination der beiden vorangegangenen angesehen werden, d. h. sie zielt auf eine bestimmte Unterhaltung und einen bestimmten Be-

nutzer ab. Dementsprechend ist sie vor allem für Gruppengespräche gedacht, da Sie innerhalb dieser Eigenschaft benutzerspezifische Gesprächsinformationen in Gruppenchats speichern können.

Um auf die Statuseigenschaften zuzugreifen, bietet das Bot Framework SDK so genannte State Property Accessors. Diese Komponenten ermöglichen das Lesen und Schreiben von Statuseigenschaften innerhalb Ihres Bots und bieten *Get-, Set- und* Delete-Methoden innerhalb von Turns. Wenn Sie die get-Methode innerhalb eines Turns verwenden, um eine bestimmte Statuseigenschaft zu erhalten, lädt das SDK diese Information in den lokalen Bot-Cache. Die Informationen werden also im lokalen Cache gespeichert, da dies performanter ist, als jedes Mal auf den Speicher zuzugreifen, um Statusinformationen abzurufen. Darüber hinaus können Sie mit den Accessors die Statuseigenschaften wie lokale Variablen behandeln, d. h. Sie können sie in Ihrem Code manipulieren. Um die lokal zwischengespeicherte Zustandseigenschaft beizubehalten, müssen Sie die vom Accessor bereitgestellte Methode *Save-Changes* verwenden, um die im lokal zwischengespeicherten Zustandsobjekt gespeicherten Informationen im Speicher zu speichern. Es ist wichtig, daran zu denken, dass nur die Eigenschaften im Speicher persistiert werden, die innerhalb der Zustandsgruppe eingerichtet wurden, ohne die anderen zu beeinflussen. So ist es möglich, alle Informationen aus dem lokalen Cache zum Gesprächszustand im Storage zu speichern, ohne Informationen zum Benutzerzustand im Storage zu speichern. Um Konflikte zu vermeiden, gewinnt der letzte Schreibvorgang, d. h. der Schreibvorgang mit dem letzten Schreibzeitstempel überschreibt alle anderen, früher durchgeführten Vorgänge für eine bestimmte Eigenschaft.

Dialoge

Dialoge sind im Grunde das Herzstück Ihres Bots, denn sie dienen der Verwaltung der Konversation und führen den Benutzer durch den Konversationsbaum. Ein Dialog kann mit Funktionen innerhalb Ihres Bots verglichen werden, die grundsätzlich bestimmte Aufgaben in einer bestimmten Reihenfolge abarbeiten. Der Auslöser von Dialogen kann variieren, manchmal werden sie aufgrund einer bestimmten Benutzernachricht ausgeführt, manchmal ist der Auslöser ein anderer Dienst, der anzeigt, dass ein neuer Teil der Konversation begonnen werden soll, oder ein Dialog ruft einen anderen auf, um die Konversation fortzusetzen. Da Dialoge zu den Schlüsselbegriffen des Bot Framework SDK gehören, sind bereits einige vorgefertigte Funktionen wie Prompts oder wasserfallartige Dialoge enthalten, die mit geringem Implementierungsaufwand genutzt werden können. Bei der Erstellung eines Bots mit dem Bot Framework empfiehlt es sich, den zu implementierenden Dialogbaum zu skizzieren, um eine Vorstellung davon zu bekommen, welche Teile der Konversation Sie in Ihrem Code implementieren müssen. Abb. 2.4 zeigt die unterstützten Dialogtypen und Eingabeaufforderungen, die das SDK von Haus aus bietet.

Prompts sind die einfachste Form, Informationen vom Benutzer zu sammeln. Die Funktionalität der Prompts bietet viele verschiedene Arten von Prompts, die in Tab. 2.3 dargestellt sind.

Ein Prompt ist die einfachste Form eines Dialogs, da er nur zwei Schritte umfasst. Zunächst wird der Prompt ausgelöst und der Benutzer um eine Eingabe gebeten. Zweitens wird die Eingabe ausgewertet und die Antwort zurückgegeben. Jeder Prompt verfügt über Prompt-Optionen, mit denen der Prompt-Text, der Retry-Prompt (das ist der Prompt, der ausgelöst wird, wenn die Validierung nicht erfolgreich ist) und, wenn es sich um einen Auswahlprompt handelt, auch die Antwortmöglichkeiten in den Optionen festgelegt werden können. Wenn Sie zusätzlich zu den vordefinierten Regeln eigene Validierungsregeln einfügen möchten, können Sie dies tun, indem Sie einfach die benutzerdefinierten Validatoren zu Ihrer Eingabeaufforderung hinzufügen. Die Eingabeaufforderung führt dann zuerst die vordefinierte Prüfung und dann die benutzerdefinierte Prüfung aus. Ein einfaches Beispiel wäre, den Benutzer nach einem Flugziel zu fragen. In diesem Fall

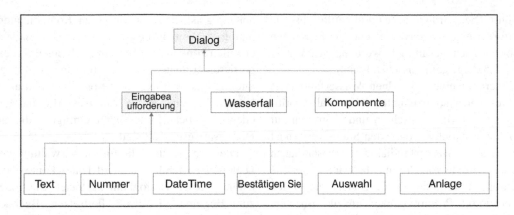

Abb. 2.4 Vorgefertigte Dialog- und Eingabeaufforderungstypen im Bot Framework. (Quelle: https://docs.microsoft. com/en-us/azure/bot-service/bot-builder-concept-dialog)

Tab. 2.3 Bot Framework Aufforderungstypen. (Quelle: https://docs.microsoft.com/en-us/azure/bot-service/bot-builder-concept-dialog)

Eingabeaufforderung	Beschreibung	Rückgabe
Aufforderung zum Anhängen	Fragt nach einem oder mehreren Anhängen, z. B. einem Dokument oder Bild.	Eine Sammlung von Anhangsobjekten.
Aufforderung zur Auswahl	Fragt nach einer Auswahl aus einer Reihe von Optionen.	Ein gefundenes Objekt der Wahl.
Bestätigen Sie die Aufforderung	Fragt nach einer Bestätigung.	Ein boolescher Wert.
Datum-Uhrzeit-Eingabeaufforderung	Fragt nach einem Datum und einer Uhrzeit.	Eine Sammlung von Objekten mit Datums- und Zeitauflösung.
Eingabeaufforderung	Fragt nach einer Nummer.	Ein numerischer Wert.
Text-Eingabeaufforderung	Fragt nach allgemeinen Texteingaben.	Eine Zeichenkette.

würden Sie wahrscheinlich den Textprompt verwenden, um den Namen eines Flughafens abzufragen. Aber die Validierung könnte hier ziemlich knifflig sein, da die Standard-Textvalidierung nur prüfen würde, ob die Eingabe ein Text ist. Das bedeutet aber, dass die Benutzer auch jede andere Art von Text eingeben könnten, was nicht wirklich das ist, was Sie wollen. Daher könnten Sie einen benutzerdefinierten Validator implementieren, der die Eingabe mit einer Sammlung von Flughafennamen und Abkürzungen vergleicht, um festzustellen, ob der Benutzer einen gültigen Flughafennamen eingegeben hat, bevor er die Konversation fortsetzt. Schlägt die Validierung fehl, ruft die Eingabeaufforderung die Wiederholungsaufforderung auf, um den Benutzer erneut nach einem Flughafennamen zu fragen. Auswahl-, Bestätigungs-, Datums-, Zeit- und Nummernprompts verwenden auch das Gebiets-schema des Prompts, um sprachspezifische Umstände zu ermitteln. Das Gebietsschema wird von dem Kanal abgerufen, mit dem der Bot verbunden ist, so dass mehrsprachige Szenarien in Prompts möglich sind.

Wasserfalldialoge werden hauptsächlich dazu verwendet, Informationen auf eine wasserfallartige Weise zu sammeln. Das Ziel eines Wasserfalldialogs ist es, dem Benutzer eine Reihe von Fragen in Form von Aufforderungen zu stellen, um die benötigten Informationen zu sammeln. Das Wichtigste dabei ist, dass der Bot nicht eine Frage stellt, um eine Reihe von Antworten zu erhalten, sondern jede Antwort einzeln in einer Reihe von Fragen abfragt. Nachdem der Bot dem Benutzer eine Frage gestellt hat, muss der Benutzer auf diese Frage antworten. Wenn der Bot diese Antwort erhalten und erfolgreich validiert hat, wird die nächste Aufforderung ausgeführt. Dies wird so lange durchgeführt, bis alle Aufforderungen beantwortet und die benötigten Informationen gesammelt wurden, was wie in Abb. 2.5 dargestellt aussehen könnte.

Innerhalb eines einzelnen Wasserfalldialogs gibt es einen so genannten Wasserfall-Schritt-Kontext, der zum Speichern und Zugreifen auf den Abbiegekontext sowie den Status verwendet wird. Da der Wasserfalldialog im Wesentlichen aus einer Reihe von Prompts besteht, sollten Sie auch an die Validierung von Benutzerantworten für bestimmte Prompts denken, um zu vermeiden, dass der nächste Schritt mit einem ungültigen Wert aufgerufen wird. Dies kann mit Hilfe des Kontextparameters prompt validator geschehen, der Teil der Prompt-Funktionalität ist. Dieser Parameter gibt einen booleschen Wert zurück, der angibt, ob die Antwortvalidierung des Benutzers erfolgreich war oder nicht.

Die Wasserfalldialoge sind eher für einen bestimmten Anwendungsfall konzipiert. Das SDK bietet jedoch auch einen Dialogtyp an, der als *Komponentendialog* bezeichnet wird und für die Wiederverwendung konzipiert ist. Dieser Dialogtyp ist so konzipiert, dass er einigermaßen un-

abhängig ist, so dass Sie einen Komponentendialog für einen bestimmten Anwendungsfall erstellen können, den Sie dann z. B. als Paket exportieren können, um ihn auch in andere Bots zu integrieren. Innerhalb eines Komponentendialogs können Sie eine Reihe von Wasserfalldialogen oder Eingabeaufforderungen einfügen, die als Dialogsatz gruppiert sind.

Die Komponente, die für die Verwaltung von Dialogen zuständig ist, wird Dialogkontext genannt. Dieser Dialogkontext bietet Methoden zum Beginnen, Ersetzen, Fortsetzen, Beenden oder Abbrechen eines Dialogs. Sie können sich alle Dialoge innerhalb Ihres Bots als Dialogstapel vorstellen, wobei der im vorangegangenen Text erwähnte Turn-Handler die Komponente ist, die den Dialogstapel kontrolliert. Wenn der Dialogstapel zu einem bestimmten Zeitpunkt leer ist, dient der Turn-Handler auch als Fallback, um die Konversation fortzusetzen.

Wenn Sie einen neuen Dialog beginnen, wird dieser an den Anfang des Dialogstapels geschoben und wird zum aktiven Dialog. Er bleibt so lange aktiv, bis der Dialog entweder endet, abgebrochen wird oder aus dem Stapel entfernt

Abb. 2.5 Beispiel für einen Wasserfalldialog im Bot Framework. (Quelle: https://docs. microsoft.com/en-us/ azure/bot-service/ bot-builder-concept-dialog)

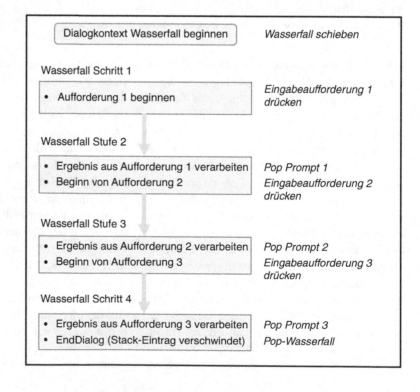

wird, da er durch einen anderen Dialog innerhalb des Stapels ersetzt wurde. Das Ersetzen eines Dialogs geschieht in der Regel über die Methode replace dialog innerhalb des aktiven Dialogs. Nachdem der Dialog, der den vorherigen Dialog ersetzt hat, beendet wurde, wird er aus dem Dialogstapel entfernt, und der vorherige Dialog wird wieder zum aktiven Dialog, da er wieder an der Spitze des Stapels steht. Auf diese Weise können Sie Dialoge in einer bestimmten Konversation verzweigen, was in Szenarien wie Benutzerunterbrechungen oder ähnlichem hilfreich ist.

Middleware

Die Middleware-Komponente wird zwischen dem Adapter und dem Bot implementiert. Das Middleware-Konzept wurde entwickelt, um Aktivitäten entweder vor oder nach einem bestimmten Zug zu bearbeiten. Daher können die Middleware-Komponenten als Pre- oder Post-Activity-Processing-Engines innerhalb der Activity-Pipeline Ihres Bots betrachtet werden. Während der Initialisierung deines Bots, nach dem Start oder Neustart, fügt der Adapter alle konfigurierten Middleware-Komponenten zu seiner Middleware-Sammlung hinzu. Die Reihenfolge, in der der Adapter die Middleware-Komponenten zu seinem Stack hinzufügt, definiert, welche Middleware-Komponente in welcher Reihenfolge aufgerufen wird. Abb. 2.6 skizziert das allgemeine Middleware-Verarbeitungskonzept.

Wenn Sie mehrere Middleware-Komponenten in Ihrem Projekt implementieren, ist die Reihenfolge, in der die Middleware-Komponenten aufgerufen werden, ziemlich wichtig. Sie könnten z. B. eine Middleware implementieren, die alle mit einer Aktivität verbundenen Informationen in einem Azure-Speicher oder in Application Insights protokollieren soll. Und dann möchten Sie eine andere Middleware-Komponente verwenden, um eine Nachrichtenaktivität zu übersetzen, die nicht auf Englisch empfangen wird, da Ihr Bot und die Wissensdatenbank, mit der er verbunden ist, nur Englisch als Sprache unterstützen. Daher möchten Sie vielleicht alle Informationen, die der Benutzer in der Originalsprache erhält, vor der Übersetzung im Azure-Dienst protokollieren, damit die Originalnachrichten gespeichert bleiben. Außerdem werden Middleware-Komponenten verwendet, um nicht nur eingehende, sondern auch ausgehende Aktivitäten zu manipulieren. Um beim vorherigen Beispiel zu bleiben, könnten wir die gleiche Middleware, die für die Übersetzung eingehender Nachrichten zuständig ist, auch für die Übersetzung ausgehender Nachrichten verwenden, um mehrsprachige Szenarien vollständig zu unterstützen.

Wie die vorangehende Abbildung zeigt, implementiert jede Middleware einen Aufruf *next( )*, der angibt, dass die nächste Schicht ausgeführt werden soll, bei der es sich entweder um eine andere Middleware oder die Bot-Logik handeln kann. Wenn diese next-Methode nicht aufgerufen wird, werden die folgenden Schichten nicht ausgeführt, was als Kurzschluss bezeichnet wird. Dies kann in Szenarien von Vorteil sein, in denen der aktuelle Zug abgebrochen werden soll, bevor er durch den Turn-Handler bearbeitet wird, z. B. aufgrund eines Fehlers. Das Ergebnis ist, dass, obwohl der Turn-Handler nicht aufgerufen wird, die Logik innerhalb der Middleware, die den Kurzschluss ausführt, trotzdem ausgeführt wird und die Konversation des Bots sich in einem sicheren Zustand befindet.

Bot Projektstruktur

In den folgenden Abschnitten werden Sie durch die grundlegende Projektstruktur eines einfachen Echo-Bots in C# und JavaScript geführt. Ausführlichere Erklärungen und Erweiterungen werden in einem späteren Kapitel behandelt.

Echo Bot Logik C#

Nachdem Sie Ihr Bot-Framework-Echo-Bot-Projekt entweder mit den im vorangegangenen Text erwähnten Visual Studio Bot Framework-Erweiterungen oder mit der .NET Core CLI er-

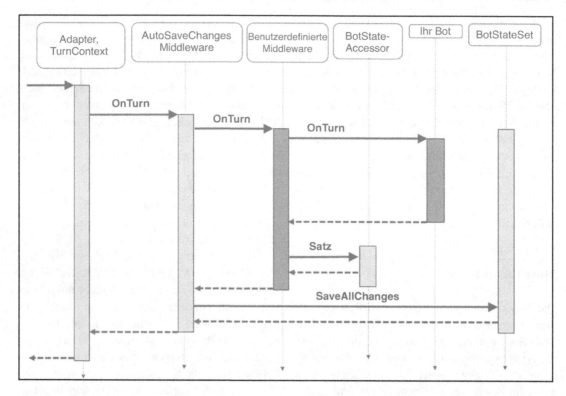

Abb. 2.6 Bot Framework Middleware-Konzept. (Quelle: https://docs.microsoft.com/en-us/azure/bot-service/bot-builder-concept-middleware)

stellt haben, sieht die typische Projektstruktur Ihres Kern-Bots wie in Abb. 2.7 aus.

▶ **Hinweis** Eine detaillierte Liste der Voraussetzungen für die Entwicklung eines Bots mit dem Bot Framework SDK für .NET finden Sie unter https://docs.microsoft.com/en-us/azure/bot-service/dotnet/bot-builder-dotnet-sdk-quickstart.

Die *Program.cs* ist im Grunde der Einstiegspunkt des Bot-Projekts. Sie erstellt eine neue Datei, die den zu verwendenden Host sowie die zu verwendende Startup-Klasse definiert, in unserem Fall die *Startup.cs*:

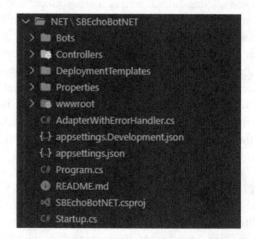

Abb. 2.7 Bot Framework C# Echo Bot-Projektstruktur

```
mit Microsoft.AspNetCore;
mit Microsoft.AspNetCore.Hosting;
Namensraum SBEchoBotNET
{
    public class Programm
    {
        public static void Main(string[] args)
        {
            CreateWebHostBuilder(args).Build().Run();
        }
        public static IWebHostBuilder CreateWebHostBuilder(string[] args) =>
            WebHost.CreateDefaultBuilder(args)
                . UseStartup< Startup>();
    }
}
```

Die *Startup.cs* ist die Klasse, die alle Konfigurationskomponenten definiert. Außerdem erstellt sie den Bot als transiente Datei, damit wir ihn in unserem Projekt verwenden können:

```
mit Microsoft.AspNetCore.Builder;
mit Microsoft.AspNetCore.Hosting;
mit Microsoft.AspNetCore.Mvc;
mit Microsoft.Bot.Builder;
mit Microsoft.Bot.Builder.Integration.AspNet.Core;
mit Microsoft.Bot.Connector.Authentication;
mit Microsoft.Bot.Builder.BotFramework;
mit Microsoft.Extensions.Configuration;
mit Microsoft.Extensions.DependencyInjection;
mit SBEchoBotNET.Bots;
Namensraum SBEchoBotNET
{
    public class Startup
    {
        public Startup(IConfiguration Konfiguration)
        {
            Konfiguration = Konfiguration;
        }
        public IConfiguration Konfiguration { get; }
        // Diese Methode wird von der Laufzeit aufgerufen. Verwenden Sie diese
        Methode, um dem Container Dienste hinzuzufügen.
        public void ConfigureServices(IServiceCollection services)
        {
            services.AddMvc().SetCompatibilityVersion(CompatibilityVersion.
            Version_2_1);
```

```
    // Erstellen Sie den Bot Framework Adapter mit aktivierter Fehler-
    behandlung.
    services.AddSingleton< IBotFrameworkHttpAdapter, AdapterWithError-
    Handler>();
    // Erstellen Sie den Bot als transient. In diesem Fall erwartet
    der ASP-Controller einen IBot.
    services.AddTransient< IBot, EchoBot>();
}
// Diese Methode wird von der Laufzeitumgebung aufgerufen. Verwenden
Sie diese Methode, um die HTTP-Anforderungspipeline zu konfigurieren.
public void Configure(IApplicationBuilder app, IHostingEnvironment env)
{
    if (env.IsDevelopment())
    {
        app.UseDeveloperExceptionPage();
    }
    sonst
    {
        app.UseHsts();
    }
    app.UseDefaultFiles();
    app.UseStaticFiles();
    app.UseWebSockets();
    //app.UseHttpsRedirection();
    app.UseMvc();
    }
  }
}
```

Wie Sie im vorhergehenden Code sehen können, fügt die Zeile *services.AddSingleton< IBot-FrameworkHttpAdapter,   AdapterWithError-Handler>();* den *AdapterWithErrorHandlers* zu unseren Diensten hinzu. Der Adapter ist verantwortlich für die Verbindung des Bots mit einem Service-Endpunkt, wie dem Azure Bot Service unter Verwendung des Bot Connector Service. Außerdem wird der Adapter verwendet, um Authentifizierungsmechanismen abzudecken, und er wird verwendet, um Aktivitäten zwischen dem Bot und dem Bot Connector Service auszutauschen. Nachdem der Adapter eine neue Aktivität erhalten hat, erstellt er zunächst den Abbiegekontext und ruft dann die Bot-Logik auf, die den erstellten Abbiegekontext zur weiteren Verarbeitung übergibt. Nachdem die Bot-Logik die Aktivität verarbeitet hat, sendet der Adapter die ausgehende Aktivität zurück an den Kanal. Darüber hinaus ist der Adapter für die Verwaltung und den Aufruf der Middleware-Pipeline zur Vor- oder Nachbearbeitung von Aktivitäten vor oder nach einem Turn verantwortlich. Da in der Echo-Bot-Vorlage keine vordefinierte Middleware hinzugefügt wurde, sieht die *AdapterWithError-Handlers.cs* wie folgt aus:

```
mit Microsoft.Bot.Builder.Integration.AspNet.Core;
mit Microsoft.Bot.Builder.TraceExtensions;
mit Microsoft.Extensions.Configuration;
mit Microsoft.Extensions.Logging;
```

```
Namensraum SBEchoBotNET
{
    public class AdapterWithErrorHandler : BotFrameworkHttpAdapter
    {
        public AdapterWithErrorHandler(IConfiguration configuration, ILogger<
        BotFrameworkHttpAdapter> logger) base(Konfiguration, Logger)
        {
            OnTurnError = async (turnContext, exception) =>
            {
                // Protokollieren Sie jede ausgelaufene Ausnahme von der An-
                wendung.
                logger.LogError(exception, $"[OnTurnError] unbehandelter
                Fehler : {exception.Message}");
                // Senden einer Nachricht an den Benutzer
                await turnContext.SendActivityAsync("Der Bot ist auf einen
                Fehler oder Bug gestoßen.");
                await turnContext.SendActivityAsync("Um diesen Bot weiter
                auszuführen, korrigieren Sie bitte den Bot-Quellcode.");
                // Senden einer Trace-Aktivität, die im Bot Framework Emu-
                lator angezeigt wird
                await turnContext.TraceActivityAsync("OnTurnError Trace",
                exception.Message, "https://www.botframework.com/schemas/
                error", "TurnError");
            };
        }
    }
}
```

Die Bot-Logik befindet sich normalerweise in der Datei *EchoBot.cs*, die in unserem Fall sehr schlank ist. Da der Echo-Bot nur das wiedergeben soll, was der Benutzer sagt, haben wir nur zwei Methoden in unserer Bot-Logik:

- **OnMessageActivityAsync**
  - Diese Methode ist einer der bereits erwähnten C#-Activity-Handler, die für die Bearbeitung von Nachrichten innerhalb einer bestimmten Runde verwendet werden.

- **OnMembersAddedAsync**
  - Diese Methode ist ein weiterer C#-Activity-Handler, der dazu dient, Mitglieder zu behandeln, die der Unterhaltung beitreten.

Die *OnMessageActivityAsync()*-Methode gibt die Eingaben des Benutzers zurück, während die *OnMembersAddedAsync()*-Methode den Benutzer beim Eintritt in die Konversation proaktiv mit „Hello and welcome!" begrüßt. Die vollständige Implementierung unseres *EchoBot.cs* sieht wie folgt aus:

```
using System.Collections.Generic;
using System.Threading;
using System.Threading.Tasks;
mit Microsoft.Bot.Builder;
mit Microsoft.Bot.Schema;
Namensraum SBEchoBotNET.Bots
```

```
{
    public class EchoBot : ActivityHandler
    {
        protected override async Task OnMessageActivityAsync(ITurnContext<
        IMessageActivity> turnContext, CancellationToken cancellationToken)
        {
            var replyText = $"Echo: {turnContext.Activity.Text}";
            await turnContext.SendActivityAsync(MessageFactory.Text(reply-
            Text, replyText), cancellationToken);
        }
        protected override async Task OnMembersAddedAsync(IList< ChannelAc-
        count> membersAdded, ITurnContext< IConversationUpdateActivity>
        turnContext, CancellationToken cancellationToken)
        {
            var welcomeText = "Hallo und willkommen!";
            foreach (var member in membersAdded)
            {
                if (member.Id != turnContext.Activity.Recipient.Id)
                {
                    await turnContext.SendActivityAsync(MessageFactory.
                    Text(welcomeText, welcomeText), cancellationToken);
                }
            }
        }
    }
}
```

Das letzte fehlende Teil in unserem Projekt ist die Datei *BotController.cs*. Dieser Controller definiert das Routing von Nachrichten und HTTP-Aufrufen innerhalb unseres Bots. Wie Sie im Folgenden sehen können, ist die einzige für unseren Bot definierte Route *„api/messages"*. Die Methode *PostAsync()* ruft den Adapter auf, um die eingehenden HTTP-Anfragen zu verarbeiten. Wenn Sie mit dem Bot kommunizieren, sollte der Kanal oder die Anwendung, die Sie verwenden, daher alle HTTP-Anfragen an die Route „API/messages" senden, um sicherzustellen, dass sie von Ihrem Bot empfangen werden:

```
using System.Threading.Tasks;
mit Microsoft.AspNetCore.Mvc;
mit Microsoft.Bot.Builder;
mit Microsoft.Bot.Builder.Integration.AspNet.Core;
Namensraum SBEchoBotNET.Controllers
{
    // Dieser ASP-Controller wird erstellt, um eine Anfrage zu bearbeiten.
    Dependency Injection liefert den Adapter und IBot
    // Implementierung zur Laufzeit. Mehrere unterschiedliche IBot-
    Implementierungen, die an verschiedenen Endpunkten laufen, können
    // durch Angabe eines spezifischeren Typs für das Bot-Konstruktor-Argument
    erreicht werden.
```

```
[Route("api/messages")]
[ApiController]
 public class BotController : ControllerBase
 {
     private readonly IBotFrameworkHttpAdapter Adapter;
     private readonly IBot Bot;
     public BotController(IBotFrameworkHttpAdapter adapter, IBot bot)
     {
         Adapter = Adapter;
         Bot = Bot;
     }
     [HttpPost, HttpGet]
     öffentlicher asynchroner Task PostAsync()
     {
         // Delegieren Sie die Verarbeitung des HTTP POST an den Adapter.
         // Der Adapter ruft den Bot auf.
         await Adapter.ProcessAsync(Request, Response, Bot);
     }
 }
}
```

Die Konfigurationseinstellungen werden normalerweise in einer Datei namens *appsettings.json* gespeichert. Diese Datei sollte alle IDs, Geheimnisse oder Verbindungszeichenfolgen enthalten, die in Ihrem Bot verwendet werden. Die App-Einstellungen unseres Echo-Bots werden vorerst hauptsächlich so aussehen und in einem späteren Kapitel angepasst werden:

```
{
  "MicrosoftAppId": "",
  "MicrosoftAppPasswort": ""
}
```

Echo Bot Logic JavaScript

Um ein Bot Framework-Projekt für die Entwicklung eines Bots mit JavaScript zu erstellen, müssen Sie Ihr Bot-Projekt mit dem Yeoman-Generator erstellen. Navigieren Sie in Ihrer Befehlszeile zu dem Verzeichnis, in dem Sie das Projekt erstellen möchten, und führen Sie die folgenden Befehle aus, um die Voraussetzungen zu installieren:

```
npm install -g npm
npm install -g yo
npm install -g generator-botbuilder
# Führen Sie diesen Befehl nur aus, wenn Sie unter Windows arbeiten. Lesen
Sie den obigen Hinweis.
npm install -g windows-build-tools
```

► **Hinweis** Eine detaillierte Liste der Voraussetzungen für die Entwicklung eines Bots
mit dem Bot Framework SDK für JavaScript
finden Sie unter https://docs.microsoft.com/
en-us/azure/bot-service/javascript/bot-builder-
javascript-quickstart.

Nachdem die Voraussetzungen erfolgreich installiert wurden, müssen Sie den folgenden Befehl ausführen und die vom Yeoman-Generator
gestellten Fragen beantworten, um ein neues Bot
Framework-Projekt zu erstellen:

```
yo botbuilder
```

Wenn Sie einen JavaScript-Bot entwickeln,
sieht das gerüstete Projekt nach Ausführung des
Yeoman-Generators wie in Abb. 2.8 dargestellt aus.

Sie werden feststellen, dass dies im Vergleich
zur C#-Vorlage viel schlanker ist, was in der Natur

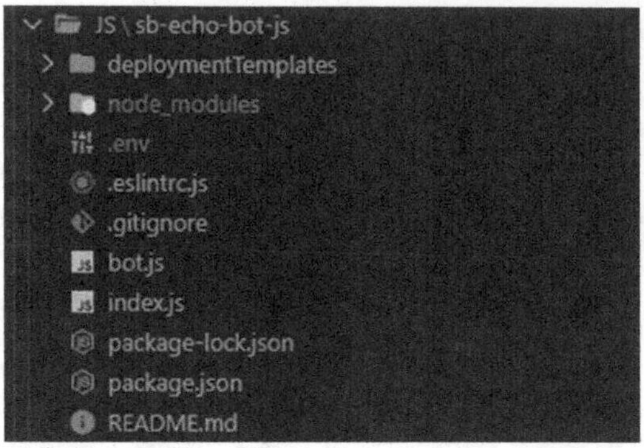

Abb. 2.8 Bot Framework JS Echo Bot-Projektstruktur

von JavaScript als Programmiersprache liegt. Was
in C# in mehrere Dateien aufgeteilt ist, wird in
Ihrem JS-Projekt in einer einzigen Datei gespeichert. Die index.js benötigt einige Abhängigkeiten, um in das Bot-Projekt aufgenommen zu
werden, die Sie hier sehen können:

```
const dotenv = require('dotenv');
const path = require('path');
const restify = require('restify');
// Importieren Sie die erforderlichen Bot-Dienste.
const { BotFrameworkAdapter } = require('botbuilder');
// Der Hauptdialog dieses Bots.
const { MyBot } = require('./bot');
// Importieren Sie die erforderliche Bot-Konfiguration.
const ENV_FILE = path.join(__dirname, '. env');
dotenv.config({ path: ENV_FILE });
```

Die Datei *index.js* enthält die Implementierung für Ihren Adapter:

```
// Adapter erstellen.
// Unter https://aka.ms/about-bot-adapter erfahren Sie mehr über die Funktions-
weise von Bots.
const adapter = new BotFrameworkAdapter({
    appId: process.env.MicrosoftAppId,
    appPasswort: process.env.MicrosoftAppPasswort
});
```

Der HTTP-Server wird ebenfalls in dieser
Datei mithilfe einer JavaScript-Bibliothek namens *restify* erstellt:

```
// HTTP-Server erstellen
const server = restify.createServer();
server.listen(process.env.port || process.env.PORT || 3978, () => {
    console.log(`n${ server.name } listening to ${ server.url }`);
    console.log(`nGet Bot Framework Emulator: https://aka.ms/botframework-
    emulator`);
    console.log(`Um Ihren Bot zu testen, siehe: https://aka.ms/debug-with-
    emulator`);
});
```

Außerdem erstellt die *index.js* den Bot-Controller wie folgt:

```
// Warten Sie auf eingehende Anfragen.
server.post('/api/messages', (req, res) => {
    adapter.processActivity(req, res, async (context) => {
        // Weiterleitung zum Hauptdialog.
        await myBot.run(context);
    });
});
```

Außerdem werden der Bot und sein Hauptdialog instanziiert, die jeweils aufgerufen werden, wenn eine neue Aktivität eintrifft:

```
// Erstellen Sie den Hauptdialog.
const myBot = new MyBot();
```

Die zweite Datei, die man sich ansehen sollte, ist die Datei *bot.js*. Diese Datei enthält ebenfalls zwei Methoden, die der C#-Implementierung ähneln, nämlich die folgenden:

- **onMessage**
  – Diese Methode ist einer der bereits erwähnten JavaScript-Activity-Handler, die für die Bearbeitung von Nachrichten innerhalb einer bestimmten Runde verwendet werden.

- **onMembersAdded**
  – Diese Methode ist ein weiterer JavaScript-Activity-Handler, der für den Beitritt von Mitgliedern zur Konversation verwendet wird.

In unserem Fall wird die Funktion *onMembersAdded()* jeden neuen Benutzer mit „Hallo und willkommen!" begrüßen, wenn er die Konversation betritt, während die Funktion *onMessage()* zurücksendet, was der Benutzer gesagt hat:

```
const { ActivityHandler } = require('botbuilder');
class MyBot extends ActivityHandler {
    constructor() {
        super();
        Unter https://aka.ms/about-bot-activity-message finden Sie weitere
        Informationen über die Nachricht und andere Aktivitätsarten.
        this.onMessage(async (context, next) => {
            await context.sendActivity(`Sie sagten '${ context.activity.text
            }'`);
            // Durch den Aufruf von next() stellen Sie sicher, dass der nächste
            BotHandler ausgeführt wird.
            await next();
        });
        this.onMembersAdded(async (context, next) => {
            const membersAdded = context.activity.membersAdded;
            for (let cnt = 0; cnt < membersAdded.length; ++cnt) {
                if (membersAdded[cnt].id !== context.activity.recipient.id)
{

                    await context.sendActivity('Hallo und willkommen!');
                }
            }
            // Durch den Aufruf von next() stellen Sie sicher, dass der nächste
            BotHandler ausgeführt wird.
            await next();
        });
    }
}
module.exports.MyBot = MyBot;
```

Die Datei, in der die Konfiguration gespeichert wird, wird in JavaScript-Projekten als .env-Datei bezeichnet, die mit der appsettings.json in C#-Projekten verglichen werden kann. In dieser Datei werden normalerweise alle Konfigurationseinstellungen wie die appId, das appPassword oder andere Verbindungszeichenfolgen gespeichert, die im Bot verwendet werden. Die .env-Datei des Echo-Bots sieht nach dem Erstellen des Projekts im Wesentlichen so aus:

```
MicrosoftAppId=
MicrosoftAppPassword=
```

Da dieses Kapitel die Grundprinzipien der im vorangegangenen Text erwähnten Bot-Komponenten umreißen soll, soll es die Schlüsselfaktoren innerhalb eines Bot-Framework-Projekts aufzeigen. In späteren Kapiteln werden wir einige dieser Komponenten erneut durchgehen und untersuchen, wie sie angepasst werden können, um die Funktionalität des Bots zu verbessern.

Bot-Framework-Fähigkeiten: Wiederverwendbare Bot-Komponenten

Skills innerhalb des Bot Frameworks sind wiederverwendbare Komponenten für einen Bot einschließlich Konversationselementen. Das Bot Framework bietet ein Erweiterungsmodell, bei dem Entwickler unabhängig voneinander an Skills arbeiten können, die dann in einen Bot integriert werden können. Dies bietet die Flexibilität, ein unternehmensweites Bot-Szenario zu entwickeln und zu pflegen, das verschiedene Fähigkeiten für unterschiedliche Anwendungsfälle integriert. In der Vergangenheit gab es zwei Möglichkeiten, dies zu lösen. Entweder konnte man einen Bot erstellen, der alle Anwendungsfallfunktionen in seiner Logik enthielt, oder man konnte separate Bots für verschiedene Anwendungsfälle erstellen. Die zweite Option erwies sich für die Endbenutzer bald als recht unbequem, da sie sich merken mussten, welcher Bot für welchen Anwendungsfall zu verwenden war. Durch die Einführung des Skill-Konzepts konnten die Entwickler an separaten Skills arbeiten, die dann mit einem einzigen Befehlszeilenvorgang, der die Versand- und Konfigurationsänderungen ausführt, in einen Bot integriert werden konnten.

Ein Skill selbst ist ebenfalls ein Bot, der auch eigenständig verwendet werden kann. Das Microsoft Bot Framework SDK bietet Vorlagen in C# und TypeScript zum Erstellen neuer Skills mithilfe von Vorlagen. Tab. 2.4 zeigt die derzeit im SDK verfügbaren Skills, die sofort verwendet oder nach Bedarf angepasst werden können.

In den nächsten Kapiteln werden wir uns im Detail ansehen, wie man diese Fähigkeiten entwickelt und in einen Bot Framework Bot integriert.

Azure Bot Service: Eine Bot-Hosting-Plattform

Wie bereits im vorherigen Kapitel erwähnt, ist der Azure Bot Service die Hosting-Plattform für einen Bot, der mit dem Bot Framework entwickelt wurde. Er ist der Klebstoff, der Ihren Bot mit den unterstützten Kanälen verbindet und diese Verbindungen für Sie herstellt und verwaltet. Dies erleichtert die Bereitstellung Ihres Bots in verschiedenen Kanälen, da in einigen Fällen die Aktivierung eines Kanals mit wenigen Klicks erledigt ist und der Bot dann in diesem Kanal verwendet werden kann. Die aktuelle Liste der unterstützten Kanäle finden Sie in Kap. 1. Der Azure Bot Service dient jedoch nicht nur dazu, Ihren Bot mit Kanälen zu verbinden, sondern auch dazu, die Konfiguration des Bots innerhalb des Azure Portals zu verwalten (https://portal.azure.com).

Es bietet eine vollständige Verwaltungsschnittstelle, über die Sie alles, was mit Ihrem Bot zu tun hat, innerhalb dieses Portals verwalten können, z. B. das Bot-Handle oder den Anzeigenamen, den Messaging-Endpunkt, die Microsoft-App-ID und das App-Kennwort, die innerhalb Ihres Bots zur Sicherung der Kommunikation verwendet werden, oder die Konfigurationseinstellungen für die Analyse, mit denen festgelegt wird, welcher Application Insights-Dienst zur Analyse der Leistung und des Verhaltens des Bots verwendet werden soll (siehe Abb. 2.9).

Tab. 2.4 Vordefinierte Bot-Framework-Fähigkeiten. (Quelle: https://docs.microsoft.com/en-us/azure/bot-service/bot-builder-skills-overview)

Name	Beschreibung
Kalender-Fähigkeit	Fügen Sie Ihrem Assistenten Kalenderfunktionen hinzu. Unterstützt von Microsoft Graph und Google.
E-Mail-Fähigkeit	Fügen Sie Ihrem Assistenten E-Mail-Funktionen hinzu. Unterstützt von Microsoft Graph und Google.
To-Do-Fähigkeit	Erweitern Sie Ihren Assistenten um Funktionen zur Aufgabenverwaltung. Unterstützt von Microsoft Graph.
Punkt von Interesse Fähigkeit	Finden Sie Points of Interest und Wegbeschreibungen. Unterstützt von Azure Maps und FourSquare.
Kfz-Kenntnisse	Industrie-vertikale Fertigkeit für die Vorführung der Steuerung von Fahrzeugfunktionen.
Experimentelle Fertigkeiten	Nachrichten, Restaurantreservierung und Wetter.

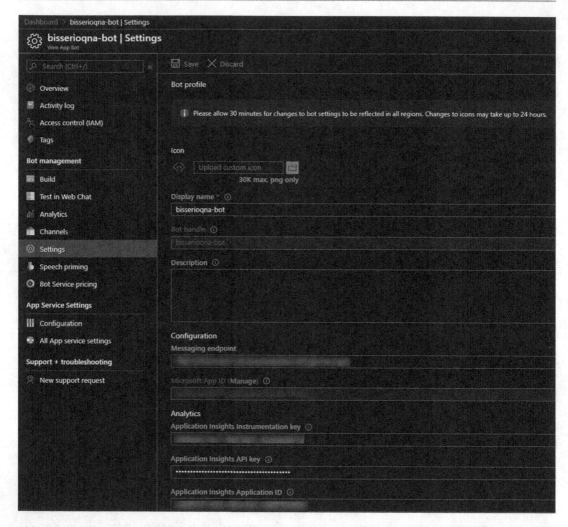

Abb. 2.9 Verwaltungsoberfläche von Azure Bot Service

Daher ist der Azure Bot Service die beste Option, um Ihren Bot in verschiedene Kanäle zu integrieren und den Bot als Webanwendung zu hosten, entweder in Azure, was der bevorzugte Weg ist, oder an einem anderen Ort, z. B. in Ihrem Rechenzentrum vor Ort oder bei einem anderen Cloud-Service-Anbieter.

Bot Framework SDK Tool-Angebote

In den folgenden Unterkapiteln werden die verfügbaren Tools innerhalb des Bot-Frameworks beschrieben, da wir sie in den späteren Kapiteln alle verwenden werden, wenn es

darum geht, wie man einen mit dem Bot-Framework-SDK erstellten Bot entwirft, entwickelt oder einsetzt.

Bot-Framework-Emulator

Eines der im Bot Framework-Ökosystem angebotenen Tools ist der Bot Framework Emulator. Dabei handelt es sich um eine umfassende Desktop-Anwendung zum Testen und Debuggen von Bots, die auf die lokale Entwicklung und Prüfung von Bots ausgerichtet ist. Darüber hinaus können Sie mit dem Emulator auch Bots testen und debuggen, die in Microsoft Azure oder an einem anderen Ort gehostet werden, was Ihnen mehr Details in Bezug auf das Debuggen eines mit dem SDK entwickelten Bots bietet. Da das Bot Framework selbst so definiert ist, dass es viele verschiedene Entwicklungsplattformen abdeckt, ist auch der Emulator für viele Plattformen verfügbar:

- Windows
- OS X
- Linux

▶ **Hinweis** Der Emulator kann von dem entsprechenden GitHub-Repos heruntergeladen werden, indem man diesen Link benutzt: https://aka.ms/botemulator.

Entwickler können den Emulator verwenden, um den lokal laufenden Bot zu testen. Außerdem können die Entwickler den Emulator verwenden, um die mit dem Bot verbundenen Dienste wie LUIS oder QnA Maker zu verwalten und den Aktivitätsstapel zu verfolgen und zu debuggen, wie in Abb. 2.10 zu sehen.

Bot Framework Web Chat

Da Bot Framework Bots in viele verschiedene Kanäle integriert werden können, ist auch eine von Microsoft entwickelte Web-Chat-Lösung verfügbar. Die Bot Framework Web-Chat-Komponente, die von hier http://aka.ms/bfwebchat heruntergeladen und verwendet werden

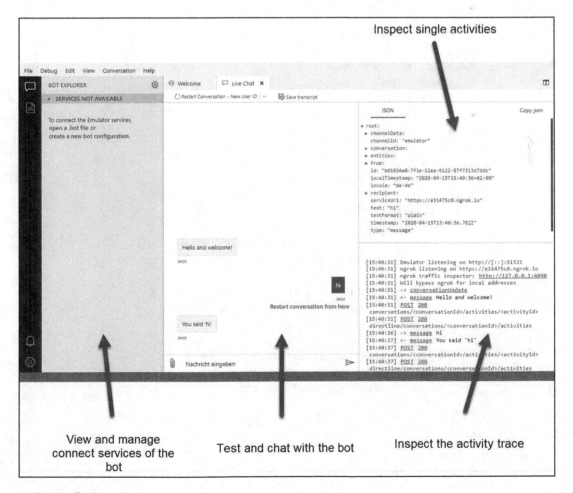

Abb. 2.10 Übersicht Bot Framework Emulator

kann, ist eine hochgradig anpassbare Komponente zur Darstellung eines Web-Chats innerhalb
einer HTML-Seite. Entwickler können den Web-
Chat entweder direkt als HTML/JavaScript-
Komponente innerhalb von HTML-Code verwenden oder die von Microsoft entwickelte

React-Komponente einsetzen, um das Aussehen
und Verhalten des Web-Chat-Clients noch weiter
anzupassen.

Um die Web-Chat-Komponente mit HTML und
JavaScript zu integrieren, müssen Sie normalerweise
die folgenden Zeilen in Ihre Website einfügen:

```html
<!DOCTYPE html>
< html>
  < Kopf>
    < script src="https://cdn.botframework.com/botframework-webchat/latest/
    webchat.js"></script>
    < style>
        html,
        Körper {
            Höhe: 100%;
        }
        Körper {
            Rand: 0;
        }
        #webchat {
            Höhe: 100%;
            Breite: 100%;
        }
    </style>
</head>
 <Körper>
    <div id="webchat" role="main"></div>
     <Skript>
        window.WebChat.renderWebChat(
            {
                directLine: window.WebChat.createDirectLine({
                    Token: "IHR_DIRECT_LINE_TOKEN
                }),
                userID: 'IHRE_USER_ID',
                Benutzername: 'Web-Chat-Benutzer',
                Gebietsschema: 'en-US',
                botAvatarInitials: 'WC',
                userAvatarInitials: 'WW'
            },
            document.getElementById('webchat')
        );
    </script>
  </body>
</html>
```

Der vorstehende Code integriert die Web-Chat-Komponente in Ihre HTML-Seite und verbindet sie über das DirectLine-Token mit Ihrem Bot Framework. Die Details des DirectLine-Protokolls werden in einem späteren Kapitel erläutert, aber die DirectLine-API stellt grundsätzlich eine sichere Kommunikation zwischen Ihrem Bot und der Anwendung her, in die Sie ihn integrieren.

Wenn Sie einen anpassungsfähigeren Ansatz in Bezug auf Styling und Verhalten suchen, können Sie die React-Komponente verwenden, um den Web-Chat in Ihre Webanwendung zu integrieren, z. B. mit den folgenden Codezeilen:

```
import React, { useMemo } from 'react';
import ReactWebChat, { createDirectLine } from 'botframework-webchat';
export default () => {
  const directLine = useMemo(() => createDirectLine({ token: 'YOUR_DIRECT_
  LINE_TOKEN' }), []);
  return < ReactWebChat directLine={directLine} userID="YOUR_USER_ID" />;
};
```

Um eine Vorstellung davon zu bekommen, welche Integrationsmethode welche Funktionen bietet, sind in Tab. 2.5 die wichtigsten Merkmale für beide Szenarien aufgeführt.

So könnte beispielsweise der Web-Chat so angepasst werden, dass er benutzerdefinierte Avatarbilder von Benutzern und Bots anzeigt (siehe Abb. 2.11), um den Benutzern ein persönlicheres Erscheinungsbild zu bieten.

In einem späteren Kapitel wird ein durchgängiger Implementierungsleitfaden beschrieben, der alle notwendigen Schritte zur Anpassung der Webchat-Komponente enthält.

Tab. 2.5 Vergleich der Bot Framework Web Chat Funktionen. (Quelle: https://github.com/Microsoft/Bot-Framework-WebChat)

Merkmal/Funktionalität	CDN-Bündel	Reagieren Sie
Farben ändern	✓	✓
Größen ändern	✓	✓
CSS-Stile aktualisieren/ersetzen	✓	✓
Veranstaltungen anhören	✓	✓
Interaktion mit der Hosting-Webseite	✓	✓
Benutzerdefinierte Rendering-Aktivitäten		✓
Benutzerdefinierte Render-Anhänge		✓
Neue UI-Komponenten hinzufügen		✓
Die gesamte UI neu zusammenstellen		✓

Abb. 2.11 Beispiel für die Anpassung von Bot Framework Web Chat

Bot Framework CLI

Die Bot Framework-Befehlszeilenschnittstelle ist eine plattformübergreifende Befehlszeilenschnittstelle, die viele Werkzeuge und Befehle zur Verwaltung Ihrer Bot Framework-Umgebung bietet. Sie kann über diesen Link https:// aka.ms/bfcli oder einfach durch Ausführen des folgenden Befehls installiert werden, wenn Sie Node.js bereits auf Ihrem Computer installiert haben:

```
npm i -g @microsoft/botframework-cli
```

Derzeit unterstützt diese Befehlszeilenschnittstelle Befehle und Verwaltungsschnittstellen für die folgenden Dienste, die in den Kap. 4 und 5 ausführlich behandelt werden:

- **Chatdown**
  - *Chatdown* ist ein Tool zum Parsen von Chat-Dateien, die dann in Transkript-Dateien übersetzt werden. Dies erleichtert die Gestaltung von Dialogen und Unterhaltungen, ohne eigentlichen Code zu schreiben, und wird daher in der Entwurfsphase eines Bot-Projekts verwendet

- **QnAMaker**
  - Mit den QnAMaker-Befehlen aus der BF CLI können Entwickler alles, was mit QnA Maker zusammenhängt, verwalten, wie z. B. das Erstellen neuer Wissensdatenbanken oder das Trainieren und Veröffentlichen bestehender Datenbanken, indem sie die CLI anstelle des QnA Maker-Portals verwenden.
- **Konfigurieren Sie**
  - Mit den Config-Endpunkten innerhalb der CLI können Sie die Konfigurations-Schlüssel-Wert-Paare für Ihre Umgebung verwalten, z. B. die erforderlichen LUIS-Schlüssel und IDs setzen, die von anderen Befehlen benötigt werden, was die Ausführung von Befehlen rationalisiert.
- **LUIS**
  - Die LUIS-Befehle bieten Verwaltungsschnittstellen und Funktionen zur Verwaltung Ihrer LUIS-Anwendungen, die in Ihrem Bot verwendet werden. Mit diesen Befehlen können Sie einfach eine neue Sprachverstehensanwendung über die Befehlszeile erstellen, trainieren und veröffentlichen, wodurch Sie diesen Prozess automatisieren können, während Sie einen Bot entwickeln.

Adaptive Karten

Adaptive Cards ist ein Open-Source-Konzept, das es Kartenautoren ermöglicht, reichhaltige Anhangskarten entweder mit JSON oder dem visuellen Designer zu beschreiben, der über https:// adaptivecards.io/designer/ verfügbar ist. Diese Karten werden dann nativ in dem Kanal gerendert, in dem der Bot eingesetzt wird. Dies erleichtert Entwicklern die Erstellung von Multichannel-Bots, da sie die Benutzeroberfläche nicht für jedes Teil separat abdecken müssen. Die Grundidee besteht darin, Adaptive Cards zu verwenden, um Text, Bilder, Schaltflächen und andere Rich-Media-Typen in einer einzigen Nachricht zu bündeln, die im nativen Look & Feel des verwendeten Kanals angezeigt wird. Eine solche Adaptive Card könnte zum Beispiel so aussehen wie in Abb. 2.12, wenn sie im Bot Framework-Webchat angezeigt wird.

Abb. 2.13 zeigt, wie die gleiche Karte aussehen würde, wenn sie in Microsoft Teams gerendert würde.

Die Karte wird, wie bereits erwähnt, nur in JSON deklariert, was die Möglichkeit bietet, sie in mehrere Kanäle einzubetten, ohne die Kartendefinition zu ändern. Die für die vorangehende Karte verwendete JSON lautet wie folgt:

Abb. 2.12 Beispiel für eine adaptive Karte BF Web Chat

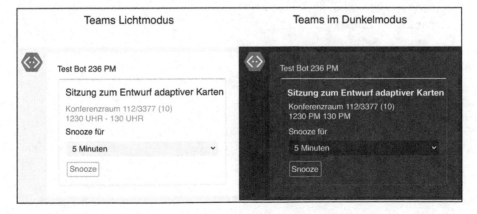

Abb. 2.13 Adaptive Karte Microsoft Teams Beispiel

```json
{
    "$schema": "http://adaptivecards.io/schemas/adaptive-card.json",
    "Typ": "AdaptiveCard",
    "Version": "1.0",
    "speak": "Ihre Sitzung zum Thema "Adaptives Kartendesign" beginnt um 12:30
    Uhr Möchten Sie eine Pause einlegen oder eine verspätete Benachrichtigung
    an die Teilnehmer senden?",
    "Körper": [
      {
        "Typ": "TextBlock",
        "Text": "Sitzung zum Entwurf adaptiver Karten",
        "Größe": "groß",
        "Gewicht": "kühner"
      },
      {
        "Typ": "TextBlock",
        "Text": "Konferenzraum 112/3377 (10)",
        "isSubtle": wahr
      },
      {
        "Typ": "TextBlock",
        "Text": "12:30 UHR - 13:30 UHR",
        "isSubtle": true,
        "Abstand": "keine"
      },
      {
        "Typ": "TextBlock",
        "Text": "Snooze für"
      },
      {
        "Typ": "Input.ChoiceSet",
        "id": "Schlummern",
        "Stil": "kompakt",
        "Wert": "5",
        "Auswahlmöglichkeiten": [
          {
            "Titel": "5 Minuten",
            "Wert": "5"
          },
          {
            "Titel": "15 Minuten",
            "Wert": "15"
          }
        ]
      }
    ],
```

```
  "Aktionen": [
    {
      "Typ": "Action.Submit",
      "Titel": "Schlummern",
      "Daten": {
        "x": "snooze"
      }
    }
  ]
}
```

Tab. 2.6 Status der Kanalunterstützung für adaptive Karten. (Quelle: https://docs.microsoft.com/en-us/adaptivecards/resources/partners)

Plattform	Beschreibung	Version
Bot Framework Web Chat	Einbettbare Web-Chat-Steuerung für das Microsoft Bot Framework.	1.2.3 (Web-Chat 4.7.1)
Outlook Actionable Messages	Hängen Sie eine Nachricht an die E-Mail an, die Sie umsetzen können.	1.0
Microsoft Teams	Plattform, die Chat, Meetings und Notizen am Arbeitsplatz kombiniert.	1.2
Cortana-Fähigkeiten	Ein virtueller Assistent für Windows 10.	1.0
Windows-Zeitleiste	Eine neue Möglichkeit, frühere Aktivitäten fortzusetzen, die Sie auf diesem PC, anderen Windows-PCs und iOS/Android-Geräten begonnen haben.	1.0
Cisco WebEx-Teams	Webex Teams hilft, Projekte zu beschleunigen, bessere Beziehungen aufzubauen und geschäftliche Herausforderungen zu lösen.	1.2

Tab. 2.6 enthält eine Liste der derzeit unterstützten Kanäle und Hostanwendungen für Adaptive Cards, einschließlich der Microsoft-Anwendungen und der Kanäle von Drittanbietern.

Einführung in den Bot Framework Composer

Der Bot Framework Composer ist eine visuelle integrierte Entwicklungsumgebung für die Erstellung von Bots, ohne eigentlichen C#- oder JavaScript-Code zu schreiben. Derzeit befindet es sich noch in der Vorschau, die auf der Microsoft Ignite 2019 angekündigt wurde. Im Folgenden sollen die wichtigsten Punkte dieses Tools umrissen werden, da in späteren Kapiteln detailliert beschrieben wird, wie Composer zur Erstellung und Bereitstellung von Bot Framework-Bots eingesetzt werden kann.

Wie Abb. 2.14 zeigt, bietet der Bot Framework Composer einen visuellen Designer, mit dem sich Dialoge auf einfache grafische Weise erstellen und verwalten lassen. Darüber hinaus verfügt der Composer über integrierte Funktionen zur Erstellung und Pflege von Modellen für natürliche Sprache, so dass bei der Entwicklung eines Bots nicht zwischen verschiedenen Tools und Portalen gewechselt werden muss. Neben dem Aspekt der natürlichen Sprache bietet der Composer auch eine Sprachgenerierungs-Engine, um anspruchsvollere und natürlichere Konversationen zu erzeugen. Darüber hinaus können Sie Ihren erstellten Bot direkt aus Composer heraus ausführen, was das Testen und Debuggen für

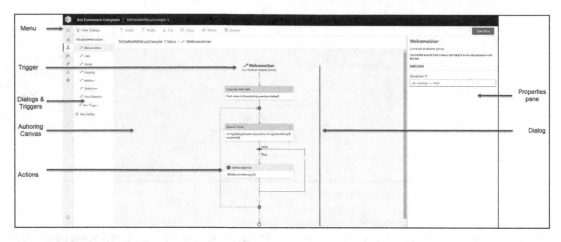

Abb. 2.14   Übersicht Bot Framework Composer

Entwickler und Geschäftsanwender noch einfacher macht.

Vorteile des Composers

Einer der wichtigsten Punkte von Composer ist,
dass er von Entwicklern und Nicht-Entwicklern
verwendet werden kann. Dieses Tool soll die Kluft
zwischen Technik und Wirtschaft überbrücken,
wenn sie gemeinsam an einer KI-Anwendung für
Konversationen arbeiten. Geschäftsanwender können Composer verwenden, um das Design der
Konversation zu skizzieren, und es dann an Entwickler weitergeben, um Funktionen zu implementieren, die Code erfordern.

Darüber hinaus schreibt Composer im Grunde
die Bot-Logik in Form von JSON und Markdown
für den Benutzer, die dann erweitert und angepasst
werden kann, um die Anforderungen zu erfüllen.
So können die vom Composer erstellten wieder-
verwendbaren Komponenten zusammen mit anderen Teilen des Bots wie der Definition des Sprachverständnisses quellgesteuert werden, um ein

ganzheitliches Bot-Projekt in einem Team von
Entwicklern und Nicht-Entwicklern aufzubauen.

Composer nutzt und integriert viele verschiedene Komponenten der KI-Plattform für
Konversation in einer einzigen Schnittstelle, darunter die folgenden:

- Bot Framework SDK
- Adaptive Dialoge
- Sprachverstehensdienst mit LUIS
- Sprachgenerierung
- QnA Maker
- Bot-Framework-Emulator

Adaptive Dialoge

Im Gegensatz zum aktuellen Konzept des Bot
Framework SDK setzt Composer auf ein Konzept
namens „Adaptive Dialogs", um Dialoge innerhalb
eines Bots zu erstellen. Mit diesem Konzept können Sie Dialoge in JSON definieren, indem Sie
einen deklarativen Ansatz anstelle von C#- oder
JavaScript-Code verwenden. Auf diese Weise kön-

Abb. 2.15 Beispiel für
das Sprachverständnis
des Bot Framework
Composers

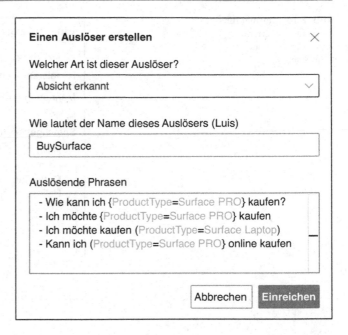

Abb. 2.15 Beispiel für das Sprachverständnis des Bot Framework Composers

nen adaptive Dialoge während der Laufzeit ausgetauscht werden, wodurch der Bereitstellungs- und Integrationsprozess eines Bot Framework-Bots zuverlässiger und schneller wird.

Adaptive Dialoge können in gewisser Weise als eine neue Art der Modellierung und Implementierung von Dialogen in Konversationsanwendungen angesehen werden, da sie dazu beitragen, sich auf die Gesprächsmodellierung und nicht auf die Implementierungsanforderungen für die Verwaltung von Dialogen zu konzentrieren.

Sprache Verstehen

Da das Sprachverständnis eine Schlüsselkomponente im Bot-Design und in der Bot-Entwicklung ist, bietet Composer einen vereinfachten Editor zur Verwaltung von Modellen für das Verständnis natürlicher Sprache im Kontext eines Dialogs unter Verwendung einer Markdown-Ausdruckssprache. So können Benutzer Dialoge zusammen mit Sprachverstehensmodellen in einer einzigen Oberfläche erstellen und erweitern. Innerhalb dieses Markdown-ähnlichen Formats können Sie Intents, Äußerungen und

Entitäten definieren, wie Sie es normalerweise im LUIS-Portal tun würden. Diese Sprachverstehensmodelle werden in . lu-Dateien gespeichert, was das Mitverfassen von Sprachmodellen erleichtert. Das Dateiformat ist in Abb. 2.15 skizziert.

Sprachgenerierung

Neben der Integration des Sprachverständnisses bietet Composer auch eine einfache Möglichkeit, die Spracherzeugung in Ihren Bot zu integrieren. Ähnlich wie beim Markdown-Format für das Sprachverständnis können Sie auch Sprachgenerierungsmodelle in Markdown definieren, wie die folgende Abbildung zeigt. Der Bot verwendet dann die Sprachgenerierungsmodelle, die als .lg-Dateien gespeichert sind, um nach dem Zufallsprinzip eine Phrase daraus auszuwählen, bevor er sie an den Benutzer sendet. Dadurch wird die Konversation natürlicher und anspruchsvoller, da der Bot nicht jedes Mal auf die gleiche Eingabe reagiert. Das Format einer solchen .lg-Datei ist in Abb. 2.16 skizziert.

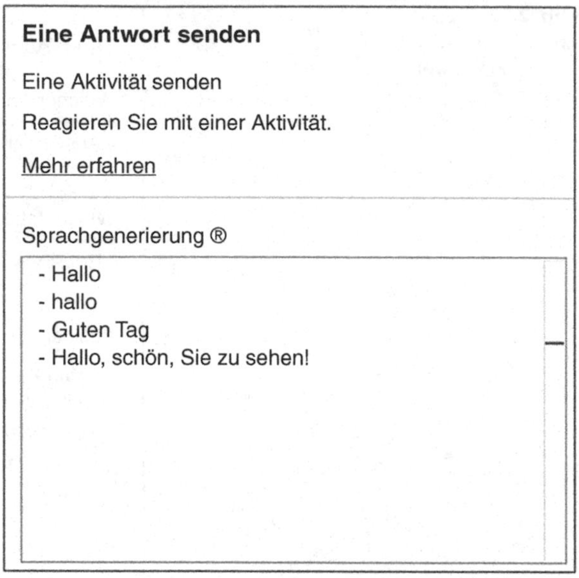

Abb. 2.16 Beispiel für
die Sprachgenerierung
im Bot Framework
Composer

Eine Antwort senden

Eine Aktivität senden

Reagieren Sie mit einer Aktivität.

Mehr erfahren

Sprachgenerierung ®

- Hallo
- hallo
- Guten Tag
- Hallo, schön, Sie zu sehen!

Zusammenfassung

In diesem Kapitel haben Sie alle wichtigen Konzepte wie Aktivitätsverarbeitung oder Dialogmanagement innerhalb des Microsoft Bot Frameworks kennengelernt. Außerdem haben wir uns eine typische Bot-Projektstruktur angesehen und sind den Code eines neu erstellten Bots mit dem Microsoft Bot Framework SDK für C# und Java-Script durchgegangen. Außerdem haben wir die Tools und Angebote rund um das Bot Framework besprochen, die für die Entwicklung, das Testen und die Wartung von Bots, die auf der Conversational AI-Plattform aufbauen, benötigt werden.

Im nächsten Kapitel werden die Azure Cognitive Services ausführlicher behandelt, wobei der Schwerpunkt auf den Hauptkategorien liegt, die in Bot-Projekten verwendet werden. Darüber hinaus werden einige Best Practices und Richtlinien aus der Praxis vorgestellt, die zeigen, wie diese Cognitive Services mit Bots kombiniert werden können, die mit dem Microsoft Bot Framework SDK erstellt wurden.

Konversationsanwendungen und -agenten heben sich in der Regel durch ihre intelligenten Fähigkeiten von anderen Anwendungen ab. Diese intelligenten Fähigkeiten können in der Regel in die folgenden Kategorien eingeteilt werden:

- Sprache
- Sprache
- Vision
- Entscheidung

Innerhalb jeder dieser Kategorien gibt es viele verschiedene Anwendungsfälle, von denen ein Chatbot oder eine Conversational App profitieren könnte, sei es die Fähigkeit, von Nutzern gesendete Nachrichten in Form von Text zu verstehen oder die Kompetenz, gesprochene Worte zur weiteren Verarbeitung in Text umzuwandeln. Microsoft bietet eine Reihe von APIs mit der Bezeichnung Azure Cognitive Services an, die es Entwicklern ermöglichen, Anwendungen mit Intelligenz zu versehen. Das übergeordnete Ziel ist es, Entwicklern die Möglichkeit zu geben, jede Art von kognitiven Fähigkeiten in Anwendungen einzubringen, um diese intelligenter und menschenähnlicher zu machen. Die Architektur dieser kognitiven Dienste ermöglicht es den Nutzern, zwei oder mehr kognitive Dienste miteinander zu kombinieren, was insbesondere für Chatbot-Anwendungen nützlich ist.

Daher befasst sich dieses dritte Kapitel des Buches mit vielen der in Kap. 1 erwähnten intelligenten Tools, die für den Aufbau einer erfolgreichen konversationellen KI-Anwendung unter Verwendung der Microsoft Azure-Plattform von Bedeutung sind. Der Schwerpunkt liegt jedoch eindeutig auf der Sprachkategorie, da diese bei der Entwicklung einer konversationellen Anwendung am wichtigsten ist.

Kategorie Sprache: Bedeutung aus unstrukturiertem Text extrahieren

Die Sprachkategorie ist einer der wichtigsten Aspekte in einer konversationellen Anwendung. Bei der Entwicklung einer Anwendung, wie z. B. eines Chatbots, die für die Interaktion mit den Nutzern in einer konversationellen Art und Weise konzipiert ist, ist es von entscheidender Bedeutung, sprachgesteuerte intelligente Fähigkeiten in die Anwendung einzubringen. Während das Sprachverständnis nur ein Aspekt davon ist, gibt es noch andere Facetten, die sich mit Sprache in einer konversationellen Anwendung befassen, wie Textanalyse oder Textübersetzung. Im folgenden Abschnitt sollen daher die Konzepte hinter einigen dieser kognitiven Dienste in der Kategorie Sprache im Detail beschrieben werden.

Sprachverstehen (LUIS)

Wie in Kap. 1 erwähnt, ist das Verstehen der natürlichen Textsprache innerhalb einer Konversationsanwendung ein wesentlicher Bestandteil und entscheidet darüber, ob die Anwendung von Menschen genutzt wird oder nicht. Daher bietet Microsoft eine API namens Language Understanding (im folgenden Text mit LUIS abgekürzt) an, die Funktionen zur Verarbeitung natürlicher Sprache bietet. Die Idee hinter LUIS ist es, Menschen mit einem benutzerdefinierten Modell zum Verstehen natürlicher Sprache auszustatten, ohne dass sie die notwendigen Algorithmen selbst entwickeln müssen:

> *Language Understanding (LUIS) ist ein cloudbasierter API-Dienst, der die maschinelle Lernintelligenz auf den natürlichsprachlichen Konversationstext eines Benutzers anwendet, um die Gesamtbedeutung vorherzusagen und relevante, detaillierte Informationen herauszuziehen.*
> *Eine Client-Anwendung für LUIS ist jede konversationelle Anwendung, die mit einem Benutzer in natürlicher Sprache kommuniziert, um eine Aufgabe zu erledigen. Beispiele für Client-*

> *Anwendungen sind Social-Media-Apps, Chat-Bots und sprachgesteuerte Desktop-Anwendungen.* (Microsoft Docs, 2020)

LUIS-Bausteine

Die wichtigsten Komponenten einer LUIS-App, die für das Verständnis der Funktionsweise dieses Dienstes von entscheidender Bedeutung sind, sind die folgenden.

Aus praktischer Sicht bedeutet das, dass Sie jedes Mal, wenn Sie eine LUIS-Anwendung über ihren API-Endpunkt aufrufen, um die Absicht und die Entität(en) einer gegebenen Benutzeräußerung zu erfassen, das Ergebnis in Form von erkannten Absichten und Entitäten erhalten, wie in Abb. 3.1, hinten dargestellt (Tab. 3.1).

Aus Sicht der Entwicklung ist das Ergebnis, das Sie zurückbekommen, ein JSON-Repräsentant. Sie erhalten also im Grunde die folgende JSON-Zeichenkette als Ergebnis der in Abb. 3.1 genannten Äußerung zurück:

```
{
    "Abfrage": "Wie ist das Wetter in Seattle?",
    "topScoringIntent": {
        "Absicht": "GetWeather",
        "Ergebnis": 0.921233
    },
    "Entitäten": [
        {
            "Einheit": "Seattle",
            "Typ": "Standort",
            "Ergebnis": 0.9615982
        }
    ]
}
```

Folglich ist LUIS nicht ausschließlich für den Einsatz in Chatbots konzipiert, sondern kann auch in anderen Anwendungen eingesetzt werden, in denen Sprachverständnis eine Notwendigkeit ist. Da sich dieses Buch jedoch mit der Plattform für konversationelle KI befasst, wird sich der folgende Text mit LUIS in konversationellen Anwendungsfällen befassen.

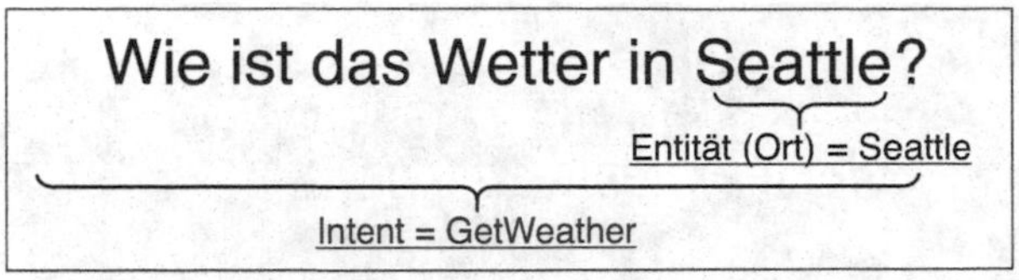

Abb. 3.1 LUIS
Grundlegende Erklärung

> # Wie ist das Wetter in Seattle?
>
> Entität (Ort) = Seattle
>
> Intent = GetWeather

Tab. 3.1 LUIS-Komponenten

Komponente	Beschreibung
Wortlaut	Die Äußerung ist der unstrukturierte Eingabetext, der vom Benutzer an die Konversationsanwendung (z. B. einen Chatbot) gesendet wird. Ein Beispiel hierfür wäre der Satz „Wie ist das Wetter in Seattle?".
Absicht	Eine Absicht ist die Definition einer konkreten Aufgabe, die der Benutzer ausführen möchte. Sie kann als das vom Benutzer ausgedrückte Ziel oder die Zielsetzung betrachtet werden. Bei der Äußerung „Wie ist das Wetter in Seattle?" würde die Absicht dieser Äußerung *GetWeather* lauten.
Entität	Entitäten sind Textteile innerhalb von Äußerungen, die verwendet werden können, um bestimmte Daten aus dem unstrukturierten Text abzuleiten, z. B. wichtige Werte wie einen Namen oder ein Datum. Die Entität der oben erwähnten Äußerung im *GetWeather* Intent wäre zum Beispiel der Ort, wie in diesem Fall *Seattle*.
Ergebnis	Die Punktzahl gibt an, wie sicher die LUIS-App ist, dass eine bestimmte Äußerung mit einer bestimmten Absicht übereinstimmt oder eine Entität innerhalb einer Äußerung identifiziert wurde. Der Wert ist eine Zahl zwischen 0 und 1, wobei ein Vorhersagewert nahe 1 ein relativ hohes Vertrauen darstellt und ein Wert nahe 0 bedeutet, dass LUIS ein geringes Vertrauen hat, dass das Ergebnis genau oder korrekt ist.

Erstellen einer LUIS-Anwendung

Bevor Sie eine LUIS-Anwendung erstellen können, müssen Sie sicherstellen, dass Sie Zugriff auf ein gültiges Microsoft Azure-Abonnement haben. Es ist wichtig, dass Ihr Konto neue Ressourcen in diesem Azure-Abonnement erstellen kann; andernfalls können Sie die folgenden Schritte nicht durchführen.

▶ **Hinweis** Wenn Sie noch kein aktives Azure-Abonnement haben, können Sie sich über diesen Link https://azure.microsoft.com/en-us/free für ein neues Azure-Abonnement mit 200$ kostenlos anmelden.

Es gibt im Wesentlichen zwei verschiedene Möglichkeiten, eine neue LUIS-Anwendung zu erstellen: über das webbasierte Portal und über das CLI. Beide Ansätze werden in den folgenden Abschnitten vorgestellt. Das Ergebnis beider Optionen ist das gleiche, obwohl Sie bei der Verwendung der CLI eine höhere Chance haben, diese Aufgaben zu automatisieren. Dies ist äußerst hilfreich, wenn Sie viele LUIS-Anwendungen auf einmal erstellen oder viele LUIS-Anwendungen gleichzeitig aktualisieren müssen.

Bevor Sie eine neue LUIS-Anwendung bereitstellen können, müssen Sie eine neue Azure-Ressourcengruppe in Ihrem Azure-Abonnement erstellen. Melden Sie sich dazu unter https://portal.azure.com an und erstellen Sie eine neue Ressourcengruppe, wie in Abb. 3.2 dargestellt.

Benutzung des LUIS-Portals

Um eine neue LUIS-Anwendung zu erstellen, müssen Sie zu www.luis.ai/ gehen und sich mit Ihrem Konto anmelden, das Zugriff auf das Azure-Abonnement hat. Nachdem Sie sich angemeldet haben, klicken Sie oben rechts auf Ihren Namen und wählen „Einstellungen", wie in Abb. 3.3 gezeigt.

Auf dem Einstellungsbildschirm haben Sie die Möglichkeit, Ihr Konto und die entsprechenden Einstellungen zu verwalten. In unserem Fall müssen wir eine Authoring-Ressource erstellen, d. h. eine Azure-Ressource, die für die Erstellung

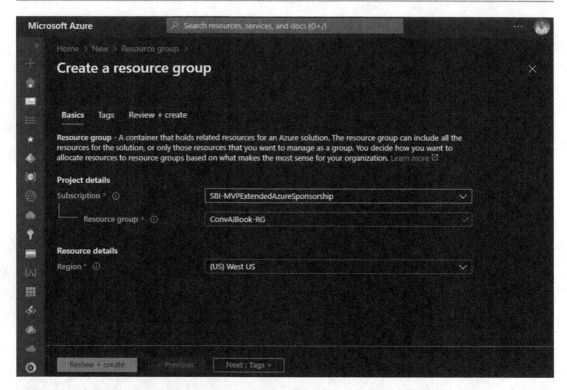

Abb. 3.2 Erstellen einer neuen Azure-Ressourcengruppe für LUIS

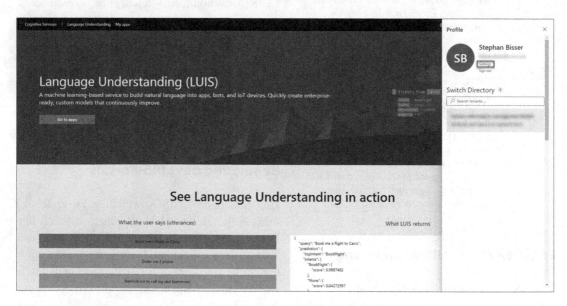

Abb. 3.3 LUIS-Anwendung 1 einrichten – Anmelden

von LUIS-Anwendungen zuständig ist. Der nächste Schritt besteht also darin, eine neue Autorenressource zu erstellen, indem Sie auf die entsprechende Schaltfläche klicken, wie in Abb. 3.4 dargestellt.

Nun müssen Sie den Ressourcennamen eingeben und das Azure-Abonnement sowie die zuvor erstellte Azure-Ressourcengruppe auswählen, um eine neue LUIS-Authoring-Ressource zu erstellen, wie in Abb. 3.5 dargestellt.

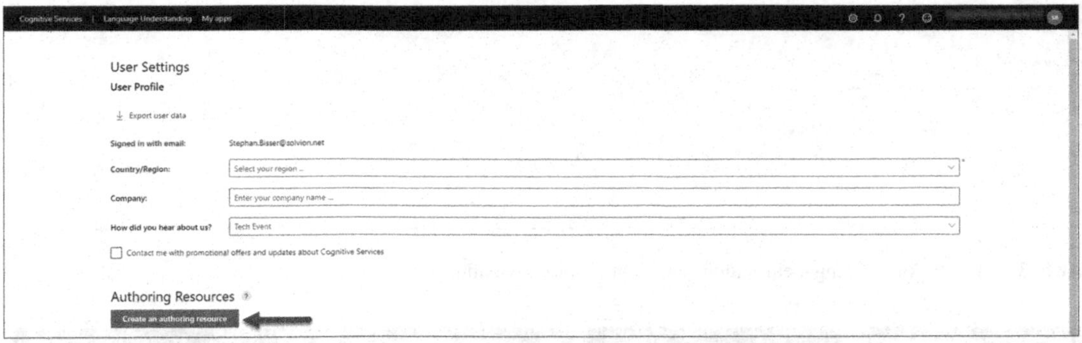

Abb. 3.4 LUIS Anwendung 2 einrichten – Benutzereinstellungen

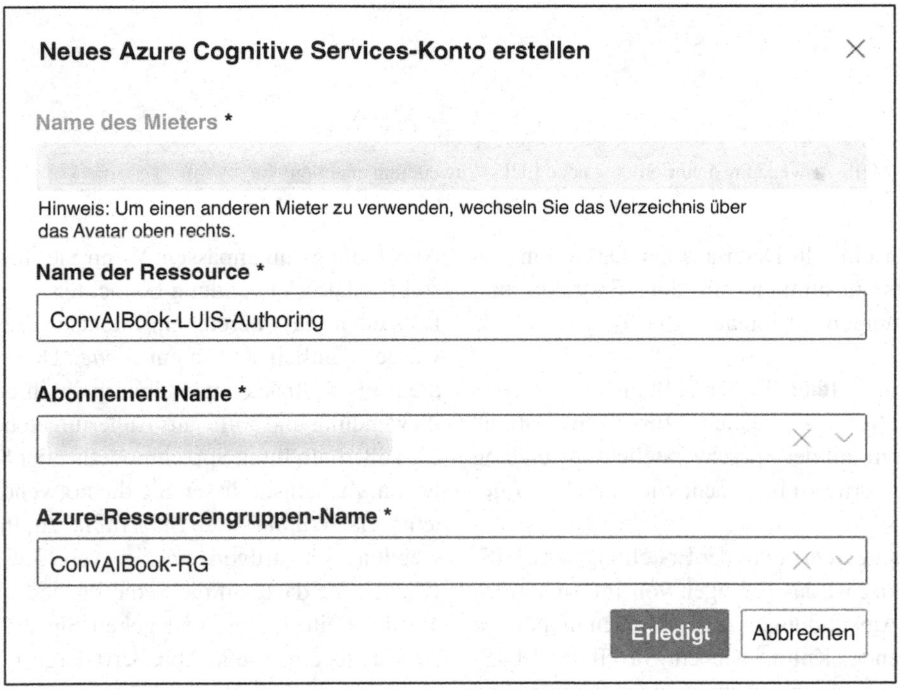

Abb. 3.5 LUIS-Anwendung 3 einrichten – neue Autorenressource erstellen

Wenn Sie zu www.luis.ai/applications zurückkehren und Ihr Azure-Abonnement und Ihre Autorenressource auswählen, sollten Sie einen ähnlichen Bildschirm wie in Abb. 3.6 sehen, da Sie noch keine LUIS-Anwendungen erstellt haben.

Nun können Sie eine neue LUIS-Anwendung für die Konversation erstellen. Im Grunde haben Sie drei Möglichkeiten, eine neue LUIS-Anwendung zu erstellen:

- **Neue App für Konversation**: Diese Option bedeutet, dass Sie ein neues LUIS-Modell von Grund auf erstellen.

- **Importieren als JSON**: Diese Option bedeutet, dass Sie ein bereits in JSON vorliegendes LUIS-Modell importieren.
- **Als LU importieren**: Diese Option entspricht der Option „Als JSON importieren", aber anstelle eines JSON-Repräsentanten des LUIS-Modells importieren Sie eine LU-Datei, die in der Regel einfacher zu lesen ist als JSON-Dateien.

▶ **Hinweis** .lu-Dateien sind markdown-ähnliche Dateien, die eine LUIS-Anwendung beschreiben oder definieren. Im Allgemeinen

Abb. 3.6 LUIS-Anwendung 4 einrichten – Ansicht Meine Anwendungen

Abb. 3.7 LUIS-Anwendung 5 einrichten – neue LUIS-Anwendung erstellen

besteht eine .lu-Datei aus der Definition von Intents zusammen mit den Entitäten und Äußerungen der Intents.

Der Einfachheit halber sollten Sie die erste Option „Neue Anwendung für Konversation" wählen, um mit der Sprachverstehensanwendung ganz von vorne zu beginnen, wie in Abb. 3.7 gezeigt.

Der letzte Schritt vor der Erstellung der LUIS-Anwendung ist das Einfügen von Informationen über die Anwendung, wie den Namen und die zu verwendende Kultur. Geben Sie Ihrer LUIS-Anwendung einen beschreibenden Namen und wählen Sie die Kultur, auf der Ihr Sprachverständnismodell basieren soll (siehe Abb. 3.8).

Nachdem nun die LUIS-Anwendung erstellt wurde, besteht der nächste Schritt darin, die benötigten Intents und Entitäten zu erstellen, die in Ihrer LUIS-Anwendung verwendet werden sollen. Ziel ist es, ein Sprachverstehensmodell zu erstellen, wie in Abb. 3.9 skizziert, das aus zwei Intents besteht. Der erste Intent dient dazu, Anfragen zum Wetter zu bearbeiten, während der zweite Intent die Buchung eines Tisches in einem Restaurant abdeckt.

Da die LUIS-Anwendung nun erstellt ist, können Sie fortfahren und die Anwendung an Ihren

Anwendungsfall anpassen. Wenn Sie Ihre neu erstellte LUIS-Anwendung betrachten, werden Sie feststellen, dass bereits ein Intent für Sie erstellt wurde, nämlich der Intent *None*. Dieser Intent dient als Fallback-Intent innerhalb Ihrer LUIS-Anwendung und sollte aus Äußerungen bestehen, die außerhalb Ihres Sprachmodells oder Schemas liegen. Zunächst müssen Sie die notwendigen Intents *GetWeather* und *BookTable* zu Ihrer Anwendung hinzufügen, wie in Abb. 3.9 gezeigt. Klicken Sie dazu auf die Schaltfläche „+ Create" auf der Seite Intents und geben Sie die Namen der Intents ein, wie in Abb. 3.10 dargestellt.

▶ **Hinweis** LUIS bietet auch so genannte vorgefertigte Domain Intents, die es Ihnen ermöglichen, Ihrer Anwendung beliebte Intents hinzuzufügen, die eine Reihe von vordefinierten Äußerungen und Entitäten enthalten, die gängige Szenarien abdecken.

Der nächste Schritt ist das Hinzufügen der notwendigen Entitäten zu unserer LUIS-Anwendung, nämlich geographyV2 (eine vorgefertigte Entität zur Vorhersage von Ortsnamen, wie Städte oder Länder), *locationName* (eine maschinell gelernte Entität zur Vorhersage von Ortsnamen, wie Restaurants), *datetimeV2* (eine vor-

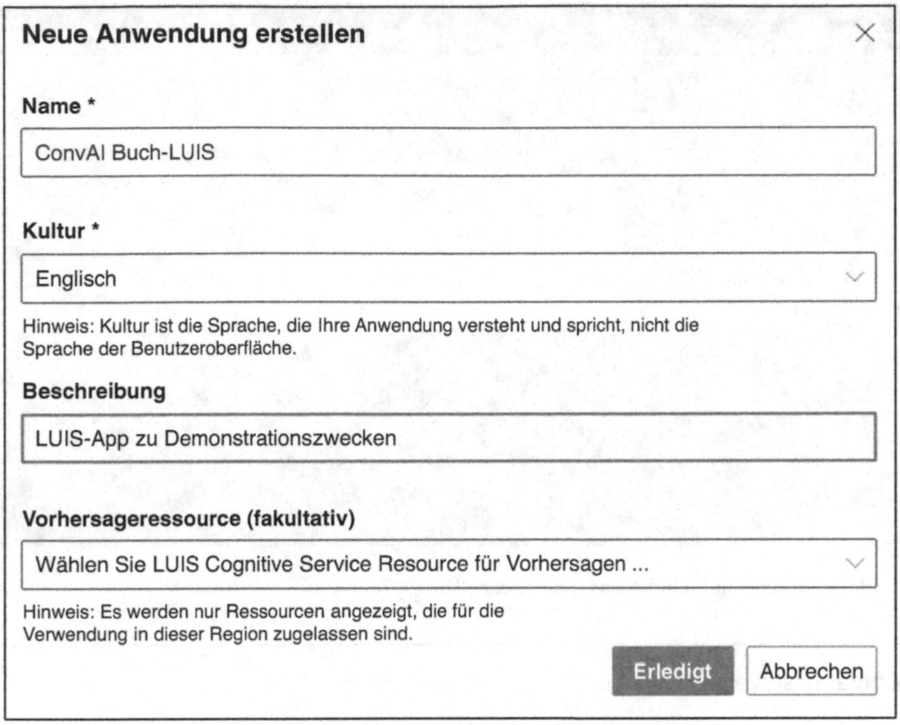

Neue Anwendung erstellen
Name *
ConvAI Buch-LUIS
Kultur *
Englisch
Hinweis: Kultur ist die Sprache, die Ihre Anwendung versteht und spricht, nicht die Sprache der Benutzeroberfläche.
Beschreibung
LUIS-App zu Demonstrationszwecken
Vorhersageressource (fakultativ)
Wählen Sie LUIS Cognitive Service Resource für Vorhersagen ...
Hinweis: Es werden nur Ressourcen angezeigt, die für die Verwendung in dieser Region zugelassen sind.
Erledigt
Abbrechen

Abb. 3.8 Einrichten der LUIS-Anwendung 6 – Einfügen der Details der LUIS-Anwendung

ConvAIBook-LUIS
Beabsich-tigt
GetWeather
BookTable
Modell des Sprachverständ nisses
GeographieV2
Standortname
Entitäten
datetimeV2
datetimeV2

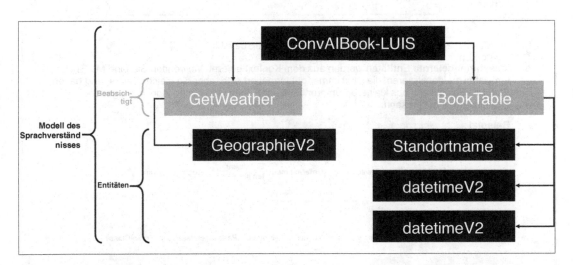

Abb. 3.9 Beispielhafte LUIS-Modellstruktur

gefertigte Entität zur Vorhersage von Datums- und Zeitwerten) und *number* (eine vorgefertigte Entität zur Vorhersage von Zahlen, die zur Vorhersage der Anzahl von Personen für Buchungen verwendet wird), wie in Abb. 3.9 dargestellt. Hier werden wir die Vorteile einiger der vorgefertigten Entitäten nutzen, die LUIS bietet. Sie müssen also die in dieser Abbildung erwähnten vorgefertigten Entitäten zu Ihrer LUIS-Anwendung hinzufügen. Da es noch eine Entität gibt, die nicht zu den vorgefertigten Entitäten gehört, müssen Sie eine weitere Entität namens *locationName* vom Typ „Machine learned" erstellen, wie in Abb. 3.11 gezeigt.

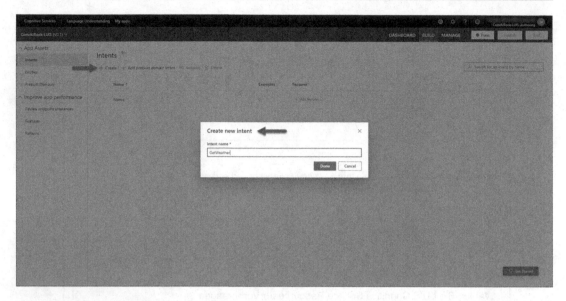

Abb. 3.10   LUIS-Anwendung 7 einrichten – Intents erstellen

Eine Entität erstellen   ✕

Name *

Standortname

Art: ⦿ Maschinelles   ◯ Liste   ◯ Regex   ◯ Muster. beliebig
              Lernen
Maschinengelernte Entitäten werden aus dem Kontext gelernt. Verwenden Sie eine ML-Entität,
um Daten zu identifizieren, die nicht immer gut formatiert sind, aber die gleiche Bedeutung haben.
Eine ML-Entität kann aus kleineren Unterentitäten bestehen, von denen jede ihre eigenen
Eigenschaften haben kann.

Beispiel *Untereinträge ausblenden*

| „Buch | 2 | Erwachsene | Unternehmen | Eintrittskar ten für | Flughafen Arrabury" |

Nummer   PassagierKlasse   TravelClass

TicketBestellung

„TicketOrder" hat die Komponenten **„Number"**, **„Passengerclass"** und **„TravelClass"**.

☐ Struktur hinzufügen

                                                          erstellen.   Abbrechen

Abb. 3.11   LUIS-Anwendung 8 einrichten – Entitäten erstellen

Nachdem Sie die Intents und Entitäten hinzugefügt haben, müssen Sie Ihrem LUIS-Modell Beispieldaten, so genannte Äußerungen, hinzufügen. Das Konzept hinter den Äußerungen besteht darin, Ihrer LUIS-Anwendung mitzuteilen, welche Art von Benutzereingaben sie erkennen soll und wie sie bestimmte Werte innerhalb dieser Benutzereingabephrasen korrekt vorhersagen kann. Daher ist es auch ein guter Ansatz, Ihrer LUIS-Anwendung eine Mischung aus verschiedenen Äußerungen hinzuzufügen, um bessere Vorhersageergebnisse zu erzielen. Für den GetWeather-Intent könnten Sie zum Beispiel die folgenden Äußerungen in Ihre Anwendung einfügen:

- Wie ist das Wetter in Seattle?
- Wie ist das Wetter in New York?
- Wie ist das Wetter in Berlin?
- Können Sie mir die Wettervorhersage für Redmond sagen?
- Ich würde gerne einige Details über das Wetter in Amsterdam erfahren.

Nachdem Sie diese Äußerungen zu Ihrem Get-Weather Intent hinzugefügt haben, sollten Sie sofort sehen, dass LUIS die Städtenamen mit der Entität geographyV2 markiert, wie in Abb. 3.12 gezeigt. Das bedeutet, dass Sie die Städtenamen in den Äußerungen nicht selbst markieren müssen, um LUIS mitzuteilen, dass es sich um Städtenamen handelt, die extrahiert werden sollen.

Nun müssen Sie dem BookTable-Intent auch noch einige Äußerungen hinzufügen. Sie könnten zum Beispiel die folgenden Ausdrücke zu Ihrem Intent hinzufügen:

- Können Sie morgen einen Tisch für vier Personen in der berühmten Sushi-Bar reservieren?
- Reservieren Sie bitte einen Tisch für Samstag, 15 Uhr, im Hard Rock Café für sechs Personen.
- Bitte reservieren Sie einen Platz für fünf Personen in Jamie's Kitchen am 23. November.
- Könnten Sie morgen einen Tisch in Tom's Diner reservieren?
- Reservieren Sie bitte einen Tisch im Redmond Steak House and Grill.

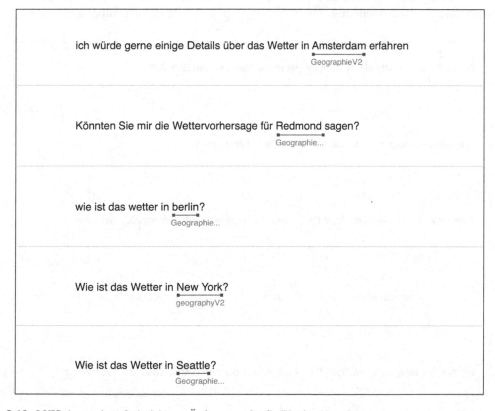

Abb. 3.12 LUIS-Anwendung 9 einrichten – Äußerungen für GetWeather hinzufügen

Sie sollten sehen, dass LUIS in der Lage ist, die Anzahl der Personen sowie das Datum und die Uhrzeit korrekt zu erkennen, aber die Ortsnamen werden überhaupt nicht extrahiert, wie in Abb. 3.13 zu sehen ist. Das liegt daran, dass Sie Ihrer LUIS-Anwendung nicht mitgeteilt haben, wie ein Ortsname aussieht.

Sie können jedoch die Ortsnamen in den Äußerungen leicht als Entitäten markieren, um LUIS mitzuteilen, wie eine Entität aussieht. Bewegen Sie dazu einfach den Mauszeiger über ein Wort in einer Äußerung und klicken Sie es an. Wenn die Entität aus mehr als einem Wort besteht, klicken Sie einfach mit dem Mauszeiger auf das erste Wort und dann auf das letzte Wort innerhalb der Entitätsdarstellung, wie in Abb. 3.14 gezeigt.

Markieren Sie alle Ortsnamen-Entitäten in den Äußerungen, um LUIS mitzuteilen, dass diese Art von Wörtern oder Phrasen einen Ortsnamen darstellen, wie in Abb. 3.15 dargestellt.

Nachdem Sie nun alle Intents, Entitäten und Äußerungen hinzugefügt haben, müssen Sie Ihre LUIS-Anwendung trainieren. Durch diesen Prozess wird Ihre LUIS-Anwendung angewiesen,

das Niveau des Sprachverständnisses zu verbessern oder zu erhöhen. Normalerweise trainieren Sie Ihre LUIS-Anwendung, nachdem Sie neue Intents, Entitäten oder Äußerungen hinzugefügt haben oder nachdem Sie bestimmte Teile Ihrer LUIS-Anwendung bearbeitet haben, um sie zu aktualisieren. Der Prozess des Trainings Ihrer Anwendung ist recht einfach, wie in Abb. 3.16 gezeigt; das Einzige, was Sie tun müssen, ist auf die Schaltfläche „Trainieren" in der oberen rechten Ecke des LUIS-Portals zu klicken, wodurch der Trainingsprozess gestartet wird.

Nachdem das Training Ihrer LUIS-App abgeschlossen ist, erhalten Sie eine Benachrichtigung in Ihrer Benachrichtigungsliste, die besagt, dass das Training erfolgreich abgeschlossen wurde und alle Änderungen nun wirksam sind, wie in Abb. 3.17 gezeigt.

Nachdem der Trainingsprozess Ihrer Anwendung abgeschlossen ist, ist es an der Zeit, das Sprachmodell zum ersten Mal zu testen. Öffnen Sie dazu einfach das Testfenster, wie in Abb. 3.18 dargestellt, in der oberen rechten Ecke des LUIS-Portals und fügen Sie Beispielsätze ein, die nicht Teil der Liste der Äußerungen sind.

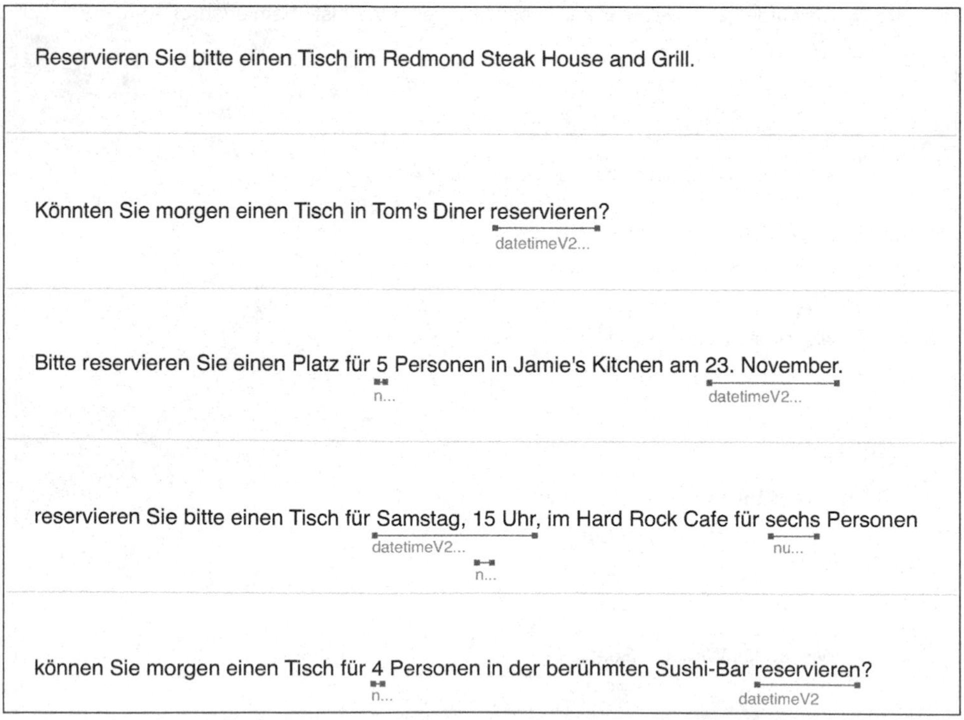

Reservieren Sie bitte einen Tisch im Redmond Steak House and Grill.

Könnten Sie morgen einen Tisch in Tom's Diner reservieren?
datetimeV2...

Bitte reservieren Sie einen Platz für 5 Personen in Jamie's Kitchen am 23. November.
n...　　　　　　　　　　　　　　　　　　datetimeV2...

reservieren Sie bitte einen Tisch für Samstag, 15 Uhr, im Hard Rock Cafe für sechs Personen
datetimeV2...　　　　　　　　　　　　　　　　　　nu...
n...

können Sie morgen einen Tisch für 4 Personen in der berühmten Sushi-Bar reservieren?
n...　　　　　　　　　　　　　　　　　　datetimeV2

Abb. 3.13 LUIS-Anwendung 10 einrichten – Äußerungen für BookTable hinzufügen

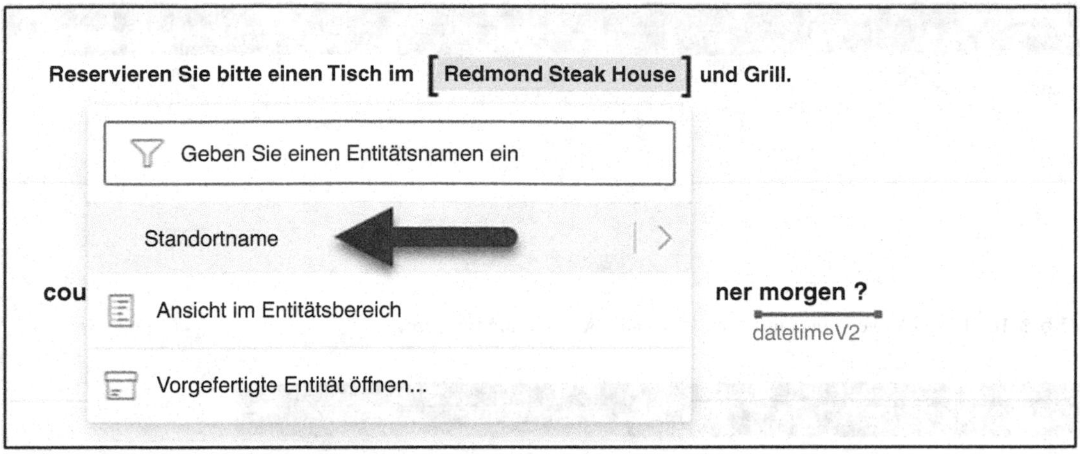

Abb. 3.14 LUIS-Anwendung einrichten 11 – Entität markieren

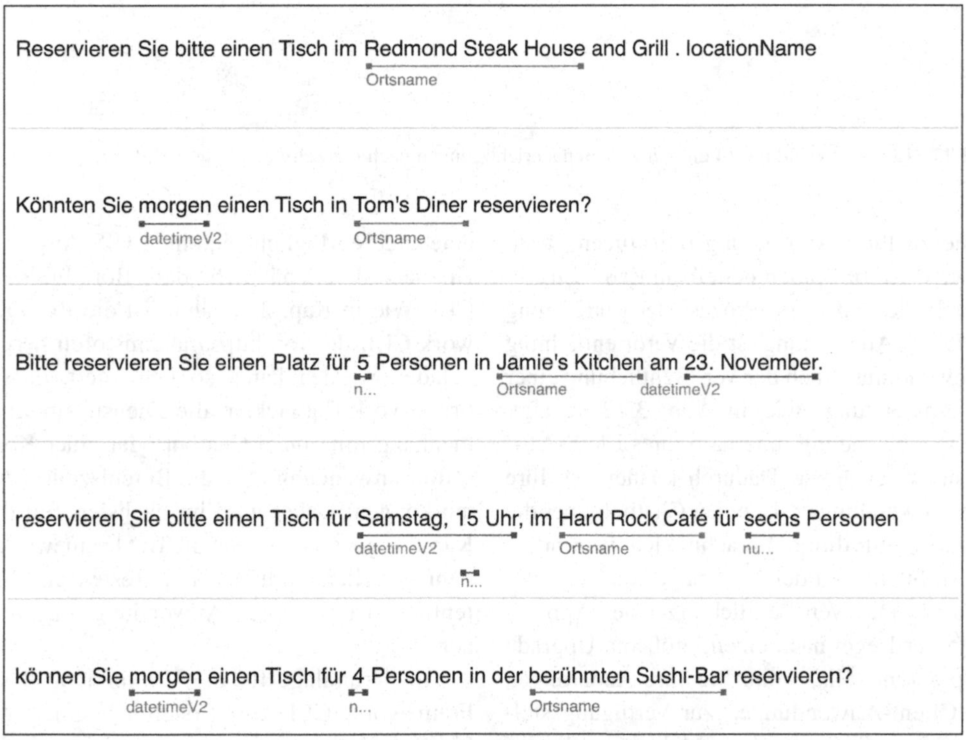

Abb. 3.15 LUIS-Anwendung 12 einrichten – BookTable markierte Entitäten

Sie könnten zum Beispiel die folgende Phrase verwenden, um den BookTable-Intent zu testen, was Ihnen das in Abb. 3.19 gezeigte Ergebnis liefern sollte. Die Anwendung hat erkannt, dass die Phrase „*Could you book a table at joey's restaurant for 7 on Sunday please?*" zu dem Intent BookTable mit einem Konfidenzwert von 0,872 gehört. Außerdem hat die Anwendung die Entitä-

ten „joey's restaurant" als Ortsname, „7" als Anzahl der Personen und „Sunday" als Datums-Zeit korrekt extrahiert. Dies zeigt, dass Sie nicht viele Beispieldaten zu Ihrer LUIS-Anwendung hinzufügen müssen, bevor das Sprachmodell anspruchsvoll genug ist, um Ihre Anforderungen zu erfüllen, sondern dass eine kleine Anzahl von Äußerungen bereits ausreicht. Je mehr Äußerun-

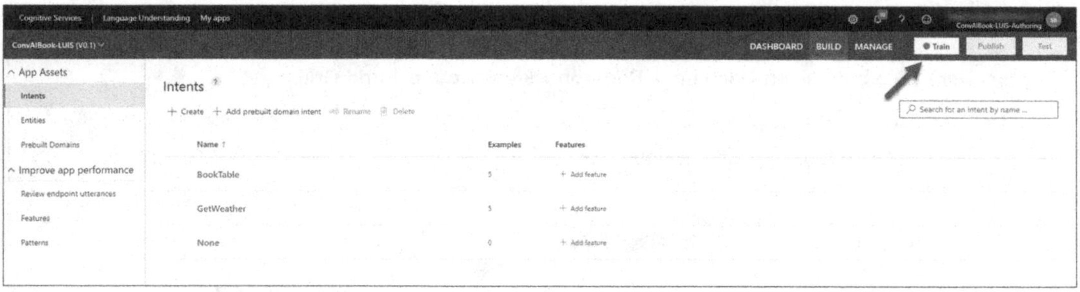

Abb. 3.16 LUIS-Anwendung einrichten 13 – LUIS-Anwendung trainieren

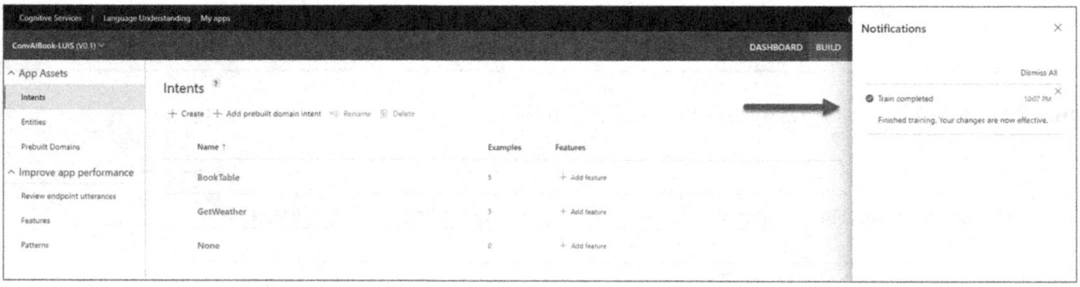

Abb. 3.17 LUIS-Anwendung 14 einrichten – Benachrichtigungen nach der Schulung

gen Sie zu Ihrer Anwendung hinzufügen, desto präziser wird Ihr Sprachmodell am Ende sein.

Der letzte Schritt im Prozess der Einrichtung einer LUIS-Anwendung ist die Veröffentlichung der Anwendung. Nach der Veröffentlichung einer LUIS-Anwendung, wie in Abb. 3.20 gezeigt, wird die Anwendung innerhalb Ihres LUIS-API-Endpunkts verfügbar. Dadurch können Sie Ihre Client-Anwendung, z. B. einen Chatbot, über die LUIS-API mit Ihrem Sprachmodell verbinden, um z. B. Intents auf der Grundlage von Eingaben abzurufen. Die Veröffentlichung einer App erfolgt in der Regel nach einem größeren Upgrade des Sprachmodells, wenn Sie Ihre Änderungen Ihren Client-Anwendungen zur Verfügung stellen wollen, oder zum ersten Mal, wenn Sie Ihr Sprachmodell fertig eingerichtet haben.

Verwendung der CLI

Obwohl die Verwendung des LUIS-Portals eine großartige Möglichkeit ist, die Konzepte und Funktionen von LUIS zu erlernen, gibt es auch eine andere Möglichkeit, eine LUIS-Anwendung zu verwalten, nämlich das Bot Framework CLI. Wie in Kap. 2 erwähnt, ist die Bot Framework CLI, die von https://aka.ms/bfcli heruntergeladen werden kann, so konzipiert, dass Bot Framework-Entwickler alle Dienste im Zusammenhang mit einem Chatbot oder einer Konversationsanwendung über die Befehlszeile verwalten können. Daher wird im nächsten Teil dieses Kapitels gezeigt, wie Sie die Bot Framework CLI zum Erstellen, Aktualisieren, Testen und Veröffentlichen einer LUIS-Anwendung nutzen können.

Die Grundlage für die Verwendung des Bot Framework CLI zur Erstellung einer neuen LUIS-Anwendung ist entweder eine .lu-Datei oder eine JSON-Datei, die das Sprachverständnismodell beschreibt. Die Verwendung einer .lu-Datei hat meines Erachtens den Vorteil, dass sie im Vergleich zu einer JSON-Datei zunächst einmal besser lesbar und auch einfacher zu erstellen ist. Sie müssen also eine neue Datei in einem Ordner Ihrer Wahl mit einem geeigneten Namen (in diesem Tutorial wird *03_convAIBook-LUIS**

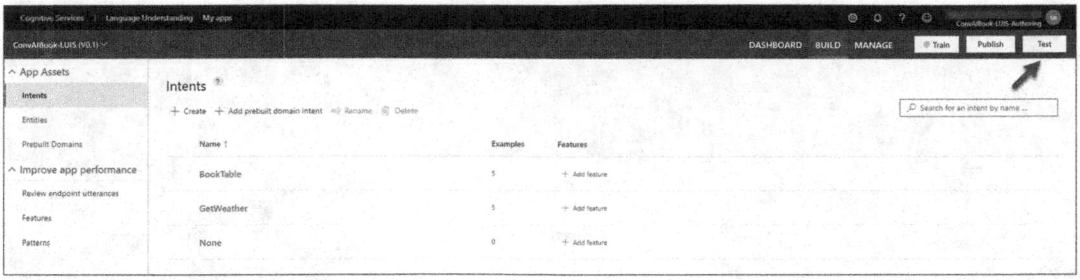

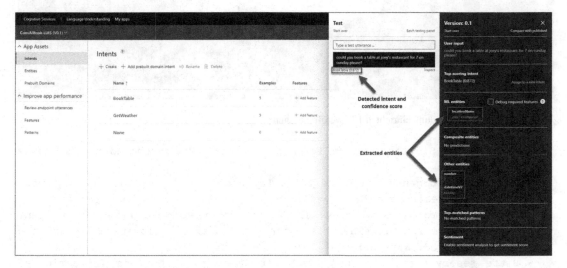

Abb. 3.18 LUIS-Anwendung 15 – Test einrichten

Abb. 3.19 LUIS-Anwendung 16 einrichten – Testergebnisse

als Name für alle verwendeten LUIS-Dateien verwendet) und der Dateinamenserweiterung . lu erstellen, die für eine Sprachverständnisdatei steht. Diese .lu-Datei sollte im Wesentlichen die LUIS-Anwendung repräsentieren, die Sie in den vorangegangenen Schritten mit Hilfe des LUIS-Portals erstellt haben; sie wird daher die folgenden Teile enthalten:

- **Informationen zur LUIS-App**
- **Absichtserklärungen**
- **Entitätsdefinitionen**

Nachfolgend ist eine Beispieldatei . lu dargestellt, die die beiden Intents *„BookTable"* und *„GetWeather"* zusammen mit ihren Äußerungen und Entitäten beschreibt:

```
> LUIS-Anwendungsinformationen
> ! # @app.name = ConvAIBook-LUIS
> ! # @app.desc = LUIS-Anwendung zu Demonstrationszwecken
> ! # @app.versionId = 0.1
> ! # @app.culture = en-us
> ! # @app.luis_schema_version = 7.0.0
> ! # @app.tokenizerVersion = 1.0.0
> # Absichtsdefinitionen
## BookTable
```

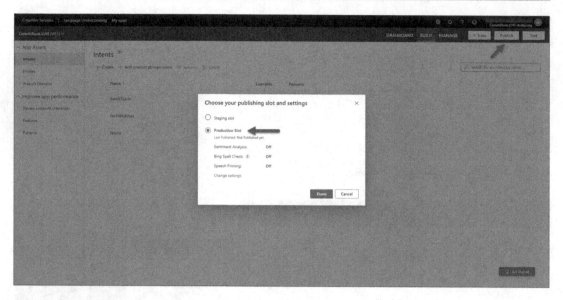

Abb. 3.20 LUIS-Anwendung einrichten 17 – veröffentlichen

```
- Reservieren Sie bitte einen Tisch im {@locationName=redmond steak house}
  and grill.
- können Sie morgen einen Tisch für 4 Personen in der {@locationName=famous
  sushi bar} reservieren?
- könnten Sie morgen einen Tisch in {@locationName=tom's diner} reservieren?
- Bitte reservieren Sie einen Platz für 5 Personen in {@locationName=jamie's
  kitchen} am 23. November.
- Bitte reservieren Sie einen Tisch für Samstag, 15 Uhr, im {@locationNa-
  me=hard rock café} für sechs Personen
  ## GetWeather
- Können Sie mir die Wettervorhersage für Redmond mitteilen?
- wie ist das wetter in new york?
- ich würde gerne einige Details über das Wetter in Amsterdam erfahren
- Wie ist das Wetter in Seattle?
- wie ist das wetter in berlin?
  ## Keine
  > # Entitätsdefinitionen
  @ ml locationName
  # PREBUILT Entitätsdefinitionen
  @ vorgefertigte datetimeV2
  @ vorgefertigte GeographieV2
  @ vorgefertigte Nummer
```

Wenn Sie alle oben beschriebenen Teile in die neu erstellte Datei 03_convAIBook-LUIS.lu kopieren und speichern, sind Sie bereit für den nächsten Schritt, nämlich die Konvertierung der . lu-Datei in eine JSON-Datei. Der Importbefehl erfordert die Übergabe einer JSON-Datei als Eingabeparameter, die eine Definition der zu erstellenden LUIS-Anwendung enthält. Daher müssen wir den folgenden Befehl in einer Befehlszeile ausführen, in der das Bot Framework CLI installiert ist:

```
bf luis:convert --culture "en-us" --in ".\03_convAIBook-LUIS.lu" --out
".\03_convAIBook-LUIS.json"
```

▶ **Hinweis** Stellen Sie sicher, dass Sie in den Bot Framework CLI-Befehlen die richtige Kultur für Ihre LUIS-Anwendung auswählen, wenn Sie ein Sprachmodell in einer anderen Sprache erstellen möchten.

Dieser Befehl erzeugt für Sie im aktuellen Ordner eine Datei namens „03_convAIBook-LUIS.json", die die LUIS-Anwendung definiert, die Sie zuvor in der Datei . lu beschrieben haben. Diese JSON-Datei können Sie nun mit dem folgenden Befehl als neue LUIS-Anwendung in Ihr LUIS-Konto importieren:

```
bf luis:application:import --endpoint "https://<region>.api.cognitive.
microsoft.com" --subscriptionKey "yourLUISSubscriptionKey" --name
"ConvAIBook-LUIS-CLI" --in ".\03_convAIBook-LUIS.json"
```

Bitte stellen Sie sicher, dass Sie Ihren LUIS-Abonnementschlüssel, den Sie im Azure-Portal erhalten, in Ihre LUIS-Azure-Ressource und die korrekte LUIS-Endpunktregion einfügen, die Sie ebenfalls auf der Seite finden, auf der Ihr Abonnementschlüssel zu sehen ist, um den Befehl erfolgreich auszuführen. Wenn der Befehl erfolgreich ausgeführt wurde, sehen Sie die ID für Ihre neu erstellte LUIS-Anwendung wie in Abb. 3.21.

Kopieren Sie die Anwendungs-ID und bewahren Sie sie irgendwo auf, da Sie sie für spätere Befehle wieder benötigen werden.

Nun können Sie den folgenden Befehl verwenden, um die Details Ihrer neu erstellten LUIS-Anwendung einzusehen, wie z. B. die Beschreibung, die Kultur, die Version oder das letzte Mal, als die Anwendung geändert wurde, was zu einer ähnlichen Ausgabe wie in Abb. 3.22 führen sollte:

```
bf luis:application:show --appId "appId" --endpoint "https://<region>.api.
cognitive.microsoft.com" --subscriptionKey "yourLUISSubscriptionKey"
```

Der nächste Befehl *bf luis:train:run* wird verwendet, um die LUIS-Anwendung zu trainieren, bevor sie getestet werden kann. Dieser Befehl teilt dem Dienst mit, dass eine neue Trainingsan-

frage bearbeitet werden soll. Daher müssen Sie den zweiten Befehl *bf luis:train:show* ausführen, um den Trainingsprozess der Anwendung zu verfolgen, wie in Abb. 3.23 dargestellt:

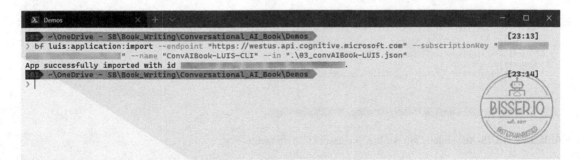

Abb. 3.21 LUIS-Anwendung mit der Bot Framework CLI importieren

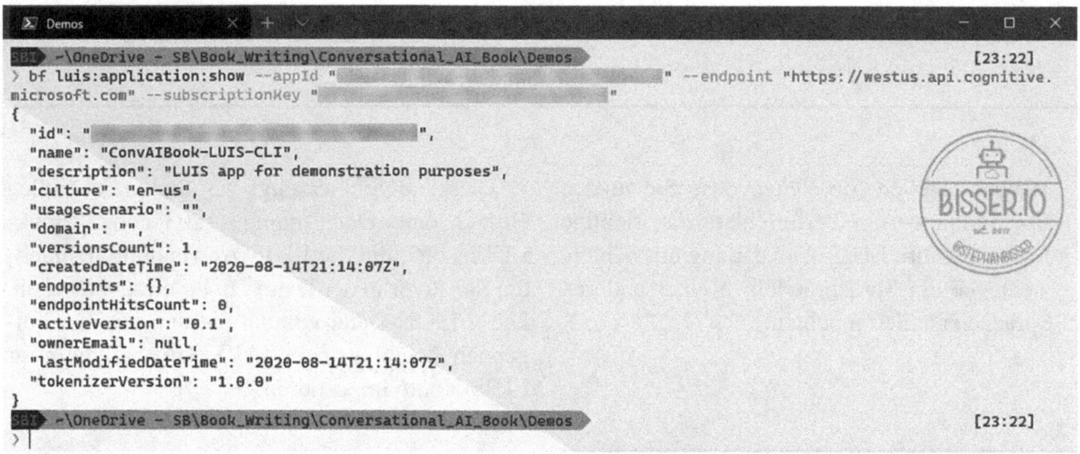

Abb. 3.22 Anzeigen von LUIS-Anwendungsinformationen mit der Bot Framework CLI

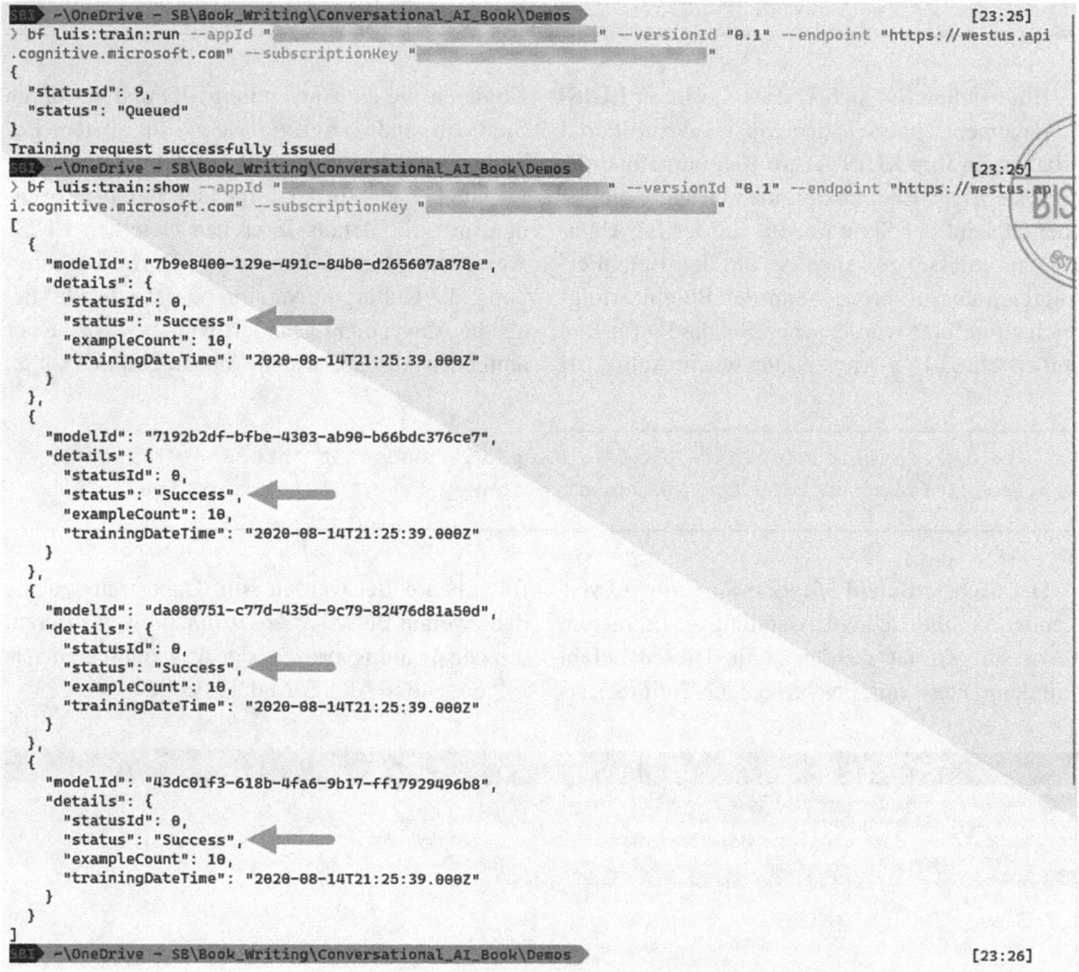

Abb. 3.23 LUIS-Anwendung mit der Bot Framework CLI trainieren

```
bf luis:train:run --appId "appId" --versionId "0.1" --endpoint "https://<-
region>.api.cognitive.microsoft.com" --subscriptionKey "yourLUISSubscrip-
tionKey"
bf luis:train:show --appId "appId" --versionId "0.1" --endpoint "https://<-
region>.api.cognitive.microsoft.com" --subscriptionKey "yourLUISSubscrip-
tionKey"
```

Wenn alle Statusindikatoren „Erfolg" anzeigen, besteht der nächste Schritt darin, die LUIS-Anwendung zu testen. Dies kann ganz einfach geschehen, indem man eine neue .lu-Datei erstellt und Testäußerungen für jede zu testende Absicht hinzufügt. Diese Datei mit dem Namen *03_luis_cli_test.lu* könnte z. B. wie folgt aussehen:

```
# BuchTisch
- Könnten Sie bitte einen Tisch in Joey's Restaurant für 7 Personen am Sonn-
  tag reservieren?
- Ich möchte heute Abend einen Tisch für zwei Personen in Jamie's Kitchen
  reservieren.
# GetWeather
- Wie ist das Wetter morgen in Wien?
- Wie ist das Wetter?
```

Bevor Sie jedoch die LUIS-Anwendung mit der CLI testen können, müssen Sie sie mit dem folgenden Befehl veröffentlichen; andernfalls würde der Testbefehl fehlschlagen:

```
bf luis:application:publish --appId "appId" --versionId "0.1" --endpoint
"https://<region>.api.cognitive.microsoft.com" --subscriptionKey "yourLU-
ISSubscriptionKey"
```

Um nun die LUIS-Anwendung zu testen, führen Sie einfach den folgenden Befehl aus und übergeben Sie die neu erstellte Datei *03_luis_cli_test.lu* als Eingabedatei mit dem Parameter *-i*, was Ihnen ein ähnliches Ergebnis wie in Abb. 3.24 zeigen sollte:

```
bf luis:test -a "appId" -s "subscriptionKey" -i ".\03_luis_cli_test.lu"
```

▶ **Hinweis** In Produktionsszenarien müssten Sie mehr als fünf Äußerungen pro Absicht hinzufügen, um ein ausgefeiltes Sprachmodell zu erstellen. Außerdem ist das Testen der Schlüssel zum Erfolg. Planen Sie daher in Ihrem Projekt genügend Zeit für das Testen und Verfeinern des Sprachverstehensmodells ein.

QnA Maker

Ein weiteres Angebot in der Kategorie Sprache ist ein Dienst namens „QnA Maker". Dabei handelt es sich um ein Tool, das Ihnen helfen soll, anspruchsvolle Sprachmodelle im Stil einer einfachen FAQ zu erstellen. QnA Maker kann als Wissensdatenbank als Service angesehen wer-

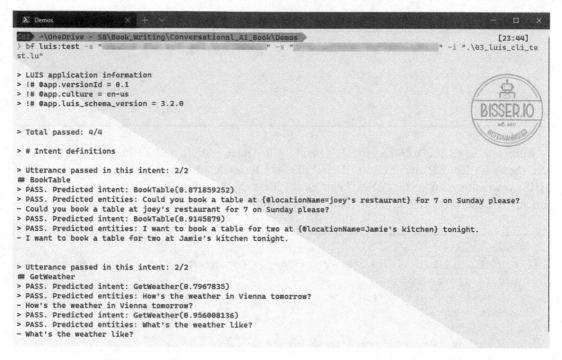

```
Demos                                                                                    —  □  ×
SBI  ~\OneDrive - SB\Book_Writing\Conversational_AI_Book\Demos                          [23:44]
> bf luis:test -a "                                    " -s "                   " -i ".\03_luis_cli_te
st.lu"

> LUIS application information
> !# @app.versionId = 0.1
> !# @app.culture = en-us
> !# @app.luis_schema_version = 3.2.0


> Total passed: 4/4

> # Intent definitions

> Utterance passed in this intent: 2/2
## BookTable
> PASS. Predicted intent: BookTable(0.871859252)
> PASS. Predicted entities: Could you book a table at {@locationName=joey's restaurant} for 7 on Sunday please?
- Could you book a table at joey's restaurant for 7 on Sunday please?
> PASS. Predicted intent: BookTable(0.9145879)
> PASS. Predicted entities: I want to book a table for two at {@locationName=Jamie's kitchen} tonight.
- I want to book a table for two at Jamie's kitchen tonight.


> Utterance passed in this intent: 2/2
## GetWeather
> PASS. Predicted intent: GetWeather(0.7967835)
> PASS. Predicted entities: How's the weather in Vienna tomorrow?
- How's the weather in Vienna tomorrow?
> PASS. Predicted intent: GetWeather(0.956008136)
> PASS. Predicted entities: What's the weather like?
- What's the weather like?
```

Abb. 3.24 Test der LUIS-Anwendung mit dem Bot Framework CLI

den, da Sie damit mit minimalem Aufwand Wissensdatenbanken mit Ihren Daten erstellen können. Diese Wissensdatenbanken können dann von Konversationsanwendungen wie Chatbots genutzt werden, um Antworten auf die Fragen der Benutzer zu geben. In diesem Abschnitt werden daher alle Aspekte behandelt, die für die Einbindung von Wissensdatenbanken in eine konversationelle Anwendung wichtig sind:

Erstellen, trainieren und veröffentlichen Sie einen ausgeklügelten Bot mit Hilfe von FAQ-Seiten, Support-Websites, Produkthandbüchern, SharePoint-Dokumenten oder redaktionellen Inhalten über eine benutzerfreundliche Oberfläche oder über REST-APIs. (Microsoft, 2020)

QnA Maker Building Blocks

Wie Abb. 3.25 zeigt, ist der QnA Maker von verschiedenen Azure-Diensten abhängig. Am wichtigsten ist, dass alle Dienste und Ressourcen in Ihrem Azure-Abonnement bereitgestellt werden. Das bedeutet, dass die Daten, die in Ihren QnA Maker-Diensten gespeichert und verarbeitet werden,

unter Ihrer Kontrolle stehen. QnA Maker selbst verwendet einen speziellen QnA Maker-Dienst, der für die Speicherung Ihrer Abonnementschlüssel verantwortlich ist. Diese sind für die Kommunikation mit den QnA Maker-APIs erforderlich.

Alle Daten, die Sie Ihrer QnA Maker-Wissensdatenbank hinzufügen, werden in einer speziellen Azure Search-Instanz gespeichert. Innerhalb dieser Ressource werden die QnA-Paare zusammen mit den zugehörigen Metadaten gespeichert und indiziert. Zusätzlich können Sie Synonyme für bestimmte Wörter oder Phrasen in Ihrer Wissensdatenbank speichern, die dann ebenfalls in Azure Search gespeichert werden.

Aus Benutzersicht haben Sie die Möglichkeit, das QnA Maker-Portal zu nutzen, um Ihre Wissensdatenbanken zu erstellen und zu pflegen. Alle Operationen, die innerhalb dieses Portals durchgeführt werden, werden über den Azure App Service abgewickelt, der auch Teil Ihrer QnA Maker-Bereitstellung ist. Diese Ressource enthält die QnA-Laufzeit, die für die Bearbeitung von API-Anfragen verantwortlich ist, wie z. B. die Erstellung einer Wissensdatenbank oder das Hinzufügen eines neuen QnA-Paares zu Ihrem Azure Se-

Abb. 3.25 QnA Maker
Architektur

arch Store. Der zweite Teil des Azure-App-Dienstes ist die QnA-Ranking-Komponente. Diese wird bei der Abfrage der QnA-Maker-Instanz intensiv genutzt, da sie die von der Azure-Search-Instanz abgerufenen Ergebnisse bewertet und die Konfidenzwerte bestimmt, bevor diese Ergebnisse an die Client-Anwendung zurückgegeben werden.

Der letzte Dienst, der in einem typischen QnA Maker-Einsatz verwendet wird, ist Azure Application Insights. Dieser Cloud-Dienst speichert alle wichtigen Telemetriedaten Ihres QnA Maker-Dienstes, die abgefragt und analysiert werden können. Ein häufiges Anwendungsszenario ist die Analyse der am häufigsten beantworteten oder unbeantworteten Fragen auf der Grundlage von Benutzereingaben.

Innerhalb einer QnA Maker-Wissensdatenbank gibt es bestimmte Komponenten, die für die Verwendung unerlässlich sind, wie Abb. 3.26 veranschaulicht. In einer Wissensdatenbank werden die QnA-Paare gespeichert. Wenn Ihre Konversationsanwendung, z. B. ein Chatbot, die QnA Maker-Wissensdatenbank abfragt, wird die Ein-

gabe mit den in der KB gespeicherten Fragen abgeglichen. Bei einer Übereinstimmung wird die Antwort zusammen mit dem Konfidenzwert der Übereinstimmung als Antwort geliefert. Jedes QnA-Paar kann auch eine Metadatenliste enthalten. Diese Schlüssel-Wert-Metadatenpaare können verwendet werden, um die Ergebnisse für eine bestimmte Abfrage zu filtern und genauere Antworten vom QnA Maker-Dienst zu erhalten.

Erstellen eines QnA Maker Service und einer Wissensdatenbank

Es gibt zwei Möglichkeiten, eine neue QnA Maker-Instanz zusammen mit einer Wissensbasis zu erstellen, ähnlich wie bei LUIS, entweder über die grafische Benutzeroberfläche oder über die Befehlszeilenschnittstelle. In diesem Teil lernen Sie beide Wege kennen, so dass Sie entweder den grafischen und benutzerfreundlicheren Weg nutzen oder die CLI verwenden können, wenn Sie dies als Teil einer Routine tun möchten.

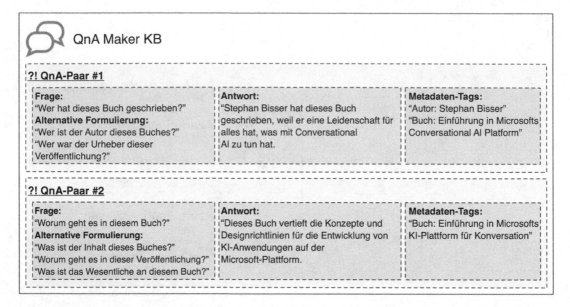

Abb. 3.26 QnA Maker KB-Struktur

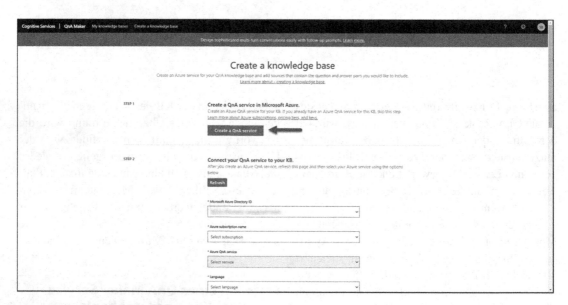

Abb. 3.27 QnA Maker KB 01 einrichten

Verwendung des QnA Maker Portals

Auf das QnA Maker-Portal kann über https://qnamaker.ai mit einem Konto zugegriffen werden, das die Berechtigung hat, Azure-Ressourcen zu erstellen. Nachdem Sie sich mit Ihrem Konto angemeldet haben, wechseln Sie im oberen Menü zu „Create a knowledge base", um den Erstellungsprozess zu starten. Von hier aus müssen Sie zunächst unter Schritt 1 einen neuen QnA-Dienst erstellen. Wenn Sie auf den in Abb. 3.27 gezeigten Link klicken, werden Sie zum Azure-Portal weitergeleitet, wo Sie sich möglicherweise erneut mit Ihrem Konto anmelden müssen.

Nach der Anmeldung müssen Sie die Informationen eingeben, die für die Erstellung Ihres neuen QnA Maker-Azure-Dienstes erforderlich sind, zusammen mit allen anderen Diensten, von denen QnA Maker abhängig ist (Azure Search, Azure App Service und Application Insights). Sie können entweder die kostenlose oder die kostenpflichtige Preisstufe wählen, aber beachten Sie, dass Sie nur eine kostenlose QnA Maker-Instanz pro Azure-Abonnement bereitstellen können. Wenn Sie also bereits einen QnA Maker-Dienst in der von Ihnen verwendeten Azure-Subskription

eingerichtet haben, müssen Sie die Stufe Standard S0 wählen, wie in Abb. 3.28 dargestellt.

Nachdem Ihre Azure-Ressourcen erstellt wurden, können Sie zurück zum QnA Maker-Portal wechseln und mit Schritt 2 fortfahren. In diesem Schritt müssen Sie das richtige Azure Active Directory, das Azure-Abonnement, das Ihre QnA-Service-Instanz enthält, und den QnA-Service selbst auswählen. Außerdem müssen Sie die Sprache der Wissensdatenbank auswählen, wie in Abb. 3.29 dargestellt. Dies ist ein entscheidender Schritt, da Sie nur

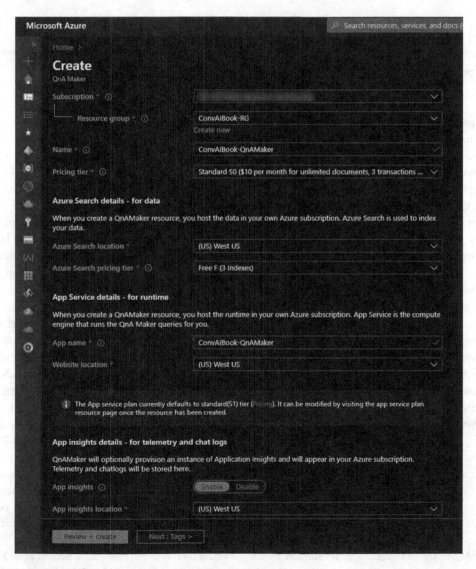

Abb. 3.28 QnA Maker KB 02 einrichten – Azure-Ressourcen erstellen

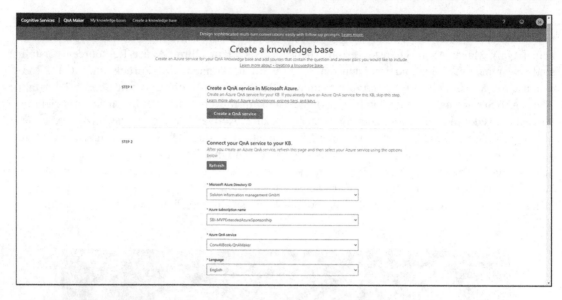

Abb. 3.29   QnA Maker KB 03 einrichten – verbinden Sie Ihren QnA-Dienst mit Ihrer KB

eine Sprache pro QnA-Service-Instanz verwenden können. Wenn Sie also bei der ersten Erstellung einer KB in Ihrem QnA-Service eine Sprache auswählen, wird der Ranking-Algorithmus für Ihren Azure-Service bereitgestellt. Das bedeutet, dass Sie separate Azure QnA-Service-Instanzen für verschiedene Sprachen erstellen müssen, wenn Sie mehrsprachige Anwendungen erstellen möchten.

▶ **Hinweis** Eine QnA Maker Azure Service-Instanz kann nur Wissensdatenbanken der gleichen Sprache enthalten. Wenn Sie also planen, mehrere Sprachen in Ihren KBs zu verwenden, müssen Sie einen QnA Maker-Dienst zusammen mit allen für QnA Maker verwendeten Diensten wie Azure Search und Azure App Service für jede Sprache, die Sie verwenden möchten, bereitstellen.

In Schritt 3 müssen Sie Ihrer Wissensdatenbank einen Namen geben, den Sie jederzeit ändern können. In Schritt 4 können Sie Ihre Wissensdatenbank bereits mit Inhalten füllen, die entweder von bestehenden Websites stammen, indem Sie URLs eingeben. Alternativ können Sie auch FAQ-basierte Dateien der folgenden Typen hochladen:

- PDF
- DOC
- Excel
- TXT
- TSV

Darüber hinaus können Sie auch die Multiturn-Extraktionsfunktion aktivieren, die auch die Hierarchie der Frage-Antwort-Paare eines bestimmten Dokuments oder einer Website extrahiert. Das heißt, wenn ein Nutzer beispielsweise eine bestimmte Frage stellt, an die eine Folgefrage angehängt ist, stellt die Anwendung die Antwort sowie die daran angehängte „untergeordnete" Frage als Eingabeaufforderung dar, so dass die Nutzer schnell in der Konversation weitermachen können. Der letzte Schritt, bevor Sie Ihre Wissensdatenbank erstellen können, besteht darin, einen der fünf vorgefertigten Persönlichkeitstypen auszuwählen, der Ihre Wissensdatenbank mit Frage-Antwort-Paaren aus dem Chat bestückt, wie in Abb. 3.30 dargestellt.

Nachdem die Erstellung Ihrer Wissensdatenbank erfolgreich war, ist Ihre Wissensdatenbank bereit, mit Ihren Fragen und Antworten befüllt zu werden. Wenn Sie eine der vorgefertigten Chit-Chat-Persönlichkeiten hinzugefügt haben, enthält Ihre Wissensdatenbank bereits viele Frage-Antwort-Paare, wie in Abb. 3.31 dargestellt.

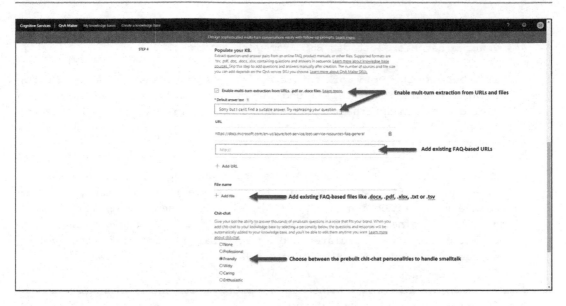

Abb. 3.30 QnA Maker KB 04 einrichten – URLs, Dateien und Chitchat hinzufügen

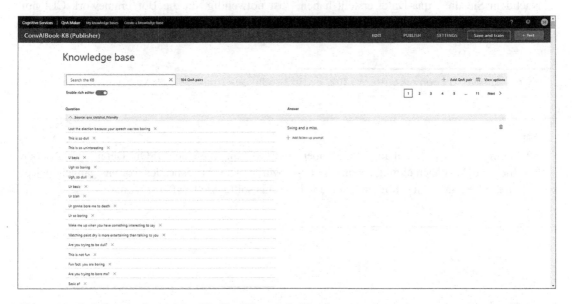

Abb. 3.31 Einrichten des QnA Maker KB 05 – KB nach der Erstellung

Verwendung der CLI

Sie können zwar das QnA Maker-Portal verwenden, wie in den vorherigen Schritten beschrieben, um eine KB zu erstellen, aber Sie können das gleiche Ergebnis auch mit der CLI erreichen. Um eine neue KB mit dem Bot Framework CLI zu erstellen, müssen Sie zunächst eine neue .qna-Datei erstellen, in der Sie Ihre QnA-Paare im folgenden Format hinzufügen können:

```
> # QnA Definitionen
### ? Warum hat Microsoft das Bot Framework entwickelt?
   '''
   Wir haben das Bot Framework entwickelt, um es Entwicklern zu erleichtern,
   großartige Bots zu erstellen und sie mit den Nutzern zu verbinden, wo
   immer diese sich unterhalten, auch auf den wichtigsten Microsoft-Kanälen.
   '''
### ? Was ist das v4 SDK?
   '''
   Bot Framework v4 SDK baut auf dem Feedback und den Erkenntnissen aus den
   vorherigen Bot Framework SDKs auf. Es führt die richtigen Abstraktionse-
   benen ein und ermöglicht gleichzeitig eine umfassende Komponentisierung
   der Bot-Bausteine. Sie können mit einem einfachen Bot beginnen und Ihren
   Bot mit Hilfe eines modularen und erweiterbaren Frameworks immer weiter
   ausbauen. Sie finden die FAQ für das SDK auf GitHub.
   '''
```

Nachdem Sie die . qna-Datei erstellt haben, müssen Sie sie in eine . json-Datei umwandeln, indem Sie den folgenden Befehl ausführen. Dies ist notwendig, da die Bot Framework CLI nur gültige JSON-Dateien für die erfolgreiche Erstellung neuer Wissensdatenbanken akzeptiert:

```
bf qnamaker:convert -i ".\03_convAIBook-QnA.qna" -o ".\03_convAIBook-QnA.
json"
```

Nachdem Sie diesen Befehl ausgeführt haben, sollten Sie eine Ausgabemeldung sehen, die besagt, dass das QnA-Modell erfolgreich in die von Ihnen angegebene JSON-Datei geschrieben wurde. Die Ausgabe des vorangegangenen Befehls sollte wie folgt aussehen:

```
{
 "urls": [],
 "qnaList": [
   {
     "id": 0,
     "Antwort": "Wir haben das Bot Framework geschaffen, um es Entwicklern zu
     erleichtern, großartige Bots zu erstellen und mit Nutzern zu verbinden,
     wo immer sie sich unterhalten, einschließlich der wichtigsten Microsoft-
     Kanäle."
     "Quelle": "Custom Editorial",
     "Fragen": [
       "Warum hat Microsoft das Bot Framework entwickelt?"
     ],
     "Metadaten": []
   },
   {
     "id": 0,
```

```
    "Antwort": "Bot Framework v4 SDK baut auf dem Feedback und den Erkennt-
    nissen aus den vorherigen Bot Framework SDKs auf. Es führt die richti-
    gen Abstraktionsebenen ein und ermöglicht gleichzeitig eine umfassende
    Komponentisierung der Bot-Bausteine. Sie können mit einem einfachen Bot
    beginnen und Ihren Bot mit Hilfe eines modularen und erweiterbaren
    Frameworks immer weiter ausbauen. Sie können die FAQ für das SDK auf
    GitHub finden. ",
    "Quelle": "Custom Editorial",
    "Fragen": [
      "Was ist das SDK v4?"
    ],
    "Metadaten": []
  }
],
"Dateien": [],
"Name": ""
}
```

Der nächste Schritt besteht darin, Ihren QnA Maker-Abonnementschlüssel aus dem Azure-Portal unter „Keys and Endpoint" Ihrer Azure QnA-Service-Instanz zu erhalten, die Sie im vorherigen Schritt bereitgestellt haben. Nachdem Sie Ihren Schlüssel kopiert haben, können Sie den folgenden Befehl in Ihrem Terminal ausführen, um eine neue KB zu erstellen (denken Sie daran, den Namen Ihrer KB und den Pfad zur .qna-Datei zu ändern):

```
bf qnamaker:kb:create --name "ConvAIBook-CLI-KB" --subscriptionKey "your-
QnAMakerSubscriptionKey" --in ".\03_convAIBook-QnA.json"
```

Nachdem der Befehl erfolgreich ausgeführt wurde, sollten Sie eine Ausgabemeldung mit Ihrer neuen Wissensdatenbank-ID sehen, wie in Abb. 3.32 dargestellt.

Wenn Sie nun zurück zum QnA Maker Portal wechseln und im oberen Navigationsmenü auf „Meine Wissensbasen" gehen, sollten Sie sehen, dass die neue KB „ConvAIBook-CLI-KB" erfolgreich erstellt wurde. Außerdem wurden die beiden Frage- und Antwortpaare, die Sie in die .qna-Datei eingefügt haben, durch die CLI-Befehle zu Ihrer neuen Wissensbasis hinzugefügt, wie in Abb. 3.33 dargestellt.

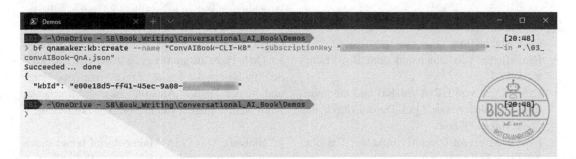

Abb. 3.32 QnA Maker KB mit CLI 01 einrichten – Ausgabe nach Erstellung

Abb. 3.33   Einrichten der QnA Maker KB mit der CLI 02 – KB nach der Erstellung

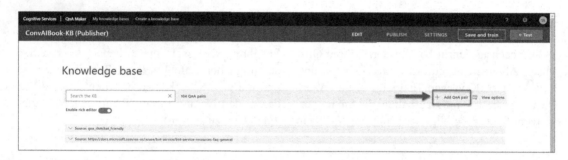

Abb. 3.34   KB über das QnA Maker-Portal füllen 01

Auffüllen einer QnA Maker Wissensdatenbank

Nachdem Sie Ihre QnA Maker Wissensdatenbank erstellt haben, beginnt der Prozess des Hinzufügens von Daten zu Ihrer KB. Um neue Fragen und Antworten hinzuzufügen, haben Sie die folgenden Möglichkeiten, die in diesem Abschnitt dieses Kapitels behandelt werden:

- Manuelles Hinzufügen von Daten über das QnA Maker-Portal
- Hinzufügen von Daten mit dem Bot Framework CLI
- Hinzufügen von URLs zur KB und automatische Extraktion von QnA-Paaren durch den QnA Maker-Dienst
- Hinzufügen von Dateien direkt zur KB über das QnA Maker-Portal

Manuelles Hinzufügen von Daten über das QnA Maker Portal

Diese Option ist besonders für Redakteure von QnA-Inhalten praktisch, da das QnA Maker-Portal das Hinzufügen von Fragen und Antworten auf sehr einfache Weise ermöglicht. Öffnen Sie zunächst Ihre Wissensdatenbank unter https://qnamaker.ai und klicken Sie auf die Schaltfläche „+ QnA-Paar hinzufügen", wie in Abb. 3.34 dargestellt.

Sie erhalten nun ein neues Eingabefeld in der Quelle „Editorial", in der alle manuell hinzugefügten QnA-Paare zusammengefasst werden. Hier können Sie nun in der Spalte „Frage" eine neue Frage und in der Spalte „Antwort" eine entsprechende Antwort hinzufügen, wie in Abb. 3.35 dargestellt.

▶ **Hinweis** Das QnA Maker-Portal bietet einen einfachen Rich-Text-Editor zur Formatierung

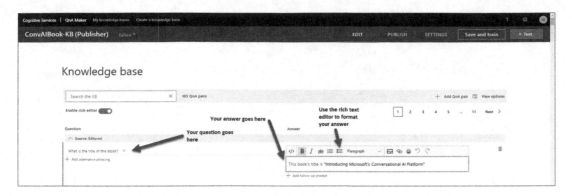

Abb. 3.35 KB mit dem QnA Maker Portal 02 befüllen – QnA-Paare hinzufügen

Ihrer Antworten und zur Anwendung von Stilmitteln wie Fettdruck, Kursivschrift, Aufzählungszeichen oder sogar Links, Bildern und Emojis.

Nachdem Sie Ihr erstes QnA-Paar hinzugefügt haben, ist es wichtig, dass Sie einige alternative Ausdrücke für Ihre Frage hinzufügen. Das ist deshalb wichtig, weil Ihre Nutzer, die Ihre Dialoganwendung verwenden, möglicherweise nicht immer genau dieselbe Frage stellen, um nach etwas zu fragen. Daher müssen Sie sich überlegen, wie die Benutzer bestimmte Fragen stellen könnten, die zu derselben Antwort führen sollen, um alle möglichen Formulierungsvarianten abzudecken. So könnte die Frage „Wie lautet der Titel dieses Buches" auch als eine der folgenden Beispielsätze gestellt werden:

- Wie lautet der Name dieses Buches?
- Wie heißt dieses Buch?
- Wie lautet der Titel dieses Buches?
- Wie lautet das Etikett dieses Buches?
- Können Sie mir den Namen dieser Kopie nennen?
- Ich möchte bitte den Titel dieser Veröffentlichung erfahren.
- Kennen Sie den Namen dieses Werks?

Alle oben genannten Beispiele beziehen sich auf die Frage nach dem Namen dieses Buches, aber

jedes von ihnen ist individuell. Und da QnA Maker einen Pattern-Matching-Algorithmus verwendet, um die bestmögliche Antwort zu erkennen und einzustufen, besteht der beste Ansatz für den Aufbau einer ausgefeilten und intelligenten Wissensdatenbank darin, so viele alternative Formulierungen hinzuzufügen, wie Sie sich vorstellen können. Dadurch wird sichergestellt, dass Ihre konversationelle Anwendung die am besten geeignete Antwort findet, unabhängig davon, wie die Benutzer sie abfragen. Der nächste Schritt wäre also, alle diese Beispiele aus dem vorangegangenen Text als alternative Formulierungen zu Ihrer ersten Frage hinzuzufügen, wie in Abb. 3.36 dargestellt.

Jetzt können Sie auch zwei Fragen miteinander verknüpfen, um einen Kontextmechanismus zu schaffen. So können Sie z. B. die Frage „Wie lautet der Titel dieses Buches?" beantworten und eine so genannte Folgefrage stellen, die dem Nutzer eine passende Frage zum selben Thema stellt. Dies erleichtert den Nutzern die Navigation durch die Konversation. Sie könnten zum Beispiel die Frage „Worum geht es in dem Buch?" als Folgefrage zur ursprünglichen Frage nach dem Buchtitel hinzufügen. Klicken Sie dazu einfach in der Antwortspalte eines QnA-Paares auf „+ Folgefrage hinzufügen", wie in Abb. 3.37 gezeigt.

Dann wird ein neues Popup-Dialogfeld geöffnet, in dem Sie entweder eine neue Frage eingeben oder eine vorhandene Frage aus Ihrer Wis-

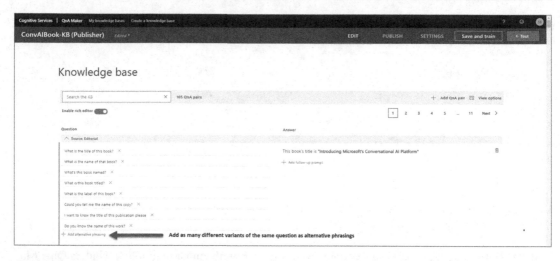

Abb. 3.36 KB mit dem QnA Maker-Portal 03 befüllen – alternative Formulierungen hinzufügen

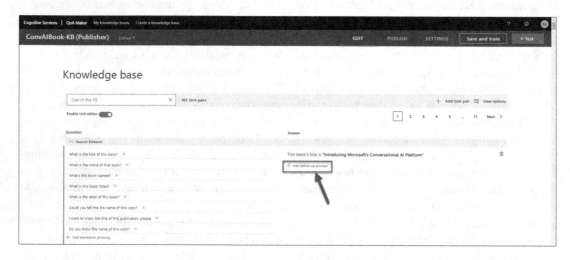

Abb. 3.37 KB mit dem QnA Maker Portal 04 befüllen – Hinzufügen von Folgefragen

sensdatenbank als Folgefrage auswählen können (siehe Abb. 3.38).

Nachdem Sie Ihre Folgefrage gespeichert haben, werden Sie feststellen, dass ein neues QnA-Paar zu Ihrer Wissensdatenbank hinzugefügt wurde, mit dem von Ihnen eingegebenen Anzeigetext als Frage und dem Text, den Sie im Feld „Link zu QnA" als Antwort eingegeben haben. Nun müssen Sie Ihrer neu hinzugefügten Frage noch einige alternative Formulierungen hinzufügen, um eine breite Palette möglicher Formulierungen abzudecken, wie in Abb. 3.39 gezeigt.

Hinzufügen von Daten mit der Bot Framework CLI

Um der QnA Maker-Wissensdatenbank mit Hilfe des Bot Framework CLI Inhalte hinzuzufügen, benötigen Sie zunächst eine .qna-Datei. Diese Datei sollte alle neuen QnA-Paare enthalten, die Sie zu Ihrer Wissensdatenbank hinzufügen möchten. Ein sehr einfaches Beispiel wäre das folgende, bei dem nur ein QnA-Paar später in die KB aufgenommen wird:

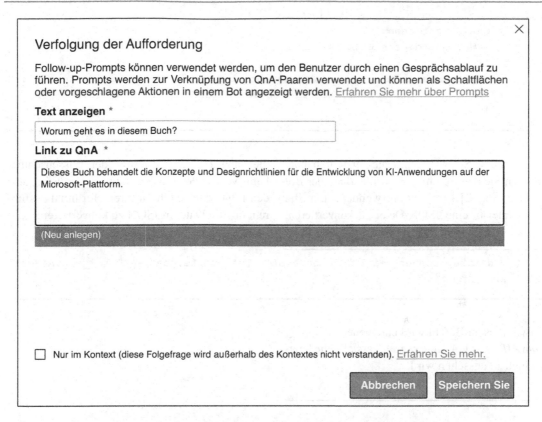

Abb. 3.38 KB mit dem QnA Maker-Portal 05 befüllen – Eingabe der Daten für die Folgeabfrage

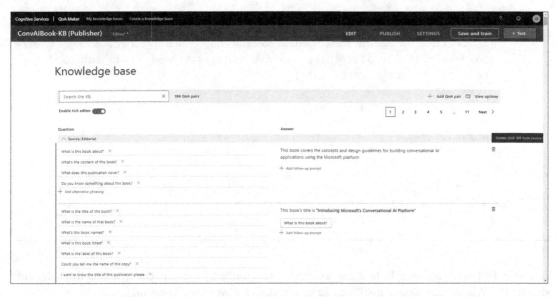

Abb. 3.39 KB mit dem QnA Maker Portal 06 befüllen – neu hinzugefügte Folgefragen

```
> # QnA Definitionen
### ? Wer hat dieses Buch geschrieben?
   '''
   Stephan Bisser hat dieses Buch geschrieben, weil er sich leidenschaftlich
   für alles interessiert, was mit Conversational AI zu tun hat.
   '''
```

Nachdem Sie die .qna-Datei erstellt haben, müssen Sie den Befehl convert innerhalb der Bot Framework CLI erneut verwenden, um die .qna-Datei in eine JSON-Datei zu konvertieren, die dann zur Aktualisierung der Wissensdatenbank verwendet werden kann. Sie müssen also den folgenden Befehl in Ihrem Terminal ausführen, um die Datei in JSON zu konvertieren:

```
bf qnamaker:convert -i ".\03_convAIBook-QnA_update.qna" -o ".\03_convAIBook-
QnA_update.json"
```

Mit diesem Befehl wird eine neue Datei *„03_convAIBook-QnA_update.json"* erstellt, die letztendlich so aussehen wird:

```
{
  "urls": [],
  "qnaList": [
      {
        "id": 0,
        "Antwort": "Stephan Bisser hat dieses Buch geschrieben, weil er eine
        Leidenschaft für alles hat, was mit Conversational AI zu tun hat",
        "Quelle": "Custom Editorial",
        "Fragen": [
          "Wer hat dieses Buch geschrieben?"
        ],
        "Metadaten": []
      }
  ],
  "Dateien": [],
  "Name": ""
}
```

Um jedoch den nächsten Befehl zur Aktualisierung der Wissensdatenbank ausführen zu können, müssen Sie die Datei manuell so ändern, dass sie wie folgt aussieht:

```
{
  "urls": [],
  "add":{
    "qnaList": [
      {
        "id": 0,
        "Antwort": "Stephan Bisser hat dieses Buch geschrieben, weil er eine
        Leidenschaft für alles hat, was mit Conversational AI zu tun hat",
        "Quelle": "Redaktion",
        "Fragen": [
          "Wer hat dieses Buch geschrieben?"
        ],
        "Metadaten": []
      }
    ],
    "Dateien": [],
    "Name": ""
  }
}
```

Im vorstehenden Beispiel der Datei „03_convAIBook-QnA_update.json" sehen Sie, dass die „qnaList" von einem „add"-Objekt umgeben ist, um anzuzeigen, dass diese QnA-Paare der Wissensbasis hinzugefügt werden sollen. Sie können auch „delete" verwenden, um bestimmte QnA-Paare zu löschen, oder „update", um QnA-Paare zu aktualisieren. Außerdem wurde die Quelle des „qnaList"-Objekts von „custom editorial" auf „editorial" als Standardquelle geändert, nachdem eine neue KB erstellt wurde, die wie bereits erwähnt „editorial" heißt. Dadurch wird sichergestellt, dass die QnA-Paare später der richtigen Quelle in der Wissensbasis hinzugefügt werden. Nachdem diese Änderungen vorgenommen wurden, ist der nächste Schritt die Ausführung des folgenden Befehls, um die Wissensdatenbank zu aktualisieren. Vergessen Sie nicht, Ihre Wissensdatenbank-ID und Ihren QnA Maker-Abonnementschlüssel dort einzugeben, bevor Sie den Befehl im Terminal ausführen:

```
bf qnamaker:kb:update --kbId "yourQnAMakerKBId" --subscriptionKey "yourQnA-
MakerSubscriptionKey" --in ".\03_convAIBook-QnA_update.json"
```

Die Ausgabe dieses Befehls ist eine Information über den ausgeführten Vorgang, wie in Abb. 3.40 dargestellt.

Um zu überprüfen, ob der Vorgang bereits abgeschlossen ist, führen Sie den folgenden Befehl im Terminal aus:

```
bf qnamaker:operationdetails:get --operationId "yourQnAMakerOperationId"
--subscriptionKey "yourQnAMakerSubscriptionKey"
```

Wenn der Vorgang erfolgreich ausgeführt wurde, sollte der „operationState"-Wert des Ausgangs „Succeeded" lauten, wie in Abb. 3.41 dargestellt.

```
Demos                                    ×   +   ∨                                         —   □   ×

:81  ~\OneDrive - SB\Book_Writing\Conversational_AI_Book\Demos                              [17:19]
> bf qnamaker:kb:update --kbId "                                    " --subscriptionKey "
          " --in ".\03_convAIBook-QnA_update.json"
{
   "operationState": "NotStarted",
   "createdTimestamp": "2020-08-20T15:20:54.2400794Z",
   "lastActionTimestamp": "2020-08-20T15:20:54.2400794Z",
   "userId": "9e0fa7f6bc1e489898c817b5a1c3c6b5",
   "operationId": "a23bae4a-044c-4da6-9c33-acc4b7d9926b"
}
```

Abb. 3.40   KB befüllen mit Bot Framework CLI 01 – Betriebsstatus

```
Demos                                    ×   +   ∨                                         —   □   ×

:81  ~\OneDrive - SB\Book_Writing\Conversational_AI_Book\Demos                              [17:24]
> bf qnamaker:operationdetails:get --operationId "a23bae4a-044c-4da6-9c33-acc4b7d9926b" --subscriptionKey "
          "
{
   "operationState": "Succeeded",  ⬅
   "createdTimestamp": "2020-08-20T15:20:54+00:00",
   "lastActionTimestamp": "2020-08-20T15:20:58+00:00",
   "resourceLocation": "/knowledgebases/                              ",
   "userId": "9e0fa7f6bc1e489898c817b5a1c3c6b5",
   "operationId": "a23bae4a-044c-4da6-9c33-acc4b7d9926b"
}
```

Abb. 3.41   KB befüllen mit Bot Framework CLI 02 – Prüfung des Betriebsstatus

Wenn Sie nun zu Ihrer Wissensbasis im QnA Maker-Portal zurückkehren, sollten Sie sehen, dass das QnA-Paar aus Ihrer .qna-Datei zu Ihrer Wissensbasis in der Quelle „Editorial" hinzugefügt wurde, wie in Abb. 3.42 dargestellt.

Hinzufügen von URLs zur KB

Im Gegensatz zum manuellen Hinzufügen von QnA-Paaren zu einer QnA Maker-Wissensbasis können Sie QnA Maker auch Inhalte extrahieren lassen, die bereits auf einer Website verfügbar sind. Sie müssen die Daten also nicht manuell oder über die CLI eingeben, sondern importieren Inhalte von einer URL. Dazu öffnen Sie Ihre Wissensdatenbank im QnA Maker Portal und wechseln auf die Seite „Einstellungen". Im Abschnitt „Wissensdatenbank verwalten" können Sie URLs hinzufügen, wie z. B. diese https://docs.microsoft.com/en-us/azure/cognitive-services/QnAMaker/troubleshooting, wie in Abb. 3.43 gezeigt.

Nachdem Sie die URL hinzugefügt und auf „Speichern und trainieren" geklickt haben, um den Extraktionsprozess zu starten, sollte der Inhalt der Website bald zu Ihrer Wissensdatenbank

hinzugefügt werden, wobei die Überschriften innerhalb der Website (im Grunde die $< h_n ></h_n >$ html-Tags) extrahiert und als Fragen zu Ihrer Wissensdatenbank hinzugefügt werden und die Absätze (d. h. die <p></p> html-Tags) als Antworten auf diese Fragen behandelt werden, wie in Abb. 3.44 dargestellt.

Wenn der Inhalt der Website aktualisiert wurde, können Sie auch Ihre Wissensdatenbank aktualisieren. Wenn Sie den Inhalt Ihrer Wissensdatenbank, der aus URLs extrahiert wurde, aktualisieren müssen, müssen Sie auf die Einstellungsseite Ihrer Wissensdatenbank im QnA Maker-Portal gehen und das Kontrollkästchen „Refresh content" (Inhalt aktualisieren) aktivieren, gefolgt von „Save and train" (Speichern und trainieren), um den Aktualisierungsprozess für die ausgewählten URLs zu starten, wie in Abb. 3.45 dargestellt.

▶ **Hinweis** Der Inhalt der Website-URL(s), die Sie zu Ihrer Wissensdatenbank hinzufügen, wird nicht automatisch aktualisiert, wenn der Inhalt der Website geändert wurde. Um Ihre KB zu aktualisieren, müssen Sie die Aktualisierung manuell oder über die QnA Maker API auslösen.

Abb. 3.42 KB mit Bot Framework CLI 03 befüllen – neu hinzugefügtes QnA-Paar

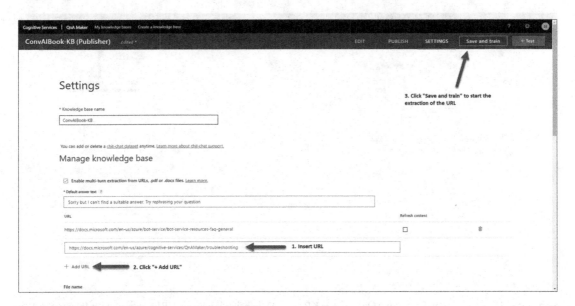

Abb. 3.43 Hinzufügen von URLs zum QnA Maker KB 01

Direktes Hinzufügen von Dateien zur KB

Sie können nicht nur URLs zu einer QnA Maker-Wissensdatenbank hinzufügen, sondern auch direkt Dateien hochladen. Dies ist besonders hilfreich, wenn Sie bereits FAQ-Dateien erstellt haben, die nicht Teil einer öffentlich zugänglichen Website sind. Tab. 3.2 enthält alle unterstützten

Datei- oder Datentypen, die direkt in eine Wissensdatenbank importiert werden können. Alle diese Datei- und Dokumenttypen können verwendet werden, um Ihre Wissensdatenbank aufzufüllen, ohne dass Sie QnA-Paare manuell direkt in die KB einfügen müssen. Die Dateien sollten jedoch in einem FAQ-ähnlichen Stil aufgebaut sein. Das bedeutet, dass es sich nicht um eine Datei mit Absätzen handeln sollte, die sich über mehrere

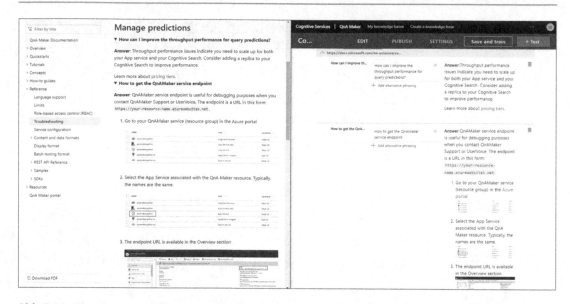

Abb. 3.44 Hinzufügen von URLs zum QnA Maker KB 02 – Vergleich (links Original-Website, rechts KB)

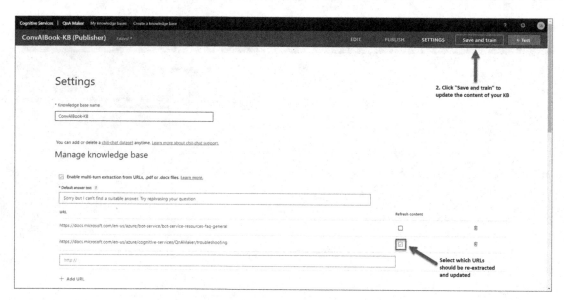

Abb. 3.45 Hinzufügen von URLs zum QnA Maker KB 03 – Aktualisieren von aus URLs extrahierten Inhalten

Tab. 3.2 Von QnA Maker unterstützte Dateitypen (Microsoft, 2020)

Quelle Typ	Inhalt Typ
PDF/ Word (.pdf/. docx)	FAQs, Produkthandbuch, Broschüren, Papier, Flyer, Support-Leitfaden, strukturierte Fragen und Antworten usw.
Excel (. xlsx)	Strukturierte QnA-Datei (einschließlich RTF- und HTML-Unterstützung)
TXT/TSV (.txt/. tsv)	Strukturierte QnA-Datei

Seiten erstrecken, sondern dass sie so aufgebaut sein sollte, dass der QnA Maker-Dienst den Inhalt so extrahieren kann, dass QnA-Paare in einer vernünftigen Weise geparst werden können.

▶ **Hinweis** Detaillierte Beispiele für jeden unterstützten Datentyp in QnA Maker finden Sie unter https://docs.microsoft.com/en-us/ azure/cognitive-services/qnamaker/concepts/ content-types.

Schauen Sie sich als Beispiel die Word-Datei an, die Sie von http://bit.ly/ConvAIBook-structured-qna herunterladen können. Diese Word-Datei enthält im Wesentlichen mehrere Überschriften der ersten Ebene, gefolgt von Absätzen. Die Überschriften sind hauptsächlich als Fragen formuliert, während die Absätze die passenden Antworten auf diese Fragen darstellen.

Um eine Datei von Ihrem Rechner zur Wissensdatenbank hinzuzufügen, gehen Sie auf die Seite „Einstellungen" in Ihrer KB und wählen Sie „+ Datei hinzufügen" unter dem Abschnitt „Wissensdatenbank verwalten", wie in Abb. 3.46 dargestellt. Nachdem Sie auf die Schaltfläche geklickt haben, öffnet sich ein Upload-Dialog, in dem Sie die richtige Datei auswählen und in Ihre Wissensdatenbank hochladen können.

Nachdem Sie die Datei hochgeladen haben, müssen Sie Ihre Wissensbasis erneut speichern und trainieren, damit der QnA Maker-Dienst den Inhalt der Datei extrahieren kann. Wenn Sie dann zur Seite „Bearbeiten" der KB zurückkehren, sehen Sie, dass sie alle QnA-Paare enthält, die Teil der hochgeladenen Datei sind, wie in Abb. 3.47 dargestellt.

Testen einer KB

Ein Vorteil der Verwendung des QnA Maker-Portals ist, dass es eine Testmöglichkeit bietet. Dies ist äußerst hilfreich und sollte genutzt werden, wenn Sie Ihre Wissensdatenbank mit neuen QnA-Paaren aktualisieren. Das Testen einer Wissensdatenbank ist für den Erfolg Ihrer Konversationsanwendung von entscheidender Bedeutung, da Sie niedriges Vertrauen oder falsche Abfrageergebnisse innerhalb Ihrer Wissensdatenbank erkennen und beheben können, bevor Ihre Benutzer von diesen Problemen betroffen sind.

Um eine Wissensdatenbank zu testen, gehen Sie zu Ihrer KB im QnA Maker-Portal und wählen Sie die Schaltfläche „← Testen" in der oberen rechten Ecke. Daraufhin wird das interaktive Testfenster angezeigt, in das Sie Beispielabfragen eingeben können, von denen Sie glauben, dass sie von den Benutzern gestellt werden könnten. Denken Sie daran, andere Abfragedaten als die in Ihrer Wissensdatenbank gespeicherten Daten zu verwenden, da die Benutzer möglicherweise nicht immer genau die gleichen Formulierungen verwenden wie die in Ihrer Wissens

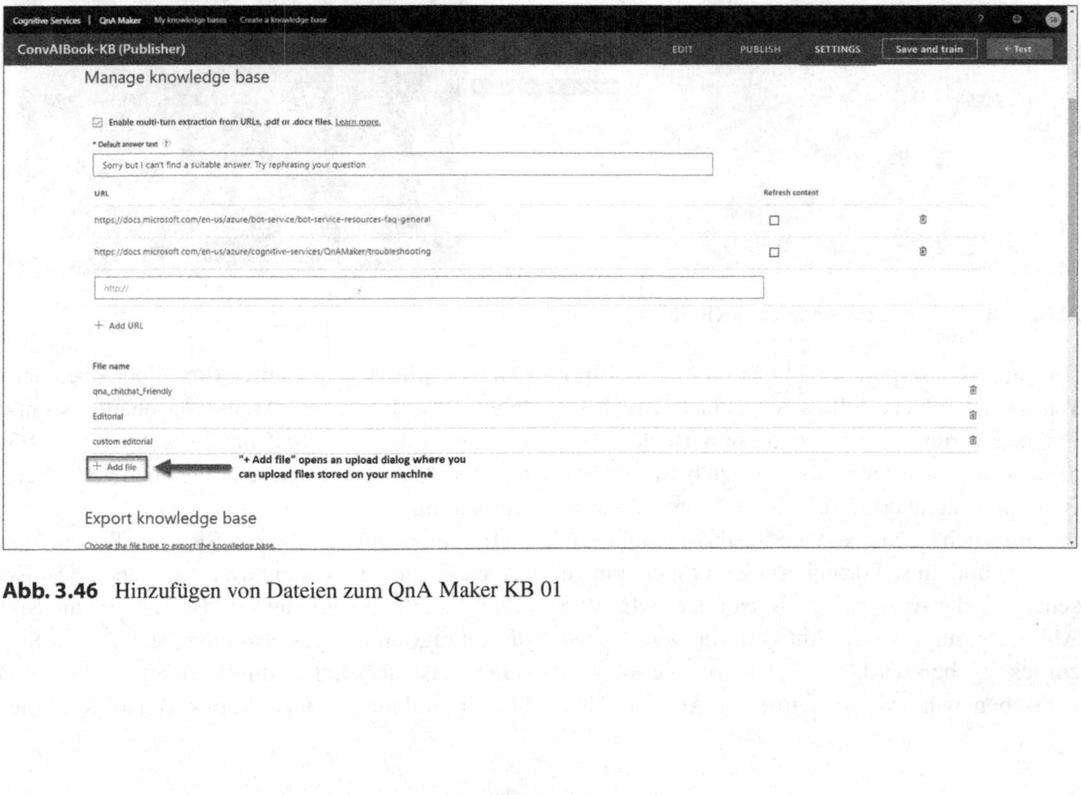

Abb. 3.46 Hinzufügen von Dateien zum QnA Maker KB 01

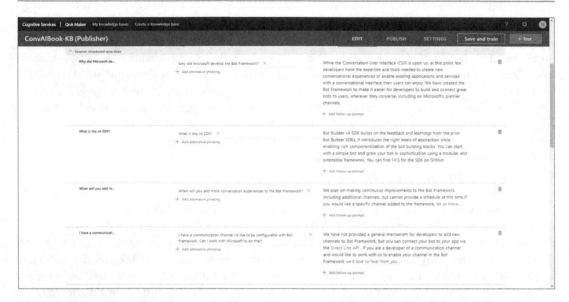

Abb. 3.47 Hinzufügen von Dateien zum QnA Maker KB 02

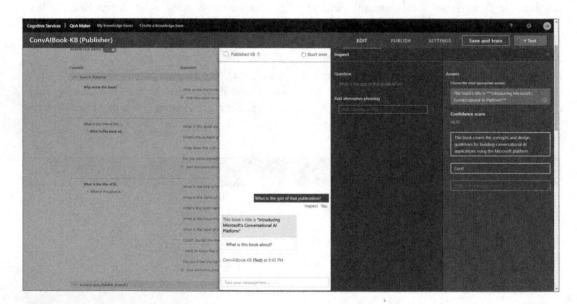

Abb. 3.48 Testen eines QnA Makers KB 01

Datenbank gespeicherten Fragen. In Ihrer Wissensdatenbank sollten Sie zum Beispiel die Frage „Worum geht es in diesem Buch?" Um diese Frage zu testen, sollten Sie sich eine andere Formulierung überlegen, z. B. „Worum geht es in diesem Buch?". Nun können Sie das Testfeld verwenden und diese Formulierung einfügen, um zu sehen, ob die Antwort richtig ist oder nicht. Wie Abb. 3.48 zeigt, ist die Antwort, die vom Dienst zurückgegeben wird, nicht ganz die, die Sie sich wünschen würden, da er mit der Antwort über

den Titel des Buches antwortet, nicht über den Inhalt. Wie Sie dieser Abbildung ebenfalls entnehmen können, ist der Konfidenzwert mit 49,85 recht niedrig, so dass diese Frage noch verbessert werden muss.

Ein anderes Beispiel, das Sie zum Testen derselben Frage verwenden könnten, wäre „Was ist das Wesentliche an diesem Buch?" Wenn Sie diese Frage in das Testfeld eingeben, sollten Sie sehen, dass der Dienst mit der richtigen Antwort über den Inhalt des Buches antwortet, obwohl die

Konfidenzrate mit 68,69 immer noch niedrig ist, wie in Abb. 3.49 dargestellt.

Um diese beiden Probleme zu beheben, könnten Sie nun die Frage „Worum geht es in diesem Buch?" und „Was ist die Essenz dieses Buches?" als alternative Formulierungen zu der Frage „Worum geht es in diesem Buch?" hinzufügen, um dem Dienst mitzuteilen, dass diese Art von Fragen das Thema des Buchinhalts und nicht den Titel betref-

fen. Nachdem Sie Ihre Wissensdatenbank gespeichert und trainiert haben, können Sie einen erneuten Test durchführen, z. B. mit der Abfrage „Was ist die Essenz dieser Publikation?", und Sie werden feststellen, dass die Antwort korrekt zurückgegeben wird und der Konfidenzwert mit 94,17 ebenfalls akzeptabel ist, obwohl die Abfrage nicht genau Teil eines QnA-Paares ist, sondern leicht anders formuliert ist, wie in Abb. 3.50 dargestellt.

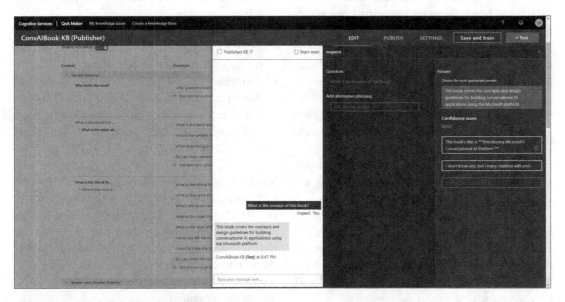

Abb. 3.49 Testen eines QnA Makers KB 02

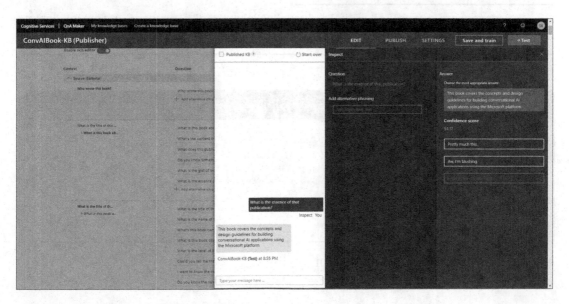

Abb. 3.50 Testen eines QnA Makers KB 03

▶ **Hinweis** Das Testen einer Wissensbasis ist ein wesentlicher Prozess und sollte umfassend durchgeführt werden, um niedrige Konfidenzwerte zu korrigieren und falsche Abfrageergebnisse zu erkennen.

Veröffentlichung einer KB

Der letzte Schritt im Lebenszyklus Ihrer Wissensdatenbank, bevor Benutzer über eine konversationelle Anwendung wie einen Chatbot auf den Inhalt Ihrer KB zugreifen können, ist die Veröffentlichung der KB. Die Veröffentlichung einer Wissensdatenbank besteht im Wesentlichen aus zwei Dingen:

- Die neueste Version Ihrer KB wird in einem speziellen Index innerhalb des Azure Search-Dienstes gespeichert.
- Es wird ein Endpunkt zur Verfügung gestellt, der von Ihrer Konversationsanwendung aus aufgerufen werden kann.

Um eine Wissensdatenbank zu veröffentlichen, gehen Sie auf die Seite *„Veröffentlichen"* in Ihrem QnA Maker-Portal und klicken Sie auf die Schaltfläche „Veröffentlichen", wie in Abb. 3.51 hervorgehoben.

Nachdem die Wissensdatenbank veröffentlicht wurde, sehen Sie alle Endpunktdetails, die Sie später benötigen, wenn Sie Ihren QnA Maker-Dienst zum Beispiel von einem Chatbot aus aufrufen, wie in Abb. 3.52 dargestellt:

- **Wissensdatenbank-ID**: Die ID Ihrer Wissensdatenbank ist in der Beispiel-URL der POST-Anforderung nach „./knowledgebases/" enthalten und wird benötigt, um die richtige KB zu ermitteln.
- **Host**: Der Host ist der Endpunkt, den Sie von Ihrer Konversationsanwendung aus aufrufen müssen, wenn Sie Ihre KB abfragen.
- **Autorisierung**: Der EndpointKey wird zur Autorisierung von Anfragen an Ihre Wissensdatenbank verwendet, um zu verhindern, dass nicht autorisierte Anwendungen auf den Inhalt Ihrer KB zugreifen.

Natürlich können Sie auch das Bot Framework CLI verwenden, um Ihre Wissensdatenbank zu veröffentlichen, indem Sie den folgenden Befehl in einer Terminalsitzung ausführen, wenn Sie die KB nicht über das QnA Maker-Portal veröffentlichen möchten oder wenn Sie die Veröffentlichung Ihrer Wissensdatenbank irgendwann automatisieren möchten:

```
bf qnamaker:kb:publish --kbId "yourQnAMakerKBId" --subscriptionKey "your-
QnAMakerSubscriptionKey"
```

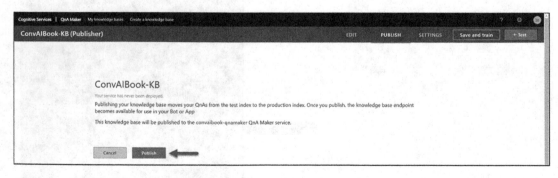

Abb. 3.51 Veröffentlichen eines QnA Maker KB 01

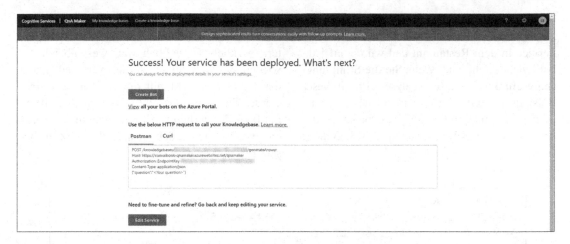

Abb. 3.52 Veröffentlichen eines QnA Maker KB 02

Textanalyse

Ein weiterer Dienst innerhalb der Sprachkategorie, der häufig für Konversationsanwendungen verwendet wird, ist die Textanalyse-API. Es handelt sich um einen Dienst, der hauptsächlich die folgenden vier Anwendungsfälle abdeckt:

- Sentiment-Analyse
- Extraktion von Schlüsselwörtern
- Erkennung benannter Entitäten
- Erkennung von Sprachen

Viele dieser Anwendungsfälle sind bei der Entwicklung eines Chatbots oder einer anderen konversationellen Anwendung von Vorteil, da sie die Funktionen zur Verarbeitung natürlicher Sprache verbessern. Da es sich um eine gebrauchsfertige API handelt, müssen die Komponenten innerhalb dieses Dienstes nicht angepasst werden. Daher werden im nächsten Abschnitt alle vier Anwendungsfälle im Detail behandelt, um die Konzepte dahinter zu erklären; die praktische Umsetzung folgt jedoch in späteren Kapiteln.

Sentiment-Analyse

Stellen Sie sich vor, Sie bauen einen Chatbot, der in Ihren Kundendienstprozess eingebunden ist, um als erstes Tor zu fungieren, an dem Nutzeran-

fragen überhaupt erst einmal bearbeitet werden. In vielen Fällen wird Ihr Chatbot in der Lage sein, eine begrenzte Anzahl von Fragen zu beantworten, meist häufig gestellte Fragen, aber in anderen Fällen wird Ihr Chatbot nicht in der Lage sein, eine bestimmte Nutzerfrage ausreichend zu beantworten. Dies ist ein entscheidender Punkt, da Sie Ihre Nutzer nicht verlieren wollen, wenn der Chatbot nicht in der Lage ist, eine Frage zu beantworten, also müssen Sie über eine Art menschliche Übergabe nachdenken. Die menschliche Übergabe beschreibt im Grunde den Prozess der Übergabe des Gesprächs vom Chatbot an eine Person, die dem Benutzer helfen kann, wenn der Chatbot die Frage des Benutzers nicht mehr beantworten kann. Innerhalb dieses Prozesses muss jedoch entschieden werden, wann diese Übergabe stattfinden soll, da es nicht sinnvoll ist, die Übergabe jedes Mal vorzunehmen, wenn der Chatbot eine bestimmte Frage nicht beantworten kann. Dies ist im Grunde die perfekte Situation, in der die Stimmungserkennung Ihnen helfen könnte, den richtigen Zeitpunkt für die Übergabe an den Menschen zu finden.

Die Stimmungsanalysefunktion innerhalb der Textanalyse-API liefert Ihnen eine Stimmungsbewertung zwischen 0 und 1 für einen bestimmten Text. Ziel dieser Funktion ist es, Sie mit dem Wissen über die Stimmung der Person zu versorgen, mit dem Sie entscheiden können, ob die Person derzeit entweder positiv oder negativ gestimmt ist. Ein einfaches Beispiel wäre der Satz „Ich war gestern sehr zufrieden mit dem netten Service in dem Restaurant und würde auf jeden Fall wiederkommen." Wenn Sie die Stimmungsanalysefunktion der Textanalyse-API mit diesem Beispielsatz aufrufen, erhalten Sie ein Stimmungsergebnis von 0,90463, was bedeutet, dass der Satz recht positiv ist, wie in Abb. 3.53 dargestellt.

Wenn Sie jedoch den Satz „Ich war überrascht, dass der Service in dem Restaurant gestern wirklich schrecklich war, weshalb ich nie wieder zurückkommen würde" verwenden und die Textanalyse-API mit diesem Satz aufrufen, werden Sie sehen, dass die Stimmungsbewertung mit 0,1873 ziemlich niedrig ist, wie in Abb. 3.54 dargestellt. Dies bedeutet, dass der Satz in diesem Fall eher negativ ist.

```
Transfer-Encoding: chunked
csp-billing-usage: CognitiveServices.TextAnalytics.BatchScoring=1
x-envoy-upstream-service-time: 11
apim-request-id: 4edc3614-ccd7-4083-af9f-1f4d843164cf
Strict-Transport-Security: max-age=31536000; includeSubDomains; preload
x-content-type-options: nosniff
Date: Fri, 21 Aug 2020 11:28:12 GMT
Content-Type: application/json; charset=utf-8


{
  "documents": [{
    "id": "1",
    "score": 0.90463638305664063
  }],
  "errors": []
}
```

Abb. 3.53 Text Analytics API Sentiment Analysis Feature 01 – positives Beispiel

```
Transfer-Encoding: chunked
csp-billing-usage: CognitiveServices.TextAnalytics.BatchScoring=1
x-envoy-upstream-service-time: 10
apim-request-id: 3ce26b48-d78f-42ac-bf5f-7fa80277e326
Strict-Transport-Security: max-age=31536000; includeSubDomains; preload
x-content-type-options: nosniff
Date: Fri, 21 Aug 2020 11:27:45 GMT
Content-Type: application/json; charset=utf-8


{
  "documents": [{
    "id": "1",
    "score": 0.18730971217155457
  }],
  "errors": []
}
```

Abb. 3.54 Text Analytics API Stimmungsanalyse-Funktion 02 – Negativbeispiel

Mithilfe der Stimmungsanalysefunktion der Textanalyse-API können Sie leicht die Stimmung des Benutzers erkennen und entscheiden, ob der Chatbot das Gespräch direkt an eine Person weitergeben sollte, wenn der Benutzer in einer negativen Stimmung ist. Dies kann sich positiv auf die Situation des Benutzers auswirken, da es gewissermaßen ein Deeskalationsszenario darstellt, da die Person die Fragen des Benutzers wahrscheinlich effizienter beantwortet. Dies wiederum führt dazu, dass der Nutzer vielleicht wiederkommt, was sich positiv auf Ihr Dienstleistungsangebot auswirkt.

Extraktion von Schlüsselwörtern

Die Extraktion von Schlüsselwörtern ist eine weitere Funktion innerhalb der Textanalyse-API, die Ihrer Konversationsanwendung einige Vorteile bringen könnte. Um bei dem bereits erwähnten Beispiel eines Chatbots zu bleiben, der in Ihre Kundendienstlösung integriert ist, stellen Sie sich vor, dass Benutzer Ihrem Chatbot ziemlich lange Nachrichten schicken, wie z. B. „Ich war gestern mit dem netten Service im Restaurant sehr zufrieden und würde auf jeden Fall wiederkommen". Allerdings hat es mir nicht gefallen, dass die Suppe fast kalt war, während das Hauptgericht zu heiß war, um es zu essen. Aber das Eisdessert war perfekt! „Diese Nachricht ist recht lang, so dass der Chatbot nicht nur einen Satz, sondern mehrere Sätze analysieren müsste. Dies könnte eine schwierige Aufgabe sein, vor allem, wenn die Übergabe an einen Menschen erfolgen soll, da hier mehrere Experten beteiligt sein könnten".

Daher könnte die Fähigkeit, bestimmte Schlüsselphrasen innerhalb einer Benutzeranfrage zu erkennen, dabei helfen, die wichtigen Teile eines Satzes zu erkennen und dann entsprechend zu handeln. In Abb. 3.55 sehen Sie beispielsweise das Ergebnis des oben erwähnten Beispielsatzes. Die API für die Extraktion von Schlüsselsätzen von Text Analytics hat die folgenden Schlüsselsätze in diesem Satz erkannt:

- Hauptgericht
- Suppe
- Eiscreme-Dessert
- Netter Service
- Restaurant
- Tatsache

In diesen Schlüsselwörtern sehen Sie, dass z. B. „netter Service" extrahiert wurde. Daraus könnte man schließen, dass die Person, die diese Nachricht geschrieben hat, ein Feedback geben möchte, dass der Service nett und der Restaurantbesuch angenehm war.

Durch die Kombination der Funktion zur Extraktion von Schlüsselwörtern und des Stimmungsanalysedienstes könnte die menschliche Übergabe in einem Chatbot stark verbessert werden. Der Grund dafür ist, dass man zunächst die Stimmung der Benutzereingabe erkennen könnte, um zu sehen, ob der Benutzer gerade in guter oder schlechter Stimmung ist. Abhängig davon könnte man entweder den Chatbot das Gespräch beenden lassen, wenn der Stimmungswert positiv ist, oder das Gespräch an einen Agenten weitergeben, wenn der Stimmungswert negativ ist. Wenn Sie dann die Schlüsselsätze aus den Nachrichten des Benutzers extrahieren und sie dem Agenten zur Vorschau übergeben, kann der Agent das allgemeine Thema schneller erkennen, als wenn er das komplette Chatprotokoll lesen müsste. So kann der Agent die Konversation schneller übernehmen und dem Benutzer rechtzeitig helfen.

Erkennung von benannten Entitäten

Die Erkennung von benannten Entitäten nimmt unstrukturierten Text entgegen und gibt Entitäten zurück, die die API erkennt. Dabei kann es sich entweder um Personennamen, Orte, Ereignisse, Produkte oder Organisationen handeln, die bekannt sind. Ein Beispiel dafür wäre der Satz „Das Restaurant neben der Space Needle in Seattle, in dem ich Bill Gates getroffen habe, war wirklich

```
Transfer-Encoding: chunked
csp-billing-usage: CognitiveServices.TextAnalytics.BatchScoring=1
x-envoy-upstream-service-time: 20
apim-request-id: 9e71461d-f127-4d0b-816f-361b2aaf7d51
Strict-Transport-Security: max-age=31536000; includeSubDomains; preload
x-content-type-options: nosniff
Date: Sun, 23 Aug 2020 09:16:00 GMT
Content-Type: application/json; charset=utf-8

{
  "documents": [{
    "id": "1",
    "keyPhrases": ["main dish", "soup", "ice cream dessert", "nice service", "restaurant", "fact"],
    "warnings": []
  }],
  "errors": [],
  "modelVersion": "2020-07-01"
}
```

Abb. 3.55   Text Analytics API-Schlüsselphrasenextraktionsfunktion 01

gut!" Wie Abb. 3.56 zeigt, wurden die Wörter „Space Needle", „Seattle" und „Bill Gates" erkannt, und die API markiert sogar die entsprechende Kategorie wie Ort oder Person für die erkannten Entitäten.

Eine weitere Funktion innerhalb dieser API ist der Entity Linking Service. Dieser beschreibt im Wesentlichen die Fähigkeit, bestimmte Entitäten und ihre Identitäten in einem gegebenen Text zu identifizieren. Diese erkannten Entitäten werden im Grunde aus einer Wissensdatenbank bedient, in der alle diese Wörter oder Phrasen zusammen mit Links zu Wikipedia-Artikeln, in denen sie beschrieben werden, gespeichert sind. So könnte die Entity-Linking-Funktion beispielsweise das Wort „Nike" in einem gegebenen Satz erkennen und unterscheiden, ob die Sportmarke, die griechische Göttin oder das Raketenprojekt der US-Armee gemeint ist. Abb. 3.57 zeigt als Beispiel die Ausgabe, die aus dem Satz „Das T-Shirt von Nike ist wirklich bequem und ich trage es gerne." erkannt wurde.

Erkennung von Sprachen

Die vierte Komponente innerhalb der Textanalyse-API ist die Spracherkennungsfunktion. Dieser Dienst nimmt unstrukturierten Text als Eingabe und antwortet mit der erkannten Sprache des gegebenen Textes. Dies kann zum Beispiel hilfreich sein, wenn Sie einen Chatbot für einen Online-Shop erstellen, bei dem Sie Besucher aus der ganzen Welt erwarten. In solchen Situationen ist es hilfreich, zunächst die Sprache eines Benutzers innerhalb der Konversation zu erkennen, bevor der Eingabetext entweder in LUIS oder in eine QnA Maker-Wissensdatenbank übernommen wird, da eine Benutzerfrage auf Chinesisch möglicherweise nicht die richtige Antwort ergibt, wenn eine englische Wissensdatenbank damit abgefragt wird. Daher kann dieser API-Endpunkt verwendet werden, um die Sprache eines oder mehrerer Sätze zu erkennen, wie in Abb. 3.58 gezeigt, wo die Eingabe aus den folgenden zwei Sätzen besteht:

- „Das Restaurant neben der Space Needle in Seattle, in dem ich Bill Gates getroffen habe, war wirklich gut!" – Englisch
- „Das Restaurant neben der Space Needle in Seattle, in dem ich Bill Gates getroffen habe, war exzellent!" – Deutsch

Übersetzer

Wie in Kap. 1 erwähnt, ist die Übersetzung eine wesentliche Komponente in einem Chatbot-Anwendungsfall, da sie den Prozess der Daten-

```
Transfer-Encoding: chunked
csp-billing-usage: CognitiveServices.TextAnalytics.BatchScoring=1
x-envoy-upstream-service-time: 92
apim-request-id: c04545ab-4c28-4ada-9a7f-3b9e3380f2a8
Strict-Transport-Security: max-age=31536000; includeSubDomains; preload
x-content-type-options: nosniff
Date: Sun, 23 Aug 2020 09:47:05 GMT
Content-Type: application/json; charset=utf-8

{
  "documents": [{
    "id": "1",
    "entities": [{
      "text": "Space Needle",
      "category": "Location",
      "offset": 27,
      "length": 12,
      "confidenceScore": 0.36
    }, {
      "text": "Seattle",
      "category": "Location",
      "subcategory": "GPE",
      "offset": 43,
      "length": 7,
      "confidenceScore": 0.66
    }, {
      "text": "Bill Gates",
      "category": "Person",
      "offset": 63,
      "length": 10,
      "confidenceScore": 0.84
    }],
    "warnings": []
  }],
  "errors": [],
  "modelVersion": "2020-04-01"
}
```

Abb. 3.56 Beispiel für eine Textanalyse-API-Funktion zur Erkennung benannter Entitäten

verwaltung vereinfacht. Durch die Einführung der Übersetzung in Ihre Chatbot-Lösung müssen Sie keine Wissensdatenbanken, Sprachmodelle und andere wichtige Dienste für jede Sprache einzeln erstellen, da Sie im Grunde alle Ihre „Back-End"-Komponenten in einer oder zwei Sprachen halten und jede Eingabe aus einer anderen Sprache in eine dieser Sprachen übersetzen können, bevor Sie sie weiterverarbeiten. Der Translator-Dienst innerhalb von Azure Cognitive Services bietet die folgenden Funktionen, die in einem konversationellen Anwendungsszenario verwendet werden können:

- Text übersetzen.
- Text transliterieren.
- Sprache erkennen.
- Schlagen Sie Wortübersetzungen nach.
- Bestimmen Sie die Satzlänge.

Übersetzen Sie

Die meistgenutzte Funktion ist natürlich die Funktion „Text übersetzen". Mit dieser Funktion können Sie Sätze aus einer Sprache in mehr als 70 Sprachen übersetzen. Die Verwendung der

Abb. 3.57 Text
Analytics API-Funktion
zur Erkennung
benannter Entitäten –
Beispiel für die
Verknüpfung von
Entitäten

```
Transfer-Encoding: chunked
csp-billing-usage: CognitiveServices.TextAnalytics.BatchScoring=1
x-envoy-upstream-service-time: 28
apim-request-id: 44975c9d-e1bb-4581-858a-2c6321ac3229
Strict-Transport-Security: max-age=31536000; includeSubDomains; preload
x-content-type-options: nosniff
Date: Sun, 23 Aug 2020 09:42:56 GMT
Content-Type: application/json; charset=utf-8

{
  "documents": [{
    "id": "1",
    "entities": [{
      "name": "T-shirt",
      "matches": [{
        "text": "T-Shirt",
        "offset": 4,
        "length": 7,
        "confidenceScore": 0.22
      }],
      "language": "en",
      "id": "T-shirt",
      "url": "https://en.wikipedia.org/wiki/T-shirt",
      "dataSource": "Wikipedia"
    }, {
      "name": "Nike, Inc.",
      "matches": [{
        "text": "Nike",
        "offset": 17,
        "length": 4,
        "confidenceScore": 0.23
      }],
      "language": "en",
      "id": "Nike, Inc.",
      "url": "https://en.wikipedia.org/wiki/Nike,_Inc.",
      "dataSource": "Wikipedia"
    }],
    "warnings": []
  }],
  "errors": [],
  "modelVersion": "2020-02-01"
}
```

Übersetzungsfunktion ist recht einfach. Da es sich um eine API handelt, müssen Sie im einfachsten Fall nur einen HTTP-POST-Aufruf erstellen, Ihren Azure-Abonnementschlüssel für die Translator-Ressource angeben, die Sprache auswählen, in die der Text übersetzt werden soll, und den zu übersetzenden Text hinzufügen, wie in der folgenden Curl-Anfrage gezeigt:

```
curl -X POST "https://api.cognitive.microsofttranslator.com/translate?a-
pi-version=3.0& from=en& to=de" -H "Ocp-Apim-Subscription-Key: yourTranslator-
Key" -H "Content-Type: application/json; charset=UTF-8" -d "[{'Text':'Hallo, wie
ist Ihr Name?'}]"
```

Das Ergebnis ist die Übersetzung des angegebenen Textes in der von Ihnen gewählten Sprache, wie hier zu sehen:

```
Transfer-Encoding: chunked
csp-billing-usage: CognitiveServices.TextAnalytics.BatchScoring=2
x-envoy-upstream-service-time: 33
apim-request-id: 17ea6072-3de6-4b3d-859b-46361f5b4d87
Strict-Transport-Security: max-age=31536000; includeSubDomains; preload
x-content-type-options: nosniff
Date: Sun, 23 Aug 2020 09:54:59 GMT
Content-Type: application/json; charset=utf-8


{
  "documents": [{
    "id": "1",
    "detectedLanguage": {
      "name": "English",
      "iso6391Name": "en",
      "confidenceScore": 1.0
    },
    "warnings": []
  }, {
    "id": "2",
    "detectedLanguage": {
      "name": "German",
      "iso6391Name": "de",
      "confidenceScore": 1.0
    },
    "warnings": []
  }],
  "errors": [],
  "modelVersion": "2020-07-01"
}
```

Abb. 3.58 Beispiel für die Spracherkennung der Text Analytics API

```
[{
    "Übersetzungen":[
        {
            "text": "Hallo, wie heißt du?",
            "bis": "de"
        }
    ]
}]
```

Darüber hinaus können Sie auch Text in mehrere Sprachen gleichzeitig übersetzen, indem Sie wie in diesem Beispiel alle Sprachen zu Ihrer HTTP-Anfrage hinzufügen:

```
curl -X POST "https://api.cognitive.microsofttranslator.com/translate?api-version=3.0& from=en& to=de&to=it&to=ja&to=th" -H "Ocp-Apim-Subscription-Key: yourTranslatorKey" -H "Content-Type: application/json; charset=UTF-8" -d "[{'Text':'Hi how are you?'}]"
```

Als Ergebnis erhalten Sie die übersetzten Sätze in allen gewählten Sprachen zurück:

```
[{
    "Übersetzungen": [
        {
            "text": "Hallo, wie geht es dir?",
            "bis": "de"
        },
        {
            "text": "Ciao come stai?",
            "zu": "es"
        },
        {
            "text": "やあ、元気。",
            "bis": "ja"
        },
        {
            "text": "ไง เธอเป็นไงบ้าง",
            "bis": "th"
        }
    ]
}]
```

Die Übersetzungsfunktion kann in Szenarien sehr nützlich sein, in denen Sie einen mehrsprachigen Chatbot erstellen, aber nicht für jede Sprache, die Sie unterstützen wollen, LUIS-Anwendungen oder QnA Maker-Wissensdatenbanken aufbauen wollen. In einem solchen Szenario können Sie die wichtigsten Sprachen auswählen und Ihre Sprachmodelle und Wissensdatenbanken speziell für diese Sprachen entwickeln, die am häufigsten verwendet werden, und Benutzernachrichten aus anderen Sprachen in eine dieser Sprachen übersetzen, um das bestmögliche Ergebnis mit dem geringsten Aufwand zu erzielen.

▶ **Hinweis** Eine detaillierte Sprachunterstützung der Translator-API finden Sie unter https://docs.microsoft.com/en-us/azure/cognitive-services/translator/language-support.

Sprache erkennen

Beim Aufbau eines mehrsprachigen Chatbots ist die Fähigkeit, die Sprache des Benutzers zu erkennen, bevor Funktionen zur Verarbeitung natürlicher Sprache wie Sprachverständnis oder Extraktion von Schlüsselsätzen angewendet werden, von entscheidender Bedeutung. Daher bietet die Translator-API eine Funktion zur Erkennung der Sprache eines bestimmten Satzes. Dies kann in Szenarien sehr hilfreich sein, in denen Sie mehrere LUIS-Anwendungen und QnA Maker KBs in mehreren Sprachen im Einsatz haben und Sie bestimmen müssen, welche Sprache für eine bestimmte Benutzereingabe verwendet werden soll. In diesem Fall können Sie die Funktion „Sprache erkennen" nutzen, um zunächst die richtige Sprache der Benutzereingabe zu ermit-

teln und dann LUIS oder QnA Maker abzufragen, um die Benutzereingabe entsprechend zu
verarbeiten. Die folgende HTTP-Anfrage de-

monstriert ein sehr einfaches Beispiel für die Verwendung dieser Funktion mit dem Satz „In welcher Sprache ist dieser Text geschrieben?"

```
    curl -X POST "https://api.cognitive.microsofttranslator.com/detect?api-
version=3.0" -H "Ocp-Apim-Subscription-Key: yourTranslatorKey" -H "Content-Type:
application/json" -d "[{'Text':'In welcher Sprache ist dieser Text geschrie-
ben?'}]"
```

Das Ergebnis des vorangegangenen HTTP
POST-Aufrufs ist, dass Englisch als Sprache des

vorangegangenen Satzes erkannt wurde. Als Alternativen wurden auch Filipino und Irisch ermittelt:

```
[{
    "Sprache": "en",
    "Punktzahl: 1,0,
    "isTranslationSupported":true,
    "isTransliterationSupported":false,
    "Alternativen":
    [
        {
            "Sprache": "fil",
            "Punktzahl: 1,0,
            "isTranslationSupported":true,
            "isTransliterationSupported":false
        },
        {
            "Sprache": "ga",
            "Punktzahl: 1,0,
            "isTranslationSupported":true,
            "isTransliterationSupported":false
        }
    ]
}]
```

Nachschlagen im Wörterbuch

In manchen Szenarien kann es hilfreich sein, alternative Übersetzungen für bestimmte Wörter
oder Sätze zu erhalten. Translator bietet eine
Funktion zum Abrufen solcher alternativen Übersetzungen zusammen mit Anwendungsbeispielen

für diese Übersetzungen. Zum Beispiel soll das
Wort „Schlüssel" vom Englischen ins Deutsche
übersetzt werden. Wenn Sie die Wörterbuchab-
frage verwenden, wie in diesem Beispiel, erhalten
Sie alle möglichen Übersetzungen von der API
zurück, so dass Sie die im aktuellen Kontext am
besten geeignete Übersetzung auswählen können:

```
    curl -X POST "https://api.cognitive.microsofttranslator.com/dictionary/
lookup?api-version=3.0&from=en&to=es" -H "Ocp-Apim-Subscription-Key: yourTrans-
latorKey" -H "Content-Type: application/json" -d "[{'Text':'key'}]"
```

Das Ergebnis der vorangegangenen Bei-
spielanforderung wäre das folgende:

```
[
  {
    "normalisierteQuelle": "Schlüssel",
    "displaySource": "Schlüssel",
    "Übersetzungen": [
      {
        "normalizedTarget": "Geschmack",
        "displayTarget": "Geschmack",
        "posTag": "NOUN",
        "Vertrauen": 0.7575,
        "PräfixWort": "",
        "backTranslations": [
          {
            "normalizedText": "Schlüssel",
            "displayText": "Schlüssel",
            "numExamples": 0,
            "frequencyCount": 9393
          }
        ]
      },
      {
        "normalizedTarget": "wichtigste",
        "displayTarget": "wichtigste",
        "posTag": "ADJ",
        "Vertrauen": 0.1358,
        "PräfixWort": "",
        "backTranslations": [
          {
            "normalizedText": "Schlüssel",
            "displayText": "Schlüssel",
            "numExamples": 0,
            "frequencyCount": 1684
          }
        ]
      },
      {
        "normalizedTarget": "eingeben",
        "displayTarget": "eingeben",
        "posTag": "VERB",
        "Vertrauen": 0.0612,
```

```
        "PräfixWort": "",
        "backTranslations": [
          {
            "normalizedText": "eingeben",
            "displayText": "eingeben",
            "numExamples": 0,
            "frequencyCount": 13370
          },
          {
            "normalizedText": "Schlüssel",
            "displayText": "Schlüssel",
            "numExamples": 0,
            "HäufigkeitZahl": 759
          },
          {
            "normalizedText": "Eingabe",
            "displayText": "Eingabe",
            "numExamples": 0,
            "HäufigkeitZahl": 732
          }
        ]
      },
      {
        "normalizedTarget": "tonart",
        "displayTarget": "tonart",
        "posTag": "NOUN",
        "Vertrauen": 0.0455,
        "PräfixWort": "",
        "backTranslations": [
          {
            "normalizedText": "Schlüssel",
            "displayText": "Schlüssel",
            "numExamples": 1,
            "HäufigkeitZahl": 564
          }
        ]
      }
    ]
  }
]
```

Für jedes dieser Wörter können Sie nun mit dem Translator Wörterbuchbeispiele abrufen. Diese Funktion veranschaulicht, wie diese Übersetzungen im Kontext verwendet werden, so dass Sie besser verstehen können, welche dieser Übersetzungen am besten passt. Um die Wörterbuchbeispiele abzurufen, könnten Sie die folgende HTTP-Anfrage verwenden, wenn Sie Beispielsätze mit dem deutschen Wort *„wichtigste"* abrufen möchten, das im Englischen mit „most important" übersetzt werden würde:

```
    curl -X POST "https://api.cognitive.microsofttranslator.com/dictionary/
examples?api-version=3.0&from=en&to=de" -H "Ocp-Apim-Subscription-Key: your-
TranslatorKey" -H "Content-Type: application/json" -d "[{'Text':'key', 'Trans-
lation':'wichtigste'}]"
```

Das Ergebnis des vorangegangenen HTTP-Aufrufs wären die folgenden Beispielsätze für das Wort „wichtigste", die alle eine andere Bedeutung oder einen anderen Kontext haben:

```
[
  {
    "normalisierteQuelle": "Schlüssel",
    "normalizedTarget": "wichtigste",
    "Beispiele": [
      {
        "sourcePrefix": "Die ",
        "sourceTerm": "Schlüssel",
        "sourceSuffix": "Problem in diesem Stadium ist die ...",
        "targetPrefix": "Das",
        "targetTerm": "wichtigste",
        "targetSuffix": " Problem zum jetzigen Zeitpunkt ist die ..."
      },
      {
        "sourcePrefix": "Die ",
        "sourceTerm": "Schlüssel",
        "sourceSuffix": "Der Grundsatz der Strategie lautet: Vorbeugen ist bes-
ser ...",
        "targetPrefix": "Der",
        "targetTerm": "wichtigste",
        "targetSuffix": " Grundsatz der Strategie lautet: \"Vorbeugen ist bes-
ser ..."
      },
      {
        "sourcePrefix": "Die ",
        "sourceTerm": "Schlüssel",
        "sourceSuffix": " Aktion für 2007 ist ...",
        "targetPrefix": "",
        "targetTerm": "Wichtigste",
        "targetSuffix": " Maßnahme im Jahr 2007 wird ..."
      },
      ...
    ]
  }
]
```

Länge des Satzes bestimmen

Darüber hinaus bietet die Translator-API eine Funktion zur Bestimmung der Länge eines bestimmten Satzes sowie die Möglichkeit, Satzgrenzen zu erkennen. Dies kann äußerst hilfreich sein, wenn Sie mit einem langen Text konfrontiert sind, den Sie in kleinere Teile aufteilen möchten, bevor Sie die Schlüsselphrasenextraktion der Textanalyse-API verwenden, um bestimmte Schlüsselphrasen innerhalb eines langen Textes zu erhalten. Nehmen wir den folgenden Text: „Ich war gestern sehr zufrieden mit dem netten Service in dem Restaurant und würde auf jeden Fall wiederkommen. Allerdings hat es mir nicht gefallen, dass die Suppe fast kalt war, während das Hauptgericht zu heiß war, um es zu essen. Aber das Eisdessert war perfekt!" Sie könnten die Translator-API verwenden, um die Satzgrenzen programmatisch mit der folgenden HTTP-Anfrage zu ermitteln:

```
curl -X POST "https://api.cognitive.microsofttranslator.com/breaksentence?api-version=3.0" -H "Ocp-Apim-Subscription-Key: yourTranslatorKey" -H "Content-Type: application/json" -d "[{'Text':'Ich war gestern sehr zufrieden mit dem netten Service im Restaurant und würde auf jeden Fall wiederkommen. Allerdings hat es mir nicht gefallen, dass die Suppe fast kalt war, während das Hauptgericht zu heiß zum Essen war. Aber das Eisdessert war perfekt!'}]"
```

Der vorangehende Befehl würde zu folgender Antwort führen, wobei die Satzgrenzen durch die Zeichenpositionen innerhalb des gegebenen Eingabetextes bestimmt werden:

```
[{"detectedLanguage":{"language":"en","score":1.0},"sentLen":[105,106,38]}]
```

Diese Ergebniswerte könnten nun verwendet werden, um den Text in kleinere Stücke zu zerlegen und jedes dieser Stücke an die Textanalyse-API zu übergeben, um z. B. die Schlüsselphrasen aus jedem Satz einzeln zu extrahieren.

um einen Chatbot oder eine andere Lösung handelt; da der Schwerpunkt dieses Buches jedoch auf Konversationsanwendungen liegt, werden die folgenden Szenarien nur Konversationsanwendungen abdecken.

Best Practices für die Kombination kognitiver Dienste innerhalb eines Chatbots

Da Sie die am häufigsten verwendeten Azure Cognitive Services in konversationellen Anwendungsszenarien bereits einzeln kennengelernt haben, werden im folgenden Abschnitt die Best Practices für die Kombination einiger dieser Services behandelt. Wie bereits erwähnt, wird jeder dieser Cognitive Services grundsätzlich als API angeboten, die von einer Anwendung aus aufgerufen werden kann, unabhängig davon, ob es sich

LUIS und QnA Maker

Wenn Sie Ihren allerersten Chatbot erstellen, ist es am besten, wenn Sie mit einem eher einfachen Anwendungsfall beginnen. Die Integration von QnA Maker in Ihren Chatbot könnte eines dieser Szenarien sein, da Sie schnell einen Chatbot auf der Grundlage einer QnA Maker-Wissensdatenbank aufbauen können. QnA ist jedoch sicherlich nicht das einzige Szenario, das in einer anspruchsvollen Chatbot-Lösung verwendet wird. Daher ist LUIS die perfekte Komponente, wenn Sie QnA und aufgabenbasierte Anwendungsfälle in Ihrem Chatbot abdecken müssen. In einem solchen Szenario ist es wichtig, dass Sie Ihre Architektur für die Verarbeitung natürlicher Sprache entsprechend gestalten. Der beste Weg, dies zu erreichen, ist die Erstellung eines sogenannten Dispatch-LUIS-Modells, wie in Abb. 3.59 skizziert.

Das Konzept einer solchen Architektur besteht darin, eine Top-Level-LUIS-Anwendung zu erstellen, die als Dispatch-Modell für alle darunter liegenden LUIS-Anwendungen sowie QnA-Maker-Wissensdatenbanken dient. Diese Dispatch-Anwendung wird verwendet, um zu bestimmen, welche Route am besten geeignet ist, wenn eine neue Benutzeranfrage bei Ihrem Chatbot eingeht. Das Dispatch-Modell fungiert im Grunde als Router zwischen allen LUIS-Modellen und Wissensdatenbanken. Das Dispatch-Modell enthält grundsätzlich einen Intent pro LUIS-Anwendung und Wissensbasis. Bei der Abfrage des Dispatch-Modells mit einer Äußerung ist die Dispatch-App dann in der Lage, die übereinstimmende Absicht zu erkennen, die Sie dann verwenden können, um Ihre Anfrage entweder an die richtige LUIS-Anwendung oder

QnA Maker-Wissensdatenbank weiterzuleiten, je nachdem, ob die Äußerung etwas ist, das in einer Ihrer KBs gespeichert ist, oder ob es sich um eine Äußerung handelt, die einer der Intentionen Ihrer LUIS-Apps entspricht.

▶ **Hinweis** Um ein solches Dispatch-Modell zu erstellen, müssen Sie das Tool Dispatch CLI verwenden, das noch nicht Teil des Bot Framework CLI ist, aber von http://aka.ms/ bot-dispatch heruntergeladen werden kann.

Das oben skizzierte Beispiel in Abb. 3.59 ist etwas, das Ihnen begegnen kann, wenn Sie einen Chatbot für eine größere Organisation mit mehreren beteiligten Teams erstellen. In einem solchen Szenario ist es vielleicht nicht immer der beste Ansatz, eine einzige LUIS-Anwendung zu erstellen, die alle möglichen Anwendungsfälle abdeckt. Daher können Sie Ihr Sprachverstehensmodell in mehrere Teile aufteilen, was verschiedenen Teams die Möglichkeit bietet, unabhängig voneinander an verschiedenen LUIS-Anwendungen zu arbeiten, ohne andere Teile des Sprachmodells zu beeinträchtigen.

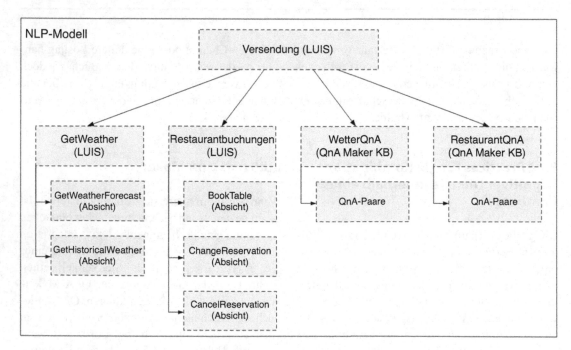

Abb. 3.59 LUIS und QnA Maker Referenzarchitektur

QnA Maker + Übersetzer

Ein weiteres bewährtes Verfahren beim Aufbau eines mehrsprachigen Chatbots ist die Verwendung der Translator-API, die weiter oben in diesem Kapitel beschrieben wird, zusammen mit dem QnA Maker. Dies kann in Fällen von Vorteil sein, in denen Sie größere Wissensdatenbanken für einen Chatbot aufbauen, der auf multinationale Szenarien abzielen soll. In solchen Fällen haben Sie grundsätzlich drei Möglichkeiten:

1. Erstellen Sie QnA Maker Wissensdatenbanken für jede Sprache, die der Chatbot unterstützen soll.
2. Erstellen Sie QnA Maker-Wissensdatenbanken für die wichtigsten Sprachen, und verwenden Sie die Translator-API für alle anderen Sprachen.
3. Erstellen Sie eine QnA Maker-Wissensdatenbank für die Hauptsprache des Chatbots, und verwenden Sie die Übersetzer-API für alle anderen Sprachen.

Die erste Option ist natürlich die zeitaufwändigste, denn sie bedeutet, dass Sie für jede Sprache, die Sie unterstützen möchten, eine Wissensdatenbank aufbauen müssen. Wenn Sie nun einen Chatbot oder eine Konversationsanwendung entwickeln, die Nutzer aus der ganzen Welt unterstützen soll, müssen Sie eine Vielzahl von Wissensdatenbanken aufbauen, mit denen sich der Chatbot dann verbindet. In vielen Fällen ist der Aufwand für eine solche Implementierung viel zu hoch, weshalb diese Option nur selten gewählt wird.

Der Aufwand für die Implementierung der zweiten Option ist im Vergleich zur ersten etwas geringer, da Sie nicht für jede einzelne Sprache eine KB aufbauen müssen, sondern nur für die Sprachen, die hohe Priorität haben. Diese Option eignet sich am besten, wenn Sie bestimmte Länder besonders ansprechen wollen, aber bestimmte Sprachen nicht blockieren möchten. In einer solchen Situation könnten Sie entscheiden, welche Sprachen nicht automatisch übersetzt werden sollen, sondern aus manuell aufgebauten Wissensdatenbanken bedient werden sollen. Benut-

zeranfragen in diesen Sprachen würden dann von manuell aufgebauten Wissensdatenbanken beantwortet, die auf die jeweilige Sprache ausgerichtet sind, was in den meisten Fällen zu besseren Ergebnissen führt.

LUIS + Textanalyse

In vielen kundenorientierten Chatbot-Beispielen wird LUIS verwendet, um die Absicht des Benutzers zu erkennen und eine bestimmte Routine oder einen Dialog innerhalb der Konversation zu starten. Wie in dem in Abb. 3.59 gezeigten Beispiel könnte es viele Wege innerhalb einer Konversation zwischen dem Benutzer und dem Chatbot geben, entweder um Informationen über das Wetter zu erhalten oder eine Restaurantreservierung zu verwalten. In den meisten Szenarien könnte die Verwendung von LUIS allein ausreichen, da es die Absicht des Benutzers erkennt und entsprechend handelt. Aber besonders in Fällen, in denen der Benutzer verärgert oder wütend ist, könnte es eine gute Option sein, die Stimmung des Benutzers zu erkennen und auf dieser Grundlage zu entscheiden, ob der Chatbot die Unterhaltung fortsetzen oder an einen Menschen weiterleiten soll.

Daher könnte es eine gute Option sein, die Textanalyse-API und LUIS zusammen zu integrieren, um auch diese Szenarien abzudecken. Wie in Abb. 3.60 dargestellt, kann der Chatbot die Konversation fortsetzen und die Anfrage des Benutzers bearbeiten, wenn die Konversation dem glücklichen Pfad folgt. Im Beispiel mit dem kritischen Pfad hingegen ist es wahrscheinlich besser, die Konversation an einen menschlichen Agenten zu übergeben, nachdem der Chatbot einen negativen Stimmungswert in der Nachricht des Benutzers festgestellt hat.

Zusammenfassung

In diesem Kapitel haben Sie die wichtigsten Azure Cognitive Services kennengelernt, die in Konversationsanwendungen wie Chatbots eingesetzt werden. Zunächst haben wir uns die verschiedenen Dienste wie LUIS, QnA Maker, Text Analytics

Glücklicher Weg	Kritischer Pfad
Ich möchte meine Reservierung ändern, wenn das möglich ist, danke.	Ändern Sie meine Reservierung so schnell wie möglich oder ich werde Ihr Restaurant nie wieder besuchen, denn dieser Service ist der schlechteste, den ich je erlebt habe!
↓	↓
Lassen Sie den Chatbot das Gespräch fortsetzen und die Reservierung ändern.	Übergeben Sie das Gespräch an einen Menschen, um die Situation zu deeskalieren.
↓	↓
Chatbot: "Natürlich können Sie Ihre Reservierung ändern. Um fortzufahren, senden Sie mir bitte Ihre Reservierungsnummer"	Mensch: "Es tut mir leid, dass Sie mit unserem digitalen Assistenten unzufrieden sind. Um fortzufahren, teilen Sie mir Ihre Reservierungsnummer mit und ich werde Ihre Reservierung entsprechend ändern.

Abb. 3.60 Praxisbeispiel LUIS und Textanalyse

oder Translator innerhalb der Sprachkategorie angesehen. Diese Dienste eignen sich am besten für Szenarien, in denen sich Benutzer mit Ihrem Chatbot über geschriebenen Text unterhalten. Außerdem haben wir gelernt, wie man eine neue Sprachverstehensanwendung mit Hilfe des webbasierten Portals und der Bot Framework CLI erstellt und wie man eine QnA Maker-Wissensdatenbank über das QnA Maker-Portal und die CLI einrichtet und auffüllt. Der letzte Teil dieses Kapitels behandelte einige der Best Practices für die Kombination mehrerer Azure Cognitive Services beim Aufbau einer anspruchsvollen Chatbot-Lösung, wie z. B. mehrsprachige Szenarien oder die Möglichkeit, mehrere LUIS-Anwendungen und QnA Maker KBs einzubinden.

Das nächste Kapitel führt Sie durch die wichtigsten Designprinzipien und Richtlinien, die bei der Entwicklung eines Chatbots berücksichtigt werden sollten. Darüber hinaus werden die Konzepte für den Gesprächsfluss, Ideen für die Benutzererfahrung und visuelle Elemente für die Entwicklung außergewöhnlicher Chatbot-Lösungen behandelt.

Gestaltungsprinzipien eines Chatbots

Das Gesamtdesign Ihres Bots ist der wichtigste Faktor für den Erfolg Ihres Chatbots. Ihr Ziel als Entwickler ist es, Chatbots zu entwickeln, die von den Nutzern verwendet werden. Daher müssen Sie darüber nachdenken, wie Sie den Nutzern Vorteile bieten können, wenn sie Ihren Chatbot anstelle einer anderen Webanwendung oder anderer Lösungen verwenden. Damit Ihre Nutzer Ihren Chatbot auch tatsächlich nutzen, muss der Bot die Bedürfnisse des Nutzers auf die schnellste und vor allem einfachste Art und Weise lösen, die im Vergleich zu anderen Lösungen möglich ist. Ein Beispiel wäre der Anwendungsfall, einen Tisch in einem Restaurant zu reservieren. Der „klassische" Ansatz wäre wie folgt:

1. Öffnen Sie eine Smartphone-App oder einen Webbrowser und navigieren Sie zu einer Website, auf der Sie einen Tisch im Restaurant reservieren können.
2. Geben Sie die gewünschte Stadt oder das gewünschte Restaurant ein.
3. Geben Sie die Art des Restaurants ein (z. B. italienisch, mexikanisch, Fastfood usw.).
4. Geben Sie die Anzahl der Gäste ein.
5. Geben Sie die Uhrzeit ein.
6. Wählen Sie aus der Liste der verfügbaren Restaurants und bestätigen Sie die Buchung.

In diesem Fall muss es Ihr Ziel sein, diesen Prozess zu vereinfachen, indem Sie beispielsweise einen Chatbot-Anwendungsfall implementieren, bei dem der Benutzer die folgenden Schritte ausführen muss:

1. Öffnen Sie den Chatbot in einer Smartphone-App oder auf einer Website.
2. Geben Sie den Satz ein: „Ich möchte einen Tisch für 2 Personen für Sonntag, 18 Uhr, in einem italienischen Restaurant in Seattle reservieren.
3. Wählen Sie aus der Liste der verfügbaren Restaurants und bestätigen Sie die Buchung.

Im vorangegangenen Beispiel sehen Sie, dass der Buchungsprozess mit einem Chatbot viel einfacher und weniger zeitaufwändig ist als der übliche Ansatz innerhalb einer App oder einer Website. Daher werden die Nutzer Ihren Chatbot wahrscheinlich eher nutzen als eine App oder eine Website, da sie Zeit sparen können und trotzdem das erwartete Ergebnis erhalten werden. Um einen erfolgreichen Chatbot zu erstellen, gibt es viele Dinge, die Sie berücksichtigen müssen; daher wird dieses Kapitel alle wichtigen Aspekte für die Entwicklung eines erfolgreichen Chatbots abdecken.

Persönlichkeit und Branding

Der Schlüssel zum Erfolg Ihres Bots ist vor allem seine Persönlichkeit. Wenn Ihr Bot eine einzigartige Persönlichkeit hat, werden die Nutzer

© Der/die Autor(en), exklusiv lizenziert an APress Media, LLC, ein Teil von Springer Nature 2022
S. Bisser, *Microsoft Conversational AI-Platform für Entwickler*,
https://doi.org/10.1007/978-3-662-66472-8_4

wahrscheinlich eine Konversation mit Ihrem Bot führen wollen, da dies das gesamte Chat-Erlebnis menschlicher und natürlicher macht. Daher sollten Sie eine Marke für Ihren Chatbot entwickeln. In der Regel sollte Ihre Marke die folgenden Hauptmerkmale enthalten, um sich von anderen abzuheben:

- **Name**: Nennen Sie Ihren Bot nicht „Chatbot XYZ, sondern geben Sie ihm einen passenden Namen, damit die Nutzer einen Bezug zu Ihrem Bot herstellen können.
- **Slogan**: Geben Sie Ihrem Bot einen kurzen Slogan oder eine Einführungsphrase, um den Leuten klar zu machen, was Ihr Bot kann.
- **Bild**: Zeigen Sie den Leuten, wie Ihr Bot aussieht, sei es ein roboterähnliches Bild oder eine Illustration eines Menschen, damit die Leute sehen, mit wem sie ein Gespräch führen.

Ihr Chatbot ist im Grunde die Repräsentation Ihrer Person oder Ihres Unternehmens gegenüber Ihren Nutzern, also müssen Sie sicherstellen, dass die Persönlichkeit Ihres Bots Ihre Kernwerte widerspiegelt. Stellen Sie sich vor, Sie bauen einen Chatbot für ein Bankinstitut, in dem alle Mitarbeiter, die Kunden am Schalter bedienen, Anzug und Krawatte tragen. In dieser Situation sollte der Chatbot auf die Einstellung der Bank abgestimmt sein, höflich zu sein und die Kunden respektvoll zu bedienen. Es wäre daher nicht sinnvoll, einen Bot zu entwickeln, der in einem witzigen Stil spricht und sich an die jüngere Generation richtet, da diese in vielen Fällen nicht die primäre Zielgruppe einer Bank ist. Es wäre sinnvoller, die Persönlichkeit und die Sprache Ihres Chatbots auf die Gesamtdarstellung des Unternehmens abzustimmen, das den Bot einsetzt. Wenn Sie dagegen einen Chatbot für ein junges Startup-Unternehmen entwickeln, das sich auf den Verkauf von Lifestyle-Produkten konzentriert, wäre eine witzige Persönlichkeit durchaus angebracht, da das Unternehmen seinen Nutzern oder Kunden gegenüber auch so dargestellt werden möchte.

Bevor Sie einen Chatbot entwickeln, sollten Sie sich darauf konzentrieren, die Persönlichkeit Ihres Bots zu entwickeln oder zumindest zu skiz-

zieren, damit er zu den gewünschten Anwendungsfällen und vor allem zu seiner Zielgruppe passt. Dies ist in vielen Fällen keine Aufgabe, die von einem Entwickler allein erledigt werden kann, sondern erfordert Geschäftsanwender, die das Zielpublikum kennen und daher ein klares Bild von der Persönlichkeit Ihres Chatbots zeichnen können. Natürlich beinhaltet dieser Prozess in den meisten Fällen Persona-Definitionen und Key-User-Analysen, weshalb dies sicherlich keine Aufgabe ist, die nur von Entwicklern erledigt werden sollte. Sie müssen sich immer vor Augen halten, dass Ihr Chatbot eine weitere virtuelle Repräsentation Ihres Unternehmens oder Ihrer Dienstleistungen ist. Daher sollte er eng auf das Gesamtbild Ihres Unternehmens oder Ihrer Angebote abgestimmt sein.

Im Allgemeinen ziehen es die Menschen vor, dass ein Chatbot eher menschlich als roboterhaft reagiert. Daher ist es wichtig, dass Sie Ihre Zielgruppe im Auge behalten. Wenn das Zielpublikum zum Beispiel die Generation Z ist, könnte der Chatbot natürlich mit Emojis und Dingen reagieren, die diese Generation gewohnt ist, wenn sie mit Gleichaltrigen chattet. Wenn Ihre Zielgruppe dagegen die Generation der Babyboomer ist, sollte Ihr Chatbot die Sprache sprechen, an die diese Menschen gewöhnt sind. Eine geeignete Methode, um dies zu untersuchen, ist die Verwendung von so genannten Persönlichkeitskarten, die im Grunde die Persönlichkeit des Chatbots in verschiedenen Situationen beschreiben.

▶ **Hinweis** Das primäre Ziel dabei ist, dass die Chatbot-Persönlichkeit während der gesamten Konversation konsistent ist und von den Endnutzern angepasst werden kann.

Begrüßung und Einführung

Ein wichtiger Teil Ihres Chatbots ist, wie er sich Ihren Nutzern vorstellt. Dies sollte natürlich auf die Gesamtpersönlichkeit oder das Branding Ihres Chatbots abgestimmt sein, um ein einheitliches Chatbot-Erlebnis zu bieten. Wenn Sie z. B. einen Chatbot mit einer freundlichen Persönlichkeit entwickeln, sollten Sie versuchen, diese

Freundlichkeit gleich zu Beginn des Gesprächs zum Ausdruck zu bringen. Wenn Ihr Bot hingegen eher förmlich sein soll, sollte die Begrüßung oder die einleitende Phrase darauf ausgerichtet sein.

Außerdem müssen Sie bedenken, dass es nur eine Chance gibt, einen positiven Eindruck zu hinterlassen. Wenn Ihren Nutzern die Einführung und Begrüßung durch den Chatbot gefällt, ist es wahrscheinlicher, dass sie das Gespräch mit ihm fortsetzen. So ist es wahrscheinlicher, dass sie Ihre über den Bot angebotenen Dienste in Anspruch nehmen oder Ihre Website besuchen, um weitere Informationen über Ihr Angebot zu erhalten. Da also der erste Eindruck entscheidend ist, müssen Sie dafür sorgen, dass die Begrüßung einen positiven Eindruck bei den Nutzern hinterlässt. Wenn das der Fall ist, ist die Wahrscheinlichkeit, dass Ihr Chatbot tatsächlich genutzt wird, wesentlich höher. Außerdem ist es sehr viel wahrscheinlicher, dass Sie Ihren Bot nutzen können, um Ihre Angebote über Ihren Chatbot zu bewerben.

Um Ihnen ein Beispiel dafür zu geben, was im Begrüßungsteil des Gesprächs vermieden werden sollte, zeigt Abb. 4.1, wie eine eher schlechte Begrüßungssituation aussehen könnte. Das Wichtigste ist hier zunächst einmal, dass der Bot den Benutzer nicht zuerst begrüßt. Das wirkt etwas unfreundlich, weshalb man immer versuchen sollte, eine sogenannte „proaktive Begrüßung zu implementieren. Dabei handelt es sich um ein Konzept, bei dem der Nutzer zuerst begrüßt wird, bevor er überhaupt die Gelegenheit hatte, „Hallo zu sagen. Zweitens stellt der Chatbot eine recht offene Frage: „Wie kann ich Ihnen helfen? Diese Art von Fragen führt in der Regel zu unpräzisen Nutzerfragen, da der Nutzer nicht sofort weiß, was er fragen soll. Daher sollte dieses Beispiel einer schlechten Begrüßung vermieden werden, da es die wichtigsten Fähigkeiten des Chatbots nicht sofort vorstellt. Daher wissen die Benutzer möglicherweise nicht, was sie fragen sollen, und schließen den Chat bald.

Im Gegensatz zum schlechten Beispiel zeigt Abb. 4.2 ein besseres Beispiel für den Umgang mit Begrüßungen. In diesem Beispiel sehen Sie, dass der Bot den Benutzer zuerst begrüßt, was recht höflich ist. Außerdem begrüßt der Bot den Benutzer nicht nur, sondern stellt sich selbst vor, indem er die wichtigsten Fähigkeiten und Anwendungsfälle angibt. Dies ist von Vorteil, da der Benutzer direkt erklärt bekommt, was er den Bot fragen kann oder was der Bot im Allgemeinen kann. Außerdem enthält der Begrüßungsteil nicht nur Text, sondern auch einige Schaltflächen, die der Benutzer direkt drücken kann. Diese Schaltflächen fungieren als eine Art Navigationshilfe innerhalb der Konversation, um den Benutzer

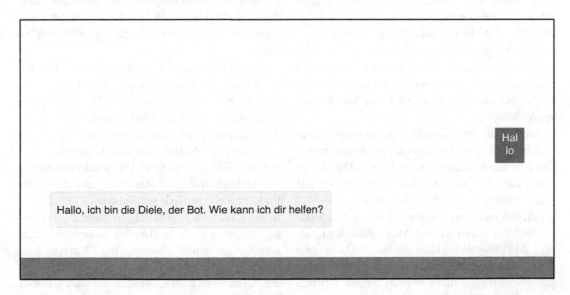

Hallo, ich bin die Diele, der Bot. Wie kann ich dir helfen?

Hal lo

Abb. 4.1 Beispiel für eine schlechte Chatbot-Begrüßung

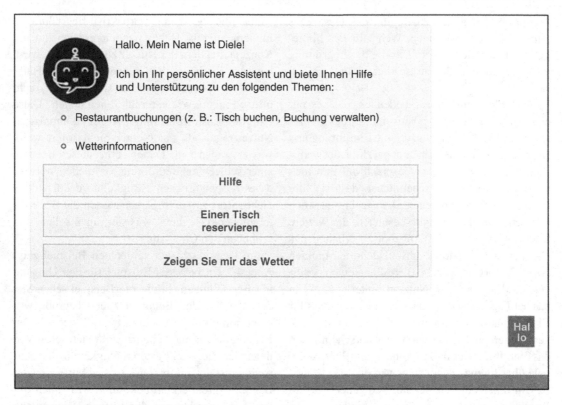

Abb. 4.2 Beispiel für eine gute Chatbot-Begrüßung

durch das Gespräch zu führen. Dies hat zwei großen Vorteile: Erstens kann sich der Nutzer schneller in der Unterhaltung bewegen, da er nicht jeden Satz manuell in den Chat eingeben muss. Zweitens schlägt der Bot mögliche Pfade innerhalb des Dialogs oder Gesprächsbaums vor, was die Möglichkeiten des Benutzers, Fragen zu stellen, einschränkt. Dies wiederum minimiert Probleme mit Sprachverständniskomponenten, da die Nachricht bereits durch die Schaltfläche vordefiniert ist.

Sie sollten auch proaktive Begrüßungsmechanismen einbauen. So können Ihre Benutzer den Chatbot besser kennenlernen. Wie in Abb. 4.2 zu sehen ist, stellt sich der Bot dem Benutzer mit einer Grußkarte vor. Diese Karte besteht im Wesentlichen aus dem Namen des Bots, dem Symbol und vor allem aus der Motivation des Chatbots. Auf diese Weise kann der Bot den Benutzern seine Stärken mitteilen, bevor der Benutzer den Bot etwas fragen muss. Wie in diesem Beispiel sollte der Bot dem Benutzer auch die Möglich-

keit geben, die Konversation schnell zu beginnen, was in der Regel mit Schaltflächen geschieht. Auf diese Weise muss der Nutzer nicht einmal etwas in den Chat eingeben, sondern kann stattdessen auf die Schaltfläche klicken, um einen bestimmten Dialog innerhalb der Unterhaltung zu starten.

Die Begrüßung ist ein entscheidender Teil des Konversationslebenszyklus, da sie für die Reaktion der Nutzer entscheidend ist. Denken Sie daran, dass der erste Eindruck immer zählt. Wenn der Bot also einen guten ersten Eindruck hinterlässt, sind die Nutzer eher bereit, das Gespräch mit dem Bot fortzusetzen. Das wiederum erhöht die Nutzungszahlen Ihres Bots und kann am Ende zu mehr zufriedenen Kunden führen. Daher ist auch hier die Persönlichkeit Ihres Bots wichtig, die sich auch in der Begrüßungsnachricht ausdrücken sollte. Wenn Ihre Nutzer eine herzliche und angemessene Begrüßung durch den Chatbot erhalten, werden sie den Chatbot auch nutzen.

Navigation (Menü)

Ein weiterer wichtiger Bestandteil einer Chatbot-Konversation ist die Gesprächsnavigation. Im Gegensatz zu einer App oder einer Website verfügt ein Chatbot nicht über ein Hamburger-Menü oder eine Navigationsleiste, die die Möglichkeit bietet, zu bestimmten Punkten innerhalb der Konversation zu springen. Daher müssen Sie sich Gedanken darüber machen, wie Sie die Nutzer durch die Konversation führen können. Darüber hinaus sollte auch das Management von Missverständnissen oder Sackgassen berücksichtigt werden. Daher ist es ein guter Ansatz, eine Navigationsstrategie zu integrieren, die der Bot den Nutzern mitteilt. Abb. 4.3 zeigt zum Beispiel einen guten Ansatz, die Aufmerksamkeit darauf zu lenken, wie Benutzer innerhalb einer Konversation Hilfe erhalten können, indem sie einfach mit „Hilfe im Chat antworten. Auf diese Weise sehen die Benutzer dies in der allerersten Nachricht innerhalb der Konversation und wissen, dass sie, wenn etwas unklar ist oder sie nicht wissen, wie sie fortfahren sollen, einfach „Hilfe eingeben können, um Unterstützung bei der Fortsetzung der Konversation zu erhalten.

Diese Option ist jedoch nicht die einzige Möglichkeit innerhalb einer Konversation, da sich die Nutzer nicht immer an die Beschreibung in der Begrüßungsnachricht erinnern können; daher sollten Sie auch versuchen, Hilfe anzubieten, wenn Sie glauben, dass ein Nutzer nicht sicher ist, wie er die Konversation fortsetzen soll. Dies kann im Wesentlichen durch den Einsatz von natürli-

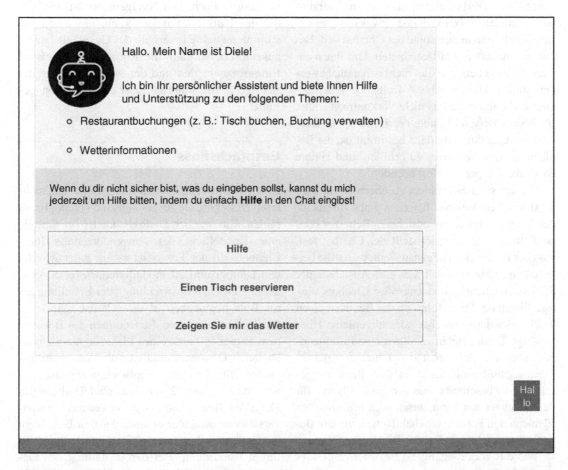

Abb. 4.3 Beispiel für die Navigationsführung einer Grußkarte

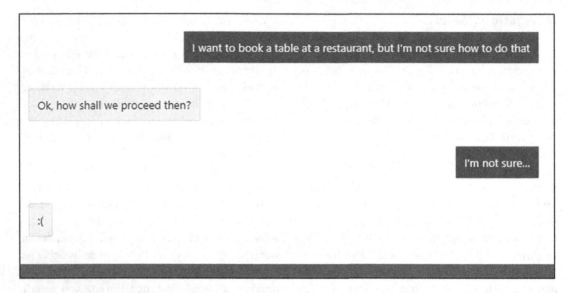

Abb. 4.4 Beispiel für schlechte Navigation/Hilfe

cher Sprachverarbeitung geschehen, um zu erkennen, wenn ein Nutzer sich über etwas unsicher ist. In solchen Situationen sollte der Chatbot dem Benutzer eine Art von Hilfe anbieten. Um Ihnen ein Beispiel zu geben, wie dies nicht gehandhabt werden sollte, skizziert Abb. 4.4 eine Gesprächssequenz, die in der Praxis nicht vorkommen sollte. In diesem Beispiel könnte der Benutzer denken, dass der Chatbot nicht dazu bestimmt ist, die Bedürfnisse des Benutzers zu erfüllen, und könnte daher das Gespräch sofort beenden.

Um ein solches Problem zu überwinden, wird in Abb. 4.5 ein Beispiel für einen guten Ansatz für den Umgang mit einem unsicheren Benutzer skizziert. In diesem Beispiel stellt der Chatbot fest, dass der Benutzer nicht genau weiß, wie er die Unterhaltung fortsetzen soll, was eine Absicht in der Sprachverstehenskomponente des Chatbots auslöst, die zu der Frage führt, ob der Benutzer einen Tisch reservieren möchte oder allgemeine Hilfe benötigt. Da der Benutzer allgemeine Informationen über die Aufgaben des Chatbots erhalten möchte, wird eine Karte an den Benutzer geschickt, die beschreibt, was genau der Chatbot für den Benutzer tun kann, zusammen mit visuellen Elementen in Form von Schaltflächen, um den Benutzer zum richtigen Teil des Dialogs zu führen.

Wie das vorangegangene Beispiel zeigt, bietet der Chatbot in unsicheren Situationen Hilfe-

stellung in Form von Navigationsschaltflächen, die der Nutzer anklicken kann, um einen bestimmten Dialog innerhalb des Gesprächsbaums auszulösen. So kann die Konversation fließend fortgesetzt werden und der Nutzer wird an die richtige Stelle innerhalb der Konversation geführt.

Gesprächsfluss

Eine Unterhaltung besteht in der Regel aus mehreren Dialogen, die zusammen einen Dialogbaum bilden. Ein solcher Dialogbaum ist im Grunde eine Darstellung des Anwendungsfalls Ihres Chatbots. In der Praxis ist es ein guter Ansatz, den Dialogbaum zu modellieren, bevor Sie mit der eigentlichen Entwicklung oder Erstellung Ihres Bots beginnen. Auf diese Weise skizzieren Sie das Verhalten und die Routinen des Bots auf dem Papier in Form eines Flussdiagramms oder ähnlicher Optionen, die Ihnen als Konversationsentwurf für die spätere Entwicklungsphase dienen. Wie in Kap. 2 erwähnt, sind Dialoge das Herzstück Ihres Chatbots, da sie der direkte Konversationsmechanismus sind, der den Benutzern angeboten wird, wenn sie eine Unterhaltung mit Ihrem Bot führen. Bei der Gestaltung des Gesprächsablaufs sollten Sie auch überlegen, wie

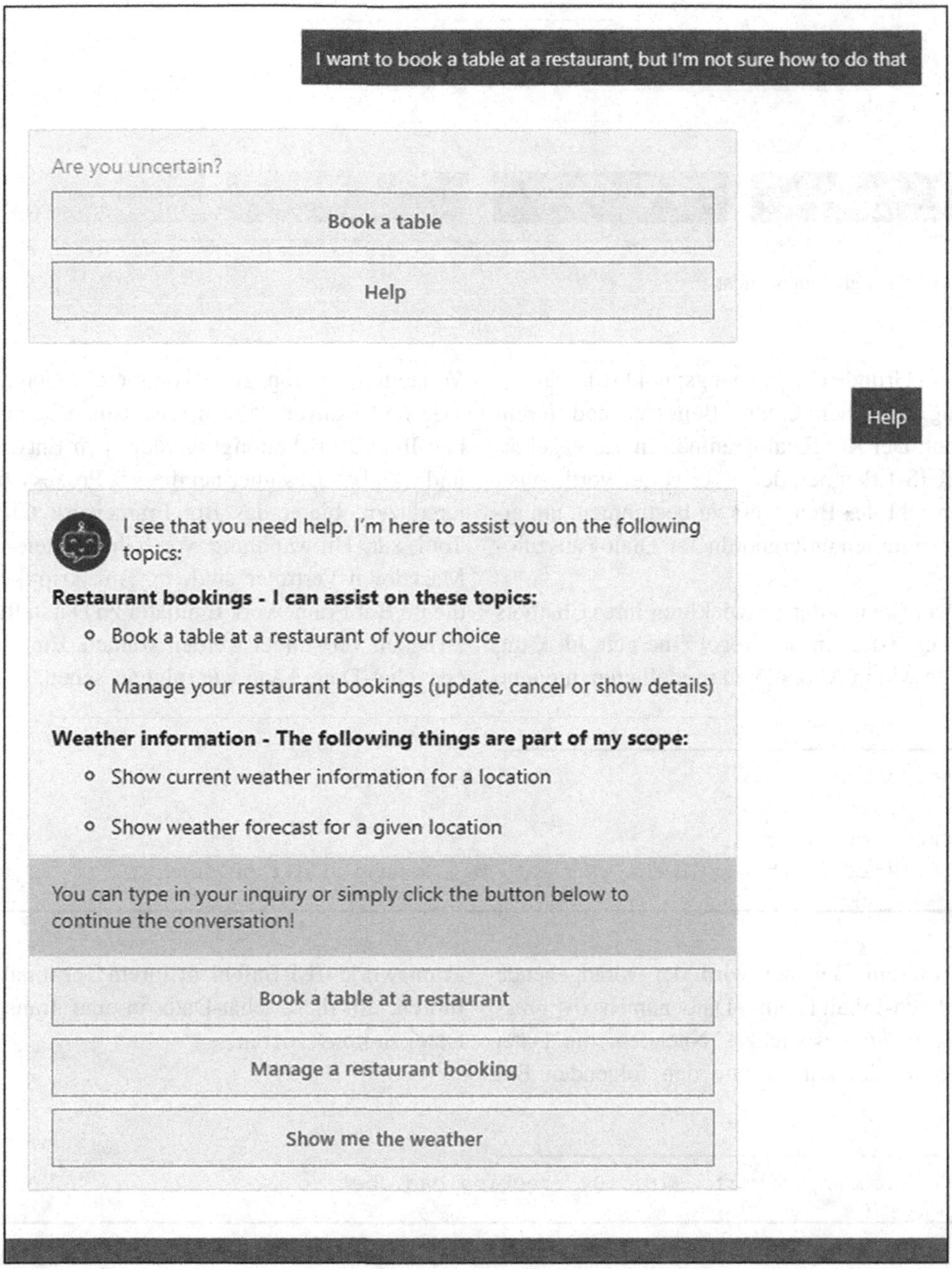

I want to book a table at a restaurant, but I'm not sure how to do that

Are you uncertain?

Book a table

Help

Help

I see that you need help. I'm here to assist you on the following topics:

Restaurant bookings - I can assist on these topics:

o Book a table at a restaurant of your choice

o Manage your restaurant bookings (update, cancel or show details)

Weather information - The following things are part of my scope:

o Show current weather information for a location

o Show weather forecast for a given location

You can type in your inquiry or simply click the button below to continue the conversation!

Book a table at a restaurant

Manage a restaurant booking

Show me the weather

Abb. 4.5 Beispiel für eine gute Navigation/Hilfe

Sie mit Unterbrechungen richtig umgehen. Da es vorkommen kann, dass der Benutzer mitten im Dialog den Kontext wechseln möchte, sollten Sie auch darüber nachdenken, wie Sie solche Situationen handhaben und die Unterhaltung an der Stelle fortsetzen können, an der sie unterbrochen wurde.

Wie in Abb. 4.6 dargestellt, kann der Dialogbaum Ihres Chatbots aus vielen verschiedenen Dialogen bestehen. Jedes Dialogfeld ist für die Bearbeitung eines anderen Anwendungsfalls oder Teils der Konversation zuständig. Der übergeordnete Dialog im Microsoft Bot Framework wird *RootDialog* oder *MainDialog* genannt.

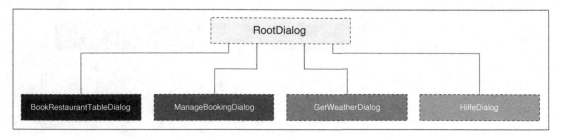

Abb. 4.6 Dialogbaumübersicht

Er ist im Grunde der Ausgangspunkt jeder Unterhaltung zwischen einem Benutzer und Ihrem Chatbot. Der RootDialog enthält in der Regel einen LUIS-Erkenner, der dafür verantwortlich ist, die Absicht des Benutzers zu bestimmen, um einen bestimmten untergeordneten Dialog auszulösen.

Bevor Sie mit der Entwicklung Ihres Chatbots beginnen, ist es in der Regel eine gute Idee, die Dialoge wie in Abb. 4.6 zu modellieren, um eine Vorstellung davon zu bekommen, welche Dialoge und Konversationsmechanismen beim Aufbau Ihres Bots benötigt werden. Um Entwickler und Chatbot-Designer bei diesem Prozess zu unterstützen, bietet das Bot Framework CLI ein Tool zur Umwandlung von Chat-Dateien, die Markdown-Vertreter sind, in Transkriptdateien, die im Bot Framework Emulator zu Darstellungszwecken verwendet werden können. Eine einfache .chat-Datei kann wie folgt aussehen:

```
user=stephan
bot=diele
Benutzer: Hallo
Bot: Hallo, ich bin Diele, der Bot. Wie kann ich dir helfen?
```

In diesem Beispiel wird der vorangehende Markdown-Inhalt in einer Datei namens *04_greeting_bad.chat* gespeichert. Nachdem die Datei erstellt wurde, können Sie den folgenden Bot Framework CLI-Befehl in Ihrem Terminal ausführen, um diese .chat-Datei in eine .transcript-Datei zu konvertieren:

```
bf chatdown:convert --in .\04_greeting_bad.chat -o .\
```

Die Transkriptdatei enthält viele zusätzliche Parameter als die Chatdatei, z. B. die Gesprächs- und Gesprächsteilnehmer-IDs, die Aktivitätstypen und die Nachrichten. Diese generierte Transkriptdatei kann nun mit dem Bot Framework Emulator geöffnet werden, der Ihnen im Grunde zeigt, wie diese sehr einfache Konversation in einem realen Szenario aussehen würde, wie in Abb. 4.7 dargestellt.

Sie können aber nicht nur reinen Text in Chatdateien verwenden, sondern auch Karten, auf die wir in einem späteren Abschnitt dieses Kapitels näher eingehen werden. Die Verwendung von Karten in Chatdateien wird im folgenden Beispiel gezeigt:

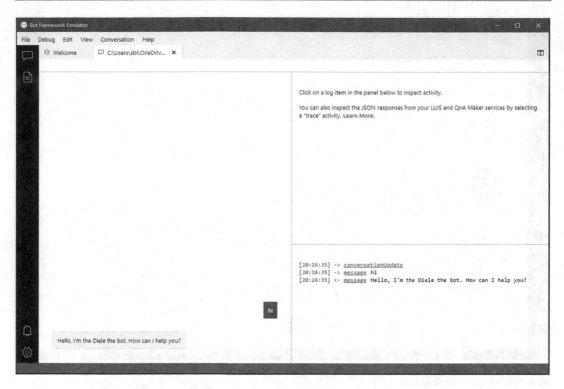

Abb. 4.7 Chatdown Beispiel 01

```
user=stephan
bot=diele
bot: [Attachment=cards\04_greetingCard.json adaptivecard]
Benutzer: Hallo
```

Nach der erneuten Ausführung des Befehls bf chatdown:convert und der Übergabe der vorhergehenden Beispiel-Chatdatei sieht die im Bot Framework Emulator gerenderte Konversation wie in Abb. 4.8 dargestellt aus.

Aber Chatdown ist nicht nur dafür gedacht, wie oben gezeigt, nur eine Runde innerhalb eines Gesprächs zu skizzieren und zu überprüfen. Sie können Chatdown auch verwenden, um komplette Dialoge und Gesprächsverläufe innerhalb Ihres Chatbots zu entwerfen. Sie könnten zum Beispiel eine .chat-Datei für den

BookRestaurantTableDialog erstellen, wie in Abb. 4.6 dargestellt. Dieser Dialog zielt darauf ab, einen Tisch für einen Benutzer über den Chatbot zu buchen. Daher muss der Chatbot den bevorzugten Ort, das Datum und die Uhrzeit sowie mindestens die Anzahl der Gäste kennen, um einen Restauranttisch buchen zu können. Um dies mit Hilfe einer Chatdatei auszudrücken, die dann wiederum mit dem Bot Framework CLI in eine Transkriptdatei umgewandelt werden kann, könnten Sie folgendes Beispiel verwenden:

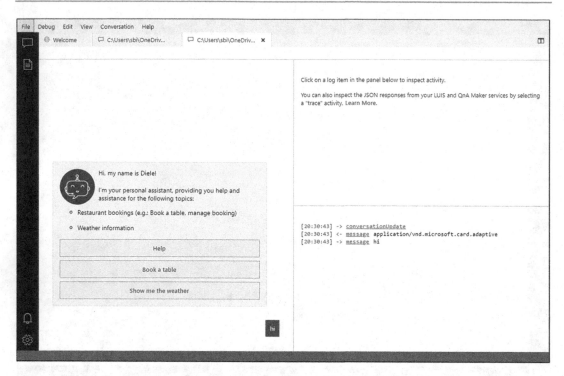

Abb. 4.8 Chatdown Beispiel 02

```
user=stephan
bot=diele
Benutzer: Tisch reservieren
bot: Hatten Sie einen bestimmten Ort im Sinn?
bot: [Attachment=cards/04_askForLocationCard.json adaptivecard]
Benutzer: Wie wäre es mit Seattle?
bot: Hatten Sie ein bestimmtes Datum im Sinn?
Benutzer: morgen
bot: Um wie viel Uhr?
Benutzer: 3PM
bot: Wie viele Gäste?
Benutzer: 3
bot: Ok. Soll ich für morgen um 15 Uhr einen Tisch für 3 Personen im Seattle
reservieren?
bot: [Attachment=cards/04_tableConfirmationCard.json adaptivecard]
Benutzer: ja
Bot: [Tippen][Verzögerung=3000]
Ihr Tisch ist reserviert. Referenznummer: #K89HG38SZ
```

Nach der Konvertierung der vorangegangenen Chatdatei in eine Transkriptdatei wird die Ausgabe im Bot Framework Emulator in Abb. 4.9 gezeigt. Wie Sie in diesem Beispiel sehen können, ist es möglich, komplette Dialoge oder sogar einen ganzen Konversationspfad mit nur ein paar Zeilen Markdown zu entwerfen. So können auch Nicht-Entwickler Chatdown und die Notationen

Abb. 4.9 Chatdown
Beispiel 03

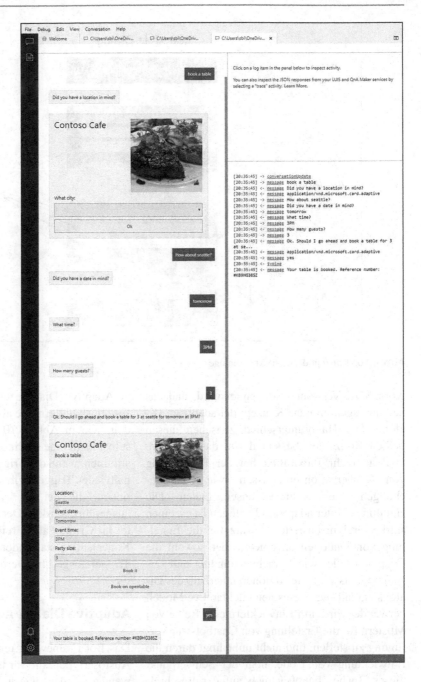

der .chat-Datei verwenden, um Chatbot-Unterhaltungen zu Prüf- und Demonstrationszwecken zu entwerfen, bevor sie die eigentliche Entwicklung der Logik und der Dialoge des Chatbots an Entwickler weitergeben.

Adaptive Dialoge

Innerhalb des Bot Frameworks gibt es heute zwei Konzepte für die Implementierung von Dialogen, die Dialogbibliothek, die in vielen Bot Frame-

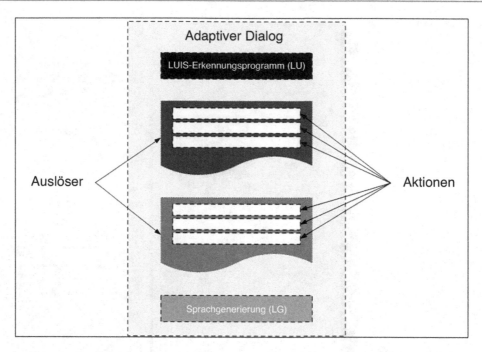

Abb. 4.10 Konzept der adaptiven Dialoge

work SDK-Versionen verwendet wird, und das neu hinzugekommene Konzept der adaptiven Dialoge. Der Hauptunterschied zwischen diesen beiden Konzepten besteht darin, dass adaptive Dialoge mehr Flexibilität bei der Behandlung von Konversationsereignissen, wie Unterbrechungen oder Kontextwechsel, bieten. Die Hauptidee hinter adaptiven Dialogen ist es, einen stärker ereignisbasierten Ansatz für die Erstellung von Dialogen anzubieten, der sowohl die Gesprächsteile, wie Sprachverständnis und -erzeugung, als auch die Aktionen innerhalb des Dialogs enthält. Da dieses neue deklarative Modell verwendet wird, um Entwicklern eine Reihe von Mustern für die Erstellung von Chatbots zur Verfügung zu stellen, und nicht unbedingt durch die Entwicklung von Code, liegt der Schwerpunkt dieses Buches hauptsächlich auf der Beschreibung dieses adaptiven Dialogansatzes.

▶ **Hinweis** Wenn Sie mehr über die Dialogbibliothek im Bot Framework SDK erfahren möchten, besuchen Sie https://docs. microsoft.com/en-us/azure/bot-service/bot-builder-concept-dialog.

Adaptive Dialoge enthalten eine Reihe von Ereignishandlern, die als Trigger bezeichnet werden, wie in Abb. 4.10 dargestellt. Ein Trigger selbst kann eine Bedingung enthalten, um zu bestimmen, wann der Trigger ausgelöst wird. Innerhalb jedes Triggers gibt es eine oder mehrere Aktionen, die bei der Ausführung des Triggers ausgeführt werden. Der Event-Handler verarbeitet im Grunde alle Ereignisse, die innerhalb der Konversation stattfinden und wertet aus, welcher Trigger ausgeführt werden soll.

Adaptive Dialog-Auslöser

Das Bot Framework umfasst viele verschiedene Auslösertypen, die für bestimmte Szenarien verwendet werden, wie in Tab. 4.1 dargestellt, von Erkennungsereignissen über Dialog- und Aktivitätsereignisse bis hin zu Nachrichtenereignissen.

Die Erkenner-Ereignisauslöser enthalten Erkenner, die zur Bestimmung der Absichten und Entitäten des Benutzers verwendet werden. Der OnChooseIntent-Trigger innerhalb der Recognizer-Event-Trigger wird ausgelöst, wenn mehrere

Tab. 4.1 Adaptive Dialoge – Auslösertypen (Microsoft, 2020)

Auslöser Typ	Beschreibung
Basis-Auslöser	Der OnCondition-Auslöser ist der Basisauslöser, von dem sich alle Auslöser ableiten. Bei der Definition von Auslösern in einem adaptiven Dialogfeld werden sie als eine Liste von OnCondition-Objekten definiert.
Auslöser für Erkennungsereignisse	Erkennungsprogramme extrahieren sinnvolle Informationen aus den Benutzereingaben in Form von Intents und Entities und geben dabei Ereignisse aus. Das recognizedIntent-Ereignis wird beispielsweise ausgelöst, wenn der Recognizer einen Intent (oder eine Entität) aus einer bestimmten Benutzeräußerung extrahiert. Sie behandeln dieses Ereignis mit dem OnIntent-Trigger. Die folgenden Auslöser sind in diesem Typ verfügbar: - *OnChooseIntent* - *OnIntent* - *OnUnknownIntent* - *OnQnAMatch*
Auslöser für Dialogereignisse	Dialog-Trigger behandeln dialogspezifische Ereignisse, die sich auf den „Lebenszyklus des Dialogs beziehen. Derzeit gibt es sechs Dialogauslöser im Bot Framework SDK, die alle von der Klasse *OnDialogEvent* abgeleitet sind. Die folgenden Auslöser sind in diesem Typ verfügbar: - *BeginDialog* - *AbbrechenDialog* - *EndederAktionen* - *Fehler*
Auslöser für Aktivitätsereignisse	Mit Aktivitätsauslösern können Sie jeder eingehenden Aktivität vom Client Aktionen zuordnen, z. B. wenn ein neuer Benutzer beitritt und der Bot eine neue Unterhaltung beginnt. Weitere Informationen zu Aktivitäten finden Sie im Aktivitätsschema des Bot Frameworks. Alle Aktivitätsereignisse haben das Basisereignis *ActivityReceived* und werden durch ihren Aktivitätstyp weiter verfeinert. Die Basisklasse, von der sich alle Aktivitätsauslöser ableiten, ist *OnActivity*. Die folgenden Auslöser sind in diesem Typ verfügbar: - *Gesprächs-Aktualisierung* - *Ende der Konversation* - *Veranstaltung* - *Übergabe* - *Aufrufen* - *Tippen*
Auslöser für Nachrichtenereignisse	Auslöser für Nachrichtenereignisse ermöglichen es Ihnen, auf jedes beliebige Nachrichtenereignis zu reagieren, z. B. wenn eine Nachricht aktualisiert (*MessageUpdate*) oder gelöscht (*MessageDeletion*) wird oder wenn jemand auf eine Nachricht reagiert (*MessageReaction*) (z. B. gehören zu den üblichen Reaktionen auf Nachrichten die Reaktionen like, heart, laugh, surprised, sad und angry). Die folgenden Auslöser sind in diesem Typ verfügbar. Nachrichtenereignisse sind eine Art von Aktivitätsereignissen, und als solche haben alle Nachrichtenereignisse ein Basisereignis von *ActivityReceived* und werden weiter nach Aktivitätstyp verfeinert. Die Basisklasse, von der sich alle Nachrichtenauslöser ableiten, ist *OnActivity*. Die folgenden Auslöser sind in diesem Typ verfügbar: - *Nachricht* - *NachrichtLöschung* - *MessageReaction* - *MessageUpdate*
Benutzerdefinierte Ereignisauslöser	Sie können Ihre eigenen Ereignisse ausgeben, indem Sie die Aktion *EmitEvent* zu einem beliebigen Auslöser hinzufügen; dann können Sie dieses benutzerdefinierte Ereignis in einem beliebigen Auslöser in einem beliebigen Dialog in Ihrem Bot behandeln, indem Sie einen benutzerdefinierten Ereignisauslöser definieren. Ein benutzerdefinierter Ereignisauslöser ist der OnDialogEvent-Auslöser, der zu einem benutzerdefinierten Auslöser wird, wenn Sie die Eigenschaft Event auf denselben Wert wie die Eigenschaft *EventName von EmitEvent* setzen. Die folgenden Auslöser sind in diesem Typ verfügbar: - *OnDialogEvent*

Intents von mehreren Recognizern innerhalb des Bots erkannt werden. Dieser Auslöser steuert also die Logik für die Auswahl der richtigen Absicht, um den Dialog fortzusetzen. Der OnIntent-Trigger innerhalb dieses Triggertyps wird ausgeführt, wenn ein bestimmter Intent erkannt wurde, damit die definierten Aktionen ausgeführt werden können. Im Gegensatz dazu behandelt der OnUnknownIntent-Trigger Situationen, in denen kein Intent von einem der OnIntent-Trigger erkannt wird. Der letzte Auslöser innerhalb der Erkennungsereignisauslöser ist der OnQnA-Match-Auslöser. Dieser Trigger wird immer dann ausgelöst, wenn der *QnAMakerRecognizer* einen QnAMatch-Intent empfangen hat, was bedeutet, dass eine Übereinstimmung zwischen der Benutzereingabe und einem QnA-Paar in einer QnA-Maker-Wissensbasis festgestellt wurde.

Der Typ der Dialog-Ereignisauslöser besteht aus Auslösern, die für die Behandlung bestimmter Ereignisse während des Lebenszyklus eines Dialogs verwendet werden. Der OnBeginDialog-Trigger umfasst Aktionen, die ausgeführt werden, wenn ein bestimmter Dialog beginnt. Der OnCancelDialog-Trigger wird verwendet, um zu verhindern, dass ein Dialog abgebrochen wird. Der OnEndOfActions-Trigger definiert, welche Aktionen ausgeführt werden sollen, nachdem alle Aktionen eines Dialogs gelaufen sind. Und der OnError-Trigger behandelt bestimmte Fehlersituationen innerhalb eines Dialogs.

Bei den Aktivitätsereignisauslösern wird der Auslöser *ConversationUpdate* ausgeführt, wenn ein Benutzer eine Unterhaltung mit einem Bot beginnt. Der Auslöser *EndOfConversation* wird ausgeführt, wenn die Unterhaltung zwischen dem Benutzer und dem Bot endet. Der Handoff-Trigger wird verwendet, um eine menschliche Handoff-Aktion durchzuführen, um einen Menschen in die Unterhaltung mit dem Benutzer einzuschleifen.

Der Typing-Trigger wird verwendet, um festzustellen, ob der Benutzer gerade tippt.

Der Trigger *MessageReceived* innerhalb des Typs Message Event Triggers wird verwendet, um Aktionen auszuführen, wenn eine neue Nachricht vom Benutzer beim Bot eingegangen ist. Im Gegensatz dazu wird der MessageDelete-Trigger ausgeführt, wenn eine Nachricht des Nutzers gelöscht wurde. Reagiert ein Nutzer auf eine bestimmte Nachricht beispielsweise mit einem Like, wird der MessageReaction-Trigger ausgeführt, um solche Situationen zu behandeln und darauf basierend notwendige Aktionen auszuführen. Der MessageUpdate-Trigger kann verwendet werden, um eine Aktualisierung einer Benutzernachricht zu verarbeiten.

Adaptive Dialoge Aktionen

Neben Auslösern enthalten adaptive Dialoge auch *Aktionen*. Diese Aktionen sind im Grunde die Schritte oder Abläufe, die ausgeführt werden, wenn ein Dialog ausgelöst wird. Aktionen konzentrieren sich hauptsächlich auf die Aufrechterhaltung des Konversationsflusses, wie z. B. das Senden von Nachrichten oder das Abfragen einer Wissensdatenbank, um die Frage eines Benutzers zu beantworten oder eine andere Art von Aufgabe auszuführen, wie z. B. die Validierung einer Benutzereingabe, um die Konversation fortzusetzen. Da in adaptiven Dialogen viele verschiedene Aktionen zur Verfügung stehen, beschreibt Tab. 4.2 kurz die am häufigsten verwendeten Aktionen.

▶ **Hinweis** Um eine Liste aller unterstützten Aktionen in adaptiven Dialogen zu erhalten, führen Sie bitte https://docs.microsoft.com/ en-us/azure/bot-service/adaptive-dialog/ adaptive-dialog-prebuilt-actions aus.

Tab. 4.2 Aktionsarten für adaptive Dialoge (Microsoft, 2020)

Aktion Typ	Aktion Name	Aktion Beschreibung
Aktivitäten	SendActivity	Sendet eine Aktivität, z. B. eine Antwort an einen Benutzer.
Aktivitäten	Aktivitätsmitglieder erhalten	Ruft eine Liste der Aktivitätsmitglieder ab und speichert sie in einer Eigenschaft im Speicher.
Bedingte Anweisungen	IfCondition	Führt eine Reihe von Aktionen basierend auf einem booleschen Ausdruck aus.
Bedingte Anweisungen	SwitchCondition	Führt eine Reihe von Aktionen auf der Grundlage einer Musterübereinstimmung aus.
Bedingte Anweisungen	ForEach	Schleift durch eine Reihe von Werten, die in einem Array gespeichert sind.
Dialog-Management	BeginDialog	Beginnt die Ausführung eines anderen Dialogs. Wenn dieser Dialog beendet ist, wird die Ausführung des aktuellen Auslösers fortgesetzt.
Dialog-Management	EndDialog	Beendet den aktiven Dialog. Verwenden Sie diese Option, wenn Sie möchten, dass der Dialog vor dem Beenden abgeschlossen wird und Ergebnisse zurückgibt. Sendet das Ereignis EndDialog aus.
Dialog-Management	RepeatDialog	Dient zum Neustart des übergeordneten Dialogs.
Verwalten von Immobilien	EditArray	Führt eine Operation an einem Array durch.
Verwalten von Immobilien	SetProperties	Legt den Wert einer oder mehrerer Eigenschaften auf einmal fest.
Zugang zu externen Ressourcen	BeginSkill	Beginnt eine Fertigkeit und leitet Aktivitäten zu dieser Fertigkeit weiter, bis die Fertigkeit endet.
Zugang zu externen Ressourcen	HttpRequest	Stellt eine HTTP-Anfrage an einen Endpunkt.
Zugang zu externen Ressourcen	CodeAction	Ruft benutzerdefinierten Code auf. Der benutzerdefinierte Code muss asynchron sein, einen Dialogkontext und ein Objekt als Parameter annehmen und ein Dialogumkehrergebnis zurückgeben.

Adaptive Dialoge Speicherbereiche

Alle oben erwähnten Aktionen können zur Ausführung verschiedener Aufgaben verwendet werden. Darüber hinaus haben die Aktionen in Dialogen auch Zugriff auf die Speicherschicht des Bots. Dies ermöglicht es Entwicklern, den Zustand des Bots mit adaptiven Dialogen zu verwalten, ähnlich dem Konzept der Dialogbibliothek im Bot Framework SDK. Der Speicher in adaptiven Dialogen ist in verschiedene *Speicherbereiche* aufgeteilt. Jeder Bereich dient einem anderen Zweck, z. B. der Speicherung von Benutzer- oder Gesprächsdaten oder dem Zugriff auf Werte innerhalb eines bestimmten Dialogs. Alle Speicherbereiche in adaptiven Dialogen werden in Tab. 4.3 beschrieben.

Ein Beispiel für den in Abb. 4.6 skizzierten Dialogbaum, der mit dem Konzept der adaptiven Dialoge entworfen wurde, ist in Abb. 4.11 zu sehen. Dieses Beispiel zeigt die Implementierung des *RootDialogs* zusammen mit seinen verschiedenen Triggern vom Typ *OnIntent*. Jeder dieser Auslöser enthält eine BeginDialog-Aktion, um

Tab. 4.3 Speicherbereiche für adaptive Dialoge (Microsoft, 2020)

Umfang Name	Umfang Beschreibung
Benutzerumfang	Benutzerbereich sind dauerhafte Daten, die auf die ID des Benutzers beschränkt sind, mit dem Sie kommunizieren. Beispiele wären - Benutzer.name - benutzer.adresse.stadt
Umfang der Konversation	Der Gesprächsbereich ist ein persistenter Datenbereich, der sich auf die ID des Gesprächs bezieht, das Sie gerade führen. Beispiele wären - conversation.hasAccepted - conversation.dateStarted
Umfang des Dialogs	Der Dialogbereich speichert Daten für die Dauer des zugehörigen Dialogs und bietet Speicherplatz für jeden Dialog, um eine interne, dauerhafte Buchführung zu ermöglichen. Der Dialogbereich wird geleert, wenn der zugehörige Dialog endet. Beispiele wären - dialog.orderStarted - dialog.shoppingCart
Umfang drehen	Der Zugbereich enthält nicht dauerhafte Daten, die nur für den aktuellen Zug gelten. Der Zugbereich bietet einen Platz für die gemeinsame Nutzung von Daten für die Dauer des aktuellen Zuges. Beispiele wären - turn.bookingConfirmation - turn.activityProcessed
Umfang der Einstellungen	Dies sind alle Einstellungen, die dem Bot über das plattformspezifische Einstellungskonfigurationssystem zur Verfügung gestellt werden. Wenn Sie Ihren Bot beispielsweise mit C# entwickeln, werden diese Einstellungen in der Datei appsettings.json angezeigt. Beispiele wären - Einstellungen.QnAMaker.Hostname - settings.QnAMaker.endpointKey - Einstellungen.QnAMaker.knowledgebaseId
Dieser Anwendungsbereich	Dieser Bereich bezieht sich auf den Eigenschaftsbeutel der aktiven Aktion. Dies ist hilfreich für Eingabe-Aktionen, da ihre Lebensdauer in der Regel über eine einzelne Gesprächsrunde hinausgeht. Beispiele wären - this.value (enthält den aktuell erkannten Wert für die Eingabe) - this.turnCount (gibt an, wie oft die fehlenden Informationen für diese Eingabe abgefragt wurden)
Umfang der Klasse	Dieser Bereich enthält die Instanzeigenschaften des aktiven Dialogs. Sie referenzieren diesen Bereich wie folgt: ${class.< PropertyName>}.

den entsprechenden untergeordneten Dialog auf der Grundlage der Absicht des Benutzers auszuführen. Innerhalb der untergeordneten Dialoge kann es wiederum bestimmte Auslöser mit entsprechenden Aktionen geben, um den Dialog entsprechend auszuführen. Alle Dialoge und Aktionen teilen sich dieselbe Speicherschicht, was bedeutet, dass jeder Dialog auf die beschriebenen Speicherbereiche zugreifen kann, um eine angemessene Zustandsverwaltung zu ermöglichen. Dieser Beispiel-Dialogbaum wird auch in den nächsten Kapiteln verwendet, um einen Chatbot zu entwickeln, der diese Konversationsaufgaben bewältigen kann.

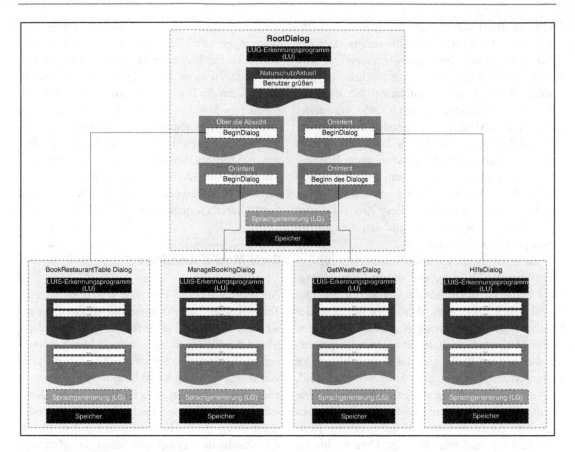

Abb. 4.11 Beispiel für einen adaptiven Dialogbaum

Benutzererfahrung

Die Benutzererfahrung für einen Chatbot unterscheidet sich in gewisser Weise von der „klassischen Benutzererfahrung einer App oder einer Website, da Sie eine konversationelle Benutzeroberfläche (kurz CUI) und keine grafische Benutzeroberfläche (kurz GUI) erstellen. Da Menschen unterschiedliche Arten von Konversationsgewohnheiten haben, kann die Aufgabe, das Benutzererlebnis für einen Chatbot zu gestalten, manchmal eine Herausforderung sein. Daher ist es, wie bereits in diesem Kapitel erwähnt, wichtig, die Zielgruppe Ihres Chatbots zu kennen. Jüngere Menschen sind es gewohnt, Konversationsplattformen

wie Facebook, WhatsApp und Slack zu nutzen. Sie sind also daran gewöhnt, mit anderen über Instant Messaging und Chats zu kommunizieren, während ältere Generationen diese Art von Kommunikationsplattformen möglicherweise nicht gewohnt sind, da sie in anderen Epochen aufgewachsen sind, in denen sie anders miteinander kommuniziert haben. Jüngere Menschen sind mit Emojis und Rich Media wie Bildern und Videos in Konversationen vertraut, was bei älteren Generationen möglicherweise nicht der Fall ist. Bevor Sie Ihren Chatbot entwickeln, sollten Sie daher ein klares Verständnis der Zielgruppe haben.

Im Allgemeinen ist es jedoch eine gute Praxis, einen Chatbot zu entwickeln, der nicht nur über reine Textnachrichten mit seinen Nutzern kommuniziert. Dies setzt natürlich voraus, dass der Kanal, über den Ihr Chatbot zugänglich sein wird, auch andere Arten von Nachrichten und Rich-Media-Anhängen unterstützt. So kann ein Bot, der in Textnachrichten (SMS) verwendet wird, nur Textnachrichten senden und empfangen, nicht aber Bilder und Videos. Die meisten Kommunikationskanäle, die vom Azure Bot Service unterstützt werden, unterstützen jedoch Rich-Media-Anhänge. Daher sollte Ihr Chatbot so konzipiert sein, dass er diese Konversationsmechanismen einschließt, um den Gesprächsfluss positiv zu beeinflussen.

Zu einer guten Chatbot-Nutzererfahrung gehört auch das Konzept der Zustandsverwaltung. Der Status ist im Grunde das Gehirn des Bots und wird daher verwendet, damit der Bot den Gesprächsverlauf mit einem Nutzer abrufen kann. Dies ist für die Gestaltung eines guten Gesprächsflusses äußerst wichtig, da der Bot viel besser mit Unterbrechungen umgehen kann, wenn er weiß, wo die Unterbrechung stattgefunden hat und wie er das Gespräch an dem Punkt wieder aufnehmen kann, an dem eine Unterbrechung oder ein Kontextwechsel stattgefunden hat. Darüber hinaus haben Sie durch eine angemessene Zustandsverwaltung die Möglichkeit, ein menschlicheres Gesprächsverhalten zu entwickeln, da sich der Bot an bestimmte Dinge aus früheren Gesprächen mit einem Benutzer erinnern kann, was den Gesprächsfluss ebenfalls verbessert. In unserem Beispiel bedient der Chatbot Restaurantbuchungsanfragen, die auch die Verwaltung von Buchungen beinhalten. Daher wäre es von Vorteil, wenn der Nutzer nicht die kompletten Informationen zu einer Restaurantbuchung angeben müsste, um die Buchung zu aktualisieren oder zu stornieren. Stattdessen sollte der Bot in der Lage sein, sich die Buchungen des Benutzers zu merken und nur nach der Buchungsreferenz zu fragen, um die Anfrage des Benutzers fortzusetzen. Mit der Zustandsverwaltung wird also die Fähigkeit des Bots eingeführt, sich an Informationen aus früheren Gesprächen zu erinnern.

Rich-Media-Anhänge

Abgesehen von der Fähigkeit des Bots, sich an Teile früherer Unterhaltungen zu erinnern, ist ein weiterer wichtiger Faktor für ein gutes Nutzererlebnis die Einbeziehung von Rich-Media-Anhängen neben Text. Wie bereits erwähnt, hängt es davon ab, auf welchem Kanal Ihr Bot eingesetzt wird, aber im Allgemeinen ist es ein guter Ansatz, Konversationselemente wie Bilder, Links, Videos oder sogar Emojis in die Konversation mit dem Benutzer einzubinden. Daher unterstützt das Microsoft Bot Framework viele verschiedene Optionen zum Hinzufügen von Rich-Media-Anhängen zu einer Bot-Nachricht. In C#-Bots können Sie den folgenden Codeschnipsel verwenden, um auf einfache Weise eine Nachricht, die ein Bild enthält, an den Benutzer zu senden, indem Sie einen Inline-Anhang zu einer Nachricht hinzufügen:

```
msg = MessageFactory.Text("Hier sehen Sie den Dialogbaum!");
msg.Attachments = new List<Attachment>() { GetImageAttachment() };
private statische Anlage GetImageAttachment()
{
    var imgPath = Path.Combine(Environment.CurrentDirectory, @"img", "dialog-
    Tree.png");
    var img = Convert.ToBase64String(File.ReadAllBytes(imgPath));
    return new Attachment
    {
        Name = @"img\dialogTree.png",
        ContentType = "image/png",
        ContentUrl = $"data:image/png;base64,{img}",
    };
}
```

Wichtig ist dabei, dass Rich-Media-Anhänge die Konversation zwischen Bot und Nutzer verbessern. Die Beantwortung mit Nachrichten, die Bilder und andere Medien enthalten, ist von Vorteil, wenn Sie bestimmte Dinge wie eine Menükarte demonstrieren möchten. Natürlich könnten Sie dem Nutzer auch eine Textnachricht mit Informationen über die Speisekarte schicken, aber in den meisten Fällen ist ein Bild einer Speisekarte etwas professioneller und vor allem benutzerfreundlicher.

Karten als visuelle Elemente

Neben der Verwendung von Inline-Anhängen ist es im Allgemeinen ein guter Ansatz, eine so genannte *Karte* als einleitende Nachricht zu verwenden, um die Konversation mit einem Benutzer proaktiv zu beginnen, wie weiter oben in diesem Kapitel gezeigt wurde. Karten im Bot Framework können verschiedene Arten von Rich User Controls sowie visuelle oder Audioelemente in einer einzigen Nachricht enthalten. Wie in Tab. 4.4 beschrieben, werden im Microsoft Bot Framework viele verschiedene Kartentypen unterstützt, die für unterschiedliche Szenarien verwendet werden können, z. B. zum Anzeigen einer Animation, eines Videos oder Bildes, zum Abspielen einer Audiodatei oder zum Anmelden des Benutzers. Da in diesem Kapitel nicht alle unterstützten Kartentypen im Detail behandelt werden, konzentrieren wir uns in den nächsten Abschnitten auf die am häufigsten verwendeten Kartentypen.

Helden-Karten

Im Gegensatz zum Anhängen eines Bildes oder Videos an eine Nachricht bieten Hero Cards die Möglichkeit, Text, Bilder und Videos sowie Schaltflächen in einer einzigen Nachricht zu kombinieren. Dies wird häufig zur Erstellung von Gruß- oder Hilfskarten oder jeder anderen Art von Nachricht verwendet, bei der Sie Text und Medien in einer Nachricht zusammenfassen möchten. Hero Cards geben den Nutzern auch die Möglichkeit, das Gespräch mit einem Klick auf eine

Tab. 4.4 Unterstützungskartentypen im Microsoft Bot Framework (Microsoft, 2018)

Karte Typ	Beschreibung der Karte
Adaptive Karte	Ein offenes Kartenaustauschformat, das als JSON-Objekt dargestellt wird. In der Regel wird es für die kanalübergreifende Bereitstellung von Karten verwendet. Die Karten passen sich an das Erscheinungsbild des jeweiligen Host-Kanals an.
Animation Karte	Eine Karte, die animierte GIFs oder kurze Videos abspielen kann.
Audiokarte	Eine Karte, die eine Audiodatei abspielen kann.
Heldenkarte	Eine Karte, die ein einzelnes großes Bild, eine oder mehrere Schaltflächen und Text enthält. In der Regel wird sie verwendet, um eine mögliche Benutzerauswahl visuell hervorzuheben.
Vorschaubild-Karte	Eine Karte, die ein einzelnes Miniaturbild, eine oder mehrere Schaltflächen und Text enthält. Normalerweise wird sie verwendet, um die Schaltflächen für eine potenzielle Benutzerauswahl visuell hervorzuheben.
Quittungskarte	Eine Karte, mit der ein Bot dem Benutzer eine Quittung ausstellen kann. Sie enthält in der Regel die Liste der Artikel, die auf der Quittung erscheinen sollen, Informationen zu Steuern und Gesamtbetrag sowie weiteren Text.
Anmeldekarte	Eine Karte, mit der ein Bot einen Benutzer auffordern kann, sich anzumelden. Sie enthält in der Regel Text und eine oder mehrere Schaltflächen, auf die der Benutzer klicken kann, um den Anmeldevorgang einzuleiten.
Vorgeschlagene Maßnahme	Präsentiert Ihrem Benutzer eine Reihe von CardActions, die eine Benutzerauswahl darstellen. Diese Karte verschwindet, sobald eine der vorgeschlagenen Aktionen ausgewählt wird.
Grafikkarte	Eine Karte, die Videos abspielen kann. Normalerweise wird sie verwendet, um eine URL zu öffnen und ein verfügbares Video zu streamen.
Kartenkarussell	Eine horizontal verschiebbare Sammlung von Karten, die es dem Benutzer ermöglicht, auf einfache Weise eine Reihe von Wahlmöglichkeiten zu sehen.

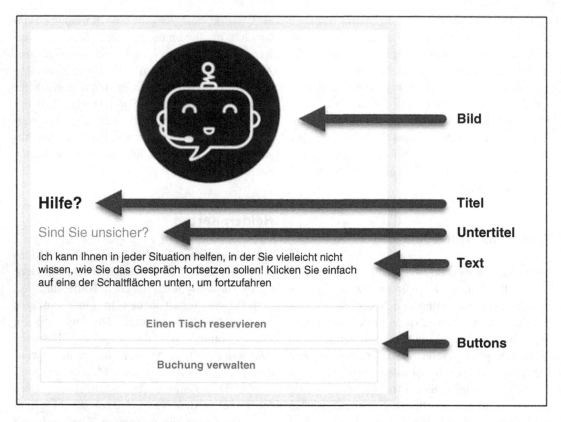

Abb. 4.12 Beispiel für eine Heldenkarte

Schaltfläche fortzusetzen, anstatt Text in den Chat einzutippen. Dies ist besonders auf Mobiltelefonen hilfreich, da es die Unterhaltung flüssiger und schneller macht. Eine Heldenkarte besteht im Wesentlichen aus den in Abb. 4.12 dargestellten Teilen.

Innerhalb von C#-Bots können Sie die folgenden Codezeilen verwenden, um eine Heldenkarte zu generieren und sie innerhalb einer Unterhaltung an Benutzer zu senden:

```
var attachments = new List<Attachment>();
var reply = MessageFactory.Attachment(attachments);
reply.Attachments.Add(GetHeroCard(). ToAttachment());
await stepContext.Context.SendActivityAsync(reply, cancellationToken);
öffentliche statische Heldenkarte GetHeroCard()
{
    var heroCard = new Heldenkarte
    {
        Titel = "Hilfe? ",
        Subtitle = "Sind Sie unsicher? ",
        Text = "Ich kann Ihnen in jeder Situation helfen, in der Sie vielleicht
        nicht wissen, wie Sie das Gespräch fortsetzen sollen! Klicken Sie ein-
        fach auf eine der Schaltflächen unten, um fortzufahren",
        Images = new List< CardImage> { new CardImage("https://bisser.io/images/
        bisser_io_red.png") },
```

```
        Buttons = new Liste< CardAction>
        {
            new CardAction(ActionTypes.ImBack, title: "Einen Tisch buchen",
            value: "Einen Tisch buchen"),
            new CardAction(ActionTypes.ImBack, title: "Buchung verwalten",
            value: "Buchung verwalten"),
        },
         return heroCard;
    }
}
```

Karten-Karusselle

Das vorangegangene Beispiel hat Ihnen gezeigt, wie Sie eine Instanz einer Helden- oder Adaptiven Karte erstellen und versenden können. In vielen Situationen möchten Sie jedoch mehrere Karten in einer einzigen Nachricht visualisieren. Daher können Sie die AttachmentLayout-Eigenschaft innerhalb der Hero Card-Klasse verwenden, um ein Karussell von Karten zu erstellen, wie in Abb. 4.13 gezeigt. Auf diese Weise können Sie mehrere Karten zu derselben Aktivität hinzufügen. Der Benutzer, der dieses Kartenkarussell

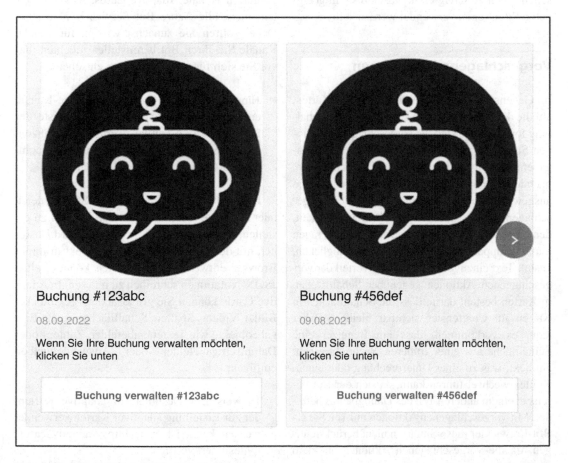

Abb. 4.13 Beispiel für ein Heldenkartenkarussell

erhält, kann dann nach rechts oder links streichen, um die Karten anzuzeigen, die der Nachricht angehängt sind.

Diese Funktion ist sehr hilfreich in Szenarien, in denen Sie dieselbe Art von Visualisierung mit unterschiedlichen Daten in einer Nachricht anzeigen möchten, z. B. wie in der vorangehenden Abbildung, die die Restaurantbuchungen eines Benutzers zeigt. Natürlich könnten Sie auch für jede Buchung eine eigene Nachricht und Karte verschicken, aber das würde zu dem Problem führen, dass eine große Anzahl von Nachrichten hintereinander verschickt wird. Der Nutzer muss dann im Chat-Fenster durch diese Nachrichten scrollen und blättern, was vor allem auf Mobiltelefonen schwierig sein kann und die Nutzer verärgern könnte. Daher verbessert die Option, Karussellkarten zu versenden, die Benutzererfahrung, da es einfacher ist, die Karten zu sehen und zwischen ihnen zu navigieren, weshalb sie in geeigneten Situationen verwendet werden sollte.

Vorgeschlagene Maßnahmen

Im Gegensatz zu den Schaltflächen in den Karten, auf die der Benutzer tippen kann, um die Unterhaltung fortzusetzen, sind die vorgeschlagenen Aktionen Schaltflächen, die in der Nähe des Chat-Eingabefeldes angezeigt werden und verschwinden, nachdem der Benutzer eine dieser Schaltflächen ausgewählt oder Text eingegeben hat. Diese vorgeschlagenen Aktionen sind eine gute Möglichkeit, den Benutzern die Beantwortung von Fragen durch Antippen einer Schaltfläche zu ermöglichen, anstatt Text einzugeben. Der Hauptvorteil der vorgeschlagenen Aktionen gegenüber Schaltflächen in Karten besteht darin, dass die Schaltflächen in Karten im Chatfenster sichtbar bleiben. Daher kann es vorkommen, dass ein Benutzer eine Schaltfläche aus einer früheren Nachricht erneut anklickt, was zu einer Unterbrechung oder einem Kontextwechsel führen kann, da sich der Bot bereits in einem anderen Teil des Dialogbaums befindet. Mit vorgeschlagenen Aktionen müssen Sie als Bot-Entwickler diese Situation nicht berücksichtigen, da die vorgeschlagenen Aktionen aus dem Chat-Fenster verschwinden, sobald der Benutzer das Gespräch fortsetzt. Ein Beispiel für vorgeschlagene Aktionen ist in Abb. 4.14 dargestellt.

Adaptive Karten

Das Konzept hinter Adaptive Cards besteht darin, Karten einmal zu erstellen und sie dann nativ von dem Kanal rendern zu lassen, in dem der Bot eingesetzt wird. Während Heldenkarten und andere Kartentypen normalerweise Teil der Codebasis des Bots sind, werden Adaptive Cards mit JSON erstellt. Daher wird die Karte selbst im JSON-Kartenformat an den Channel geliefert, was es dem Channel ermöglicht, die Karte nativ zu rendern und dabei dieselben UI-Stile wie für andere Teile innerhalb dieses Channels zu verwenden. Derzeit unterstützen die in Tab. 4.5 aufgeführten Kanäle Adaptive Cards, was bei weitem nicht alle Azure Bot Service-Kanäle sind. Daher sollten Sie zunächst wissen, für welche Kanäle Sie Ihren Bot bereitstellen möchten, bevor Sie sich für einen Kartentyp entscheiden.

▶ **Hinweis** Nicht alle Azure Bot Service-Kanäle unterstützen Adaptive Cards. Eine Liste der Kanäle, die Adaptive Cards unterstützen, finden Sie unter https://docs.microsoft.com/en-us/adaptive-cards/resources/partners.

Da adaptive Karten im Grunde JSON-Dateien oder -Objekte sind, ist es einfach, Karten zu erstellen. Es gibt sogar einen Adaptive Card Designer, mit dem Sie adaptive Karten direkt in Ihrem Browser entwerfen und erstellen können, ohne JSON-Notationen schreiben zu müssen. In Adaptive Cards können Sie grundsätzlich Textblöcke, Bilder, Videos, Spalten, Schaltflächen sowie Eingabeobjekte wie Texteingabefelder, Zahlen- oder Datumseingabefelder oder Auswahleingaben einfügen.

▶ **Hinweis** Der Designer für adaptive Karten, der zur Erstellung adaptiver Karten verwendet werden kann, ist unter https://adaptivecards.io/designer/ verfügbar.

Abb. 4.14 Beispiel für vorgeschlagene Aktionen

Tab. 4.5 Adaptive Cards Kanalunterstützung (Microsoft, 2018)

Plattform	Beschreibung	Version
Bot Framework Web Chat	Einbettbare Web-Chat-Steuerung für das Microsoft Bot Framework.	1.2.6 (Webchat 4.9.2)
Outlook Actionable Messages	Hängen Sie eine Nachricht an die E-Mail an, die Sie umsetzen können.	1.0
Microsoft Teams	Plattform, die Chat, Meetings und Notizen am Arbeitsplatz kombiniert.	1.2
Cortana-Fähigkeiten	Ein virtueller Assistent für Windows 10.	1.0
Windows-Zeitleiste	Eine neue Möglichkeit, frühere Aktivitäten fortzusetzen, die Sie auf diesem PC, anderen Windows-PCs und iOS-/Android-Geräten begonnen haben.	1.0
Cisco WebEx-Teams	Webex Teams hilft, Projekte zu beschleunigen, bessere Beziehungen aufzubauen und geschäftliche Herausforderungen zu lösen.	1.2

Abb. 4.15 Beispiel für
adaptive Karten

Besonders für Entwickler, die neu im Bereich Adaptive Cards sind, ist der Designer ein gutes Werkzeug, um sich mit den verfügbaren Kartenelementen vertraut zu machen und zu lernen, wie man eine gut aussehende Karte gestaltet. Darüber hinaus bietet Ihnen der integrierte Vorschaumodus die Möglichkeit, Ihre erstellte Adaptive Card nativ in einem der Supportkanäle direkt im Browser zu betrachten.

So können Sie das Aussehen und die Benutzerfreundlichkeit einer Adaptiven Karte grundsätzlich testen, bevor Sie Ihren Chatbot entwickeln. Die in Abb. 4.12 gezeigte Hero Card kann auch als Adaptive Card erstellt werden, wie in Abb. 4.15 gezeigt.

Die in der vorangegangenen Abbildung gezeigte Karte wird im Wesentlichen durch das folgende JSON-Objekt beschrieben:

```
{
    "Typ": "AdaptiveCard",
    "Körper": [
        {
            "Typ": "Bild",
            "url": "https://someUrl/someIcon.png",
            "Größe": "Groß",
            "horizontaleAusrichtung": "Center"
        },
        {
            "Typ": "TextBlock",
            "Größe": "Groß",
```

```
                    "Gewicht": "Kräftiger",
                    "Text": "Hilfe?"
            },
            {

                    "Typ": "TextBlock",
                    "Text": "Sind Sie unsicher?",
                    "wrap": wahr,
                    "Größe": "Mittel",
                    "fontType": "Standard",
                    "isSubtle": wahr
            },
            {

                    "Typ": "TextBlock",
                    "Text": "Ich kann Ihnen in jeder Situation helfen, in der Sie viel-
                    leicht nicht wissen, wie Sie das Gespräch fortsetzen sollen! Kli-
                    cken Sie einfach auf eine der Schaltflächen unten, um fortzufah-
                    ren",
                    "wrap": wahr
            },
            {

                    "Typ": "ActionSet",
                    "Aktionen": [
                          {
                                "Typ": "Action.Submit",
                                "Titel": "Einen Tisch buchen",
                                "Daten": "Buchen Sie einen Tisch"
                          },
                          {

                                "Typ": "Action.Submit",
                                "Titel": "Buchung verwalten",
                                "Daten": "Buchung verwalten"
                          }
                    ]
            }
    ],
    "$schema": "http://adaptivecards.io/schemas/adaptive-card.json",
    "Version": "1.2"
}
```

Adaptive Cards bieten jedoch nicht nur die Möglichkeit, statische Inhalte und Schaltflächen darzustellen. Sie können auch dynamische adaptive Karten erstellen, indem Sie einige Teile der adaptiven Karten auf der Grundlage von Schaltflächenberührungen oder anderen Aktionen umschalten oder anzeigen, wie in Abb. 4.16 gezeigt. Auf diese Weise können Sie ausgefeilte UI-Elemente erstellen, die in verschiedenen Kanälen verwendet werden können, ohne dass Sie die Karten für jeden Kanal, in dem Ihr Bot zugänglich sein soll, separat entwickeln oder verfassen müssen. Da adaptive Karten für die Entwicklung des Bot-Frameworks von entscheidender Bedeutung sind, werden in den nächsten Kapiteln adaptive Karten und ihre Anwendungsfälle eingehend behandelt.

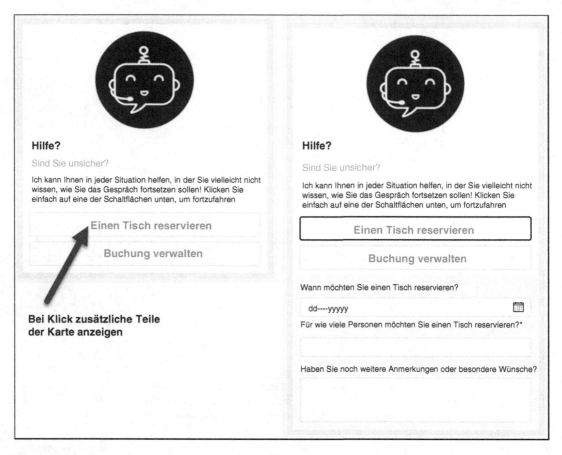

Abb. 4.16 Beispiel für das Umschalten von adaptiven Karten

Zusammenfassung

In diesem Kapitel wurden die Designprinzipien eines Chatbots behandelt, die bei der Entwicklung eines erfolgreichen Chatbots berücksichtigt werden sollten. Im ersten Teil dieses Kapitels haben wir die Themen Persönlichkeit und Branding eines Chatbots untersucht. Sie haben gelernt, warum die Analyse der Zielgruppe Ihres Chatbots eine wesentliche Aufgabe in der Entwurfsphase ist und warum eine einprägsame Begrüßungsnachricht und die Navigation innerhalb einer Konversation für jeden Chatbot unerlässlich sind.

Darüber hinaus lernten Sie die grundlegenden Konzepte für die Gestaltung eines Gesprächsablaufs kennen, wobei der Schwerpunkt auf dem Konzept der adaptiven Dialoge lag. Darüber hinaus haben wir die Teile der Benutzererfahrung und die verfügbaren visuellen Elemente innerhalb eines Chatbots besprochen und warum reine Text-Chatbots nicht immer die beste Option sind.

Im nächsten Kapitel erfahren Sie, wie Sie mit dem Microsoft Bot Framework Composer, einem neuen Tool für die Erstellung von Bots in einer grafischen Benutzeroberfläche, einen Chatbot in einem Low-Code-Ansatz erstellen können.

Im letzten Kapitel haben Sie gelernt, wie man einen Chatbot entwirft, einschließlich des Gesprächsflusses und der Benutzererfahrung. In diesem Kapitel geht es um die Erstellung eines Chatbots mithilfe eines Tools namens „Bot Framework Composer", das Teil des Bot Framework-Ökosystems ist, um Chatbots über eine grafische Benutzeroberfläche zu erstellen, anstatt einen Chatbot über Code zu programmieren. Darüber hinaus werden die in den vorangegangenen Kapiteln behandelten Themen in einem realen Szenario für den Aufbau eines Chatbots detailliert behandelt, wie z. B. die Verwendung von Sprachverständnis und QnA Maker, um die Routinen zur Verarbeitung natürlicher Sprache zu verbessern. Darüber hinaus wird in diesem Kapitel auch beschrieben, wie man benutzerdefinierten Code verwendet, um bestimmte Funktionen in einen mit Composer erstellten Chatbot einzubinden, die nicht standardmäßig verfügbar sind.

Einführung in den Bot Framework Composer

Bot Framework Composer ist ein Tool mit einer grafischen Benutzeroberfläche, das für die Erstellung von Chatbots konzipiert ist. Composer richtet sich sowohl an Entwickler als auch an Power-User und bietet viele Funktionen, die zum Erstellen, Testen und Veröffentlichen von

Chatbots erforderlich sind. So bietet Composer auch die Möglichkeit, neben dem Kernkonversationsfluss wesentliche Teile eines Chatbots zu erstellen, wie das Sprachverstehensmodell, das Spracherzeugungsmodell oder QnA Maker Wissensdatenbanken. Daher kann es als ein Werkzeug angesehen werden, das die wichtigsten Funktionen und Fähigkeiten für das Design und die Entwicklung von Chatbots bietet, ohne dass man dafür Code schreiben muss.

Der Composer wurde also entwickelt, um nicht nur Entwicklern, sondern auch Nicht-Entwicklern das Entwerfen und Erstellen von Bots zu erleichtern. Natürlich beschleunigen die visuellen Canvas-Funktionen den Lebenszyklus der Bot-Entwicklung, insbesondere für Personen, die nicht regelmäßig einen Chatbot erstellen. Für die Verwendung des Composers gibt es grundsätzlich zwei Möglichkeiten:

- Installieren Sie Composer als Desktop-Anwendung.
- Composer aus dem Quellcode erstellen.

Beide Szenarien haben ihre Vor- und Nachteile, aber das allgemeine Erscheinungsbild und die Funktionen sind bei beiden Varianten gleich. Daher basieren alle Beispiele, auf die in diesem Buch verwiesen wird, auf der Desktop-Version des Bot Framework Composers. Composer besteht aus einer grafischen Benutzeroberfläche,

© Der/die Autor(en), exklusiv lizenziert an APress Media, LLC, ein Teil von Springer Nature 2022
S. Bisser, *Microsoft Conversational AI-Platform für Entwickler*,
https://doi.org/10.1007/978-3-662-66472-8_5

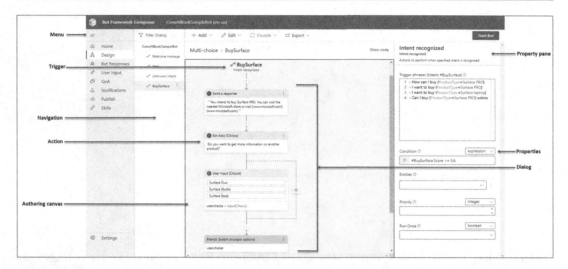

Abb. 5.1 Übersicht Bot Framework Composer

wie in Abb. 5.1 dargestellt, und bietet Ihnen eine ausgefeilte Authoring-Oberfläche, auf der Sie Dialoge, Auslöser und Aktionen erstellen können.

Bei der Erstellung eines Bots mit Composer gibt es einige Unterschiede zum Bot Framework SDK, die ein Bot-Entwickler beachten sollte. Erstens basiert der Composer auf den in Kap. 4 beschriebenen adaptiven Dialogen, die sich von der im Bot Framework SDK verwendeten Dialogbibliothek unterscheiden. Gleichzeitig ist dies aber auch einer der Vorteile von Composer, da adaptive Dialoge in JSON gespeichert werden und daher in vielen verschiedenen Bots oder Tools wiederverwendbar sind. Ein weiterer großer Vorteil des Composers gegenüber dem SDK besteht darin, dass er die gängigsten Tools in einer Benutzeroberfläche vereint. In der Vergangenheit musste ein Bot-Entwickler auf das LUIS-Webportal gehen, um alle Sprachverstehenskomponenten zu verwalten. Für die Verwaltung von QnA-Paaren musste man außerdem das QnA-Maker-Portal aufrufen. Und für die Bot-Entwicklung selbst musste man Visual Studio oder Visual Studio Code verwenden, um die Logik des Bots zu entwickeln. Mit der Einführung des Composers wurden diese Erfahrungen in einem Tool vereint, das Entwicklern viel Zeit bei der Einrichtung und Pflege der wesentlichen Komponenten für einen Bot spart.

▶ **Hinweis** Um Bot Framework Composer herunterzuladen und zu installieren, besuchen Sie http://aka.ms/bfcomposer.

Speicher

In adaptiven Dialogen wird der Speicher im Grunde als der Verstand des Bots bezeichnet, wie in Kap. 4 beschrieben. Daher können Sie den Speicher verwenden, um bestimmte Werte zu speichern, auf die zu einem späteren Zeitpunkt innerhalb der Konversation zugegriffen werden kann, z. B. den Namen eines Benutzers oder Adressinformationen. In Kap. 4 haben wir gelernt, dass es die folgenden Speicherbereiche gibt, die unterschiedliche Zugriffsmöglichkeiten und Haltbarkeit bieten:

- Benutzerumfang
- Umfang der Konversation
- Umfang des Dialogs
- Umfang drehen
- Umfang der Einstellungen
- Dieser Anwendungsbereich
- Umfang der Klasse

Diese Bereiche werden verwendet, um verschiedene Werte innerhalb der Konversation zu speichern, um sie später wiederzuverwenden. Jede Eigenschaft, die Sie in einer bestimmten Aktion oder als Ergebnis einer vom Bot gestellten Frage festlegen, wird in einem der oben genannten Bereiche gespeichert. Wenn Sie Daten über einen Benutzer oder eine Konversation speichern müssen, sollten Sie den Benutzer- oder Konversationsbereich verwenden, da diese Bereiche während der gesamten Lebensdauer des Bots gültig sind. Der Benutzerbereich wird hauptsächlich zum Speichern von Benutzerinformationen wie Name, Standort oder anderen Benutzereigenschaften und -einstellungen verwendet. Der Konversationsbereich zielt hauptsächlich auf Konversationseigenschaften wie die Metadaten einer Konversation (z. B. das Startdatum usw.) ab, die möglicherweise von mehreren Benutzern, die dieselbe Konversation betreten haben, gemeinsam genutzt werden (z. B. Microsoft Teams-Gruppenchat). Für den Fall, dass Sie kurzlebige Werte speichern müssen, sind die Bereiche Dialog und Turn besser geeignet. Der Lebenszyklus des Dialogbereichs ist grundsätzlich an den Dialog gebunden, d. h. wenn der Dialog endet, werden die in diesem Bereich definierten Eigenschaften verworfen. Der Turn-Bereich ist sogar noch kurzlebiger als der Dialog-Bereich, da die in diesem Bereich definierten Eigenschaften nur innerhalb des Turns beibehalten werden, der im Grunde eine einzige Nachricht ist, die vom Bot verarbeitet wird.

Um Eigenschaften im Composer zu speichern, können Sie entweder die Aktion „Eine Eigenschaft festlegen" verwenden oder eine Eigenschaft auf der Grundlage der Aktion „Eine Frage stellen" festlegen. Die erste Option ist grundsätzlich dazu gedacht, eine einzelne Eigenschaft an einem bestimmten Punkt des Dialogs zu setzen. Es besteht auch die Möglichkeit, mit der Aktion „Eigenschaften setzen" mehrere Eigenschaften auf einmal zu setzen. Das Verhalten der Aktion „Eine Eigenschaft setzen" ist in Abb. 5.2 dargestellt. Diese Aktion kann grundsätzlich bei jedem beliebigen Schritt innerhalb des Dialogs verwendet werden, um Informationen in einem der oben genannten Bereiche zu speichern.

Im vorangegangenen Beispiel ist der Wert der Eigenschaft „fest codiert" und vom Typ String.

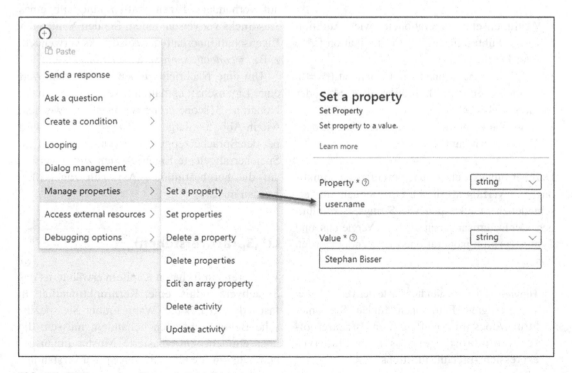

Abb. 5.2 Festlegen einer Eigenschaft im Composer

Abb. 5.3 Eine Eigenschaft setzen – Vergleich expliziter Typ vs. Ausdruck

Dies ist jedoch nicht immer ausreichend, da Sie möglicherweise Werte auf der Grundlage einer Operation generieren möchten. Dieses Konzept wird im Composer als „Ausdruck" bezeichnet. Ausdrücke werden grundsätzlich verwendet, um Werte auf der Grundlage von Berechnungsfunktionen zu berechnen. Diese Ausdrücke können Folgendes beinhalten:

- Arithmetische Operationen wie Addition („+"), Subtraktion („-"), Multiplikation („*") oder Division („/")
- Vergleichsoperationen wie Gleichheit („=="), Ungleichheit („!="), größer als („>") oder kleiner als („<")
- Logische Operationen wie und („&&"), oder („||"), oder nicht („!")

Darüber hinaus stehen viele vorgefertigte Funktionen zur Verfügung, die für Operationen mit verschiedenen Objekttypen wie Strings, Sammlungen oder Datumsangaben sowie für Vergleichs- und Typüberprüfungsoperationen verwendet werden können.

▶ **Hinweis** Die vollständige Liste der verfügbaren vorgefertigten Funktionen finden Sie unter https://docs.microsoft.com/en-us/azure/bot-service/adaptive-expressions/adaptive-expressions-prebuilt-functions.

Wie Abb. 5.3 zeigt, können Sie auch *Ausdrücke* verwenden, um Werte mithilfe verschiedener vorgefertigter Funktionen zu berechnen. Wie das folgende Beispiel zeigt, können Sie eine Eigenschaft entweder auf einen fest programmierten Wert setzen oder die Funktion *concat* verwenden, um den Wert der Eigenschaft dynamisch zu berechnen. Mit dieser Funktion können Sie auch auf vorhandene Eigenschaften innerhalb eines Ausdrucks verweisen, indem Sie den Namen der Eigenschaft innerhalb des Ausdrucks verwenden, z. B. „*=concat(user.first, , ', user.last)"*.

Um eine Nachricht zu senden, die den Wert einer Eigenschaft enthält, müssen Sie einfach die Notation ${scope.propertyName} verwenden, wie in Abb. 5.4 dargestellt. Diese Notation wird bei der Spracherzeugung verwendet, um auf im Speicher abgelegte Eigenschaften zu verweisen, auf die bei bestimmten Aktionen zugegriffen werden muss.

LU (Sprachverstehen)

Wie bereits in früheren Kapiteln erwähnt, ist das Sprachverständnis eine Kernfunktionalität in fast jeder KI-Lösung. Wann immer Sie spezifische Benutzeranfragen behandeln müssen, die über einfache QnA-basierte Muster hinausgehen, müssen Sie eine Art von Sprachverständnis

Abb. 5.4 Senden einer
Nachricht mit dem Wert
der Eigenschaft

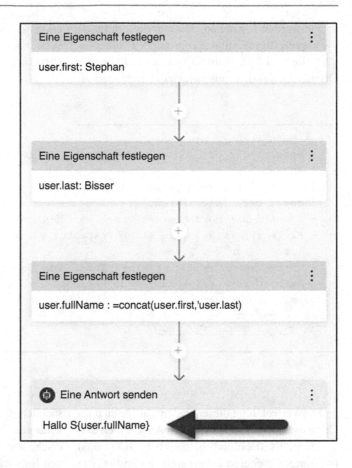

Tab. 5.1 Composer . lu-Dateibezeichnungen

Typ	Notation
Absicht	# IntentName
Wortlaut	- Ein Beispiel für eine Äußerung
Entität	{entityName=example}

implementieren, um Benutzereingaben entsprechend zu verarbeiten. Der Hauptunterschied zwischen der Verwendung von LUIS in Bot Framework SDK-Projekten und dem Composer besteht darin, dass Sie nicht zwischen der IDE und dem LUIS-Portal wechseln müssen, da der Composer über einen Inline-Editor für die Erstellung von LUIS-Komponenten wie Intents und Entities verfügt.

Die Prinzipien der Pflege eines Sprachmodells in Composer sind im Wesentlichen dieselben wie in Kap. 3 beschrieben. Mit dem Inline-Editor von Composer können Sie eine .lu-Datei bearbeiten, die von Composer zur automatischen Verwaltung des LUIS-Modells verwendet wird. Diese .lu-Dateien enthalten normalerweise Intents, Entitäten und Äußerungen. Die dafür verwendete Notation ist in Tab. 5.1 dargestellt.

Daher könnte die . lu-Datei für die Beispielabsicht aus Kap. 3, GetWeather, wie folgt aussehen:

```
# GetWeather
- Können Sie mir die Wettervorhersage für Redmond mitteilen?
- wie ist das wetter in new york?
- ich würde gerne einige Details über das Wetter in Amsterdam erfahren
- Wie ist das Wetter in Seattle?
- wie ist das wetter in berlin?
@ vorgefertigte GeographieV2
```

Sie werden feststellen, dass wir diesem Intent die vorgefertigte Entität „geographyV2" hinzufügen, die es LUIS automatisch ermöglicht, die Ortsnamen aus den Äußerungen des Benutzers zu erkennen und zu extrahieren. Der im Composer verwendete „BookTable"-Intent würde wie folgt aussehen:

```
# BuchTisch
- Reservieren Sie bitte einen Tisch im {@locationName=redmond steak house}
  and grill.
- können Sie morgen einen Tisch für 4 Personen in der {@locationName=famous
  sushi bar} reservieren?
- könnten Sie morgen einen Tisch in {@locationName=tom's diner} reservieren?
- Bitte reservieren Sie einen Platz für 5 Personen in {@locationName=jamie's
  kitchen} am 23. November.
- Bitte reservieren Sie einen Tisch für Samstag, 15 Uhr, im {@locationNa-
  me=hard rock café} für sechs Personen
  @ ml locationName
  @ vorgefertigte datetimeV2
  @ vorgefertigte Nummer
```

Die Verwendung dieser beiden . lu-Dateien im Composer wird in den folgenden Abschnitten dieses Kapitels detailliert beschrieben, zusammen mit einigen weiteren Informationen darüber, wie man das Sprachverständnis entsprechend handhabt.

LG (Sprachgenerierung)

Während das Sprachverständnis Bot-Entwicklern eine einfache Möglichkeit bietet, einem Chatbot Funktionen zur Verarbeitung natürlicher Sprache hinzuzufügen, wird die Spracherzeugung hauptsächlich dazu verwendet, dem Chatbot einen bestimmten Tonfall zu verleihen, um ihn intelligenter erscheinen zu lassen. Die Spracherzeugung soll den Entwicklern daher die Flexibilität geben, den Chatbot-Nachrichten Variationen hinzuzufügen. Dies bietet nicht nur die Möglichkeit, die Geschäftslogik von der Präsentationsschicht zu trennen, sondern auch ein konsistentes Konzept für die Verwaltung und Pflege von Sprachgenerierungskomponenten innerhalb einer Chatbot-Lösung zu verwenden. Das .lg-Dateiformat ist recht einfach und ähnelt in gewisser Weise dem zuvor in diesem Kapitel beschriebenen .lu-Dateiformat und wird in Tab. 5.2 beschrieben:

```
> Grußvorlage mit 3 Varianten.
# Gruß
- Hallo
- Hallo
- Guten Tag
```

Tab. 5.2 Composer. lg-Dateiformat

Komponente	Notation
Kommentar	> Dies ist ein Kommentar
Name der Vorlage	# TemplateName
Variation	- Dies ist eine Bot-Antwort

In . lg-Dateien können Sie auch Bedingungen verwenden, die die Antwort auf der Grundlage bestimmter Eigenschaften definieren. Die Begrüßung kann zum Beispiel auch Begriffe wie „Guten Morgen" oder „Guten Abend" enthalten.

Standardmäßig würde der Bot eine der in der Begrüßungsvorlage gespeicherten Phrasen zufällig auswählen, was zu einer Antwort von „Guten Morgen" führen könnte, obwohl es bereits 20 Uhr abends ist. In einem solchen Fall könnten Sie dieses Problem umgehen, indem Sie eine if-else-Anweisung direkt in der .lg-Datei verwenden, um festzustellen, ob „Guten Morgen" eine geeignete Phrase ist oder ob es besser wäre, den Benutzer mit „Guten Abend" zu begrüßen, wie hier gezeigt:

```
> Begrüßung mit Bedingungen
# ConditionalGreeting
- IF: ${time == 'morning'}
  - Guten Morgen
- ELSEIF: ${time == 'afternoon'}
  - Guten Tag
- ELSEIF: ${time == 'evening'}
  - Guten Abend
- ELSE:
  - Hallo
  - hallo
  - Guten Tag
```

Dasselbe lässt sich mit einer switch case-Anweisung innerhalb einer Vorlage erreichen, um festzustellen, welche case-Klausel auf die Bedingung zutrifft, und um die Antwort des Bots entsprechend einzustellen:

```
> Begrüßung mit Bedingungen
# ConditionalGreeting
- SWITCH: ${time}
- CASE: ${'morning'}
  - Guten Morgen
- CASE: ${'Nachmittag'}
  - Guten Tag
- CASE: ${'evening'}
  - Guten Abend
- DEFAULT:
  - Hallo
  - hallo
  - Guten Tag
```

In .lg-Dateien können Sie auch die bereits erwähnten vorgefertigten Funktionen verwenden, um Werte zu berechnen oder Berechnungen durchzuführen, bevor Sie die Antwort eines Bots versenden. Dies ist besonders hilfreich bei der Manipulation von Zeichenketten, z. B. wenn Sie zwei oder mehr Zeichenketten in einer einzigen Nachricht verbinden oder verketten müssen. Darüber hinaus können Sie auch innerhalb einer Vorlage auf eine andere Vorlage verweisen, wie hier gezeigt:

```
> Grußwort mit Hinweis
# GreetingReply
- ${ConditionalGreeting()}, ${GreetingSuffix()}
# ConditionalGreeting
- IF: ${time == 'morning'}
  - Guten Morgen
- ELSEIF: ${time == 'afternoon'}
  - Guten Tag
- ELSEIF: ${time == 'evening'}
  - Guten Abend
- ELSE:
  - Hallo
  - hallo
  - Guten Tag
# GreetingSuffix
- Wie geht es Ihnen?
- Was ist los?
- Wie ist Ihr Tag?
```

Ersten Chatbot mit Composer erstellen

Wie bereits in diesem Kapitel erwähnt, ist der Composer ein visuelles Bot-Authoring-Tool. Sie können es entweder als Desktop-Anwendung verwenden oder Composer aus dem Quellcode erstellen. Alle in diesem Buch behandelten Szenarien und Beispiele werden mit der Desktop-Anwendung von Composer durchgeführt, was besonders für Nicht-Entwickler hilfreich ist, um den Einstieg zu finden. Falls Sie Composer noch nicht heruntergeladen haben, müssen Sie die folgenden Voraussetzungen installieren, bevor Sie beginnen können:

- Bot-Framework-Emulator
  - https://github.com/microsoft/BotFramework-Emulator/releases/latest
- .NET Core SDK 3.1 und höher
  - https://dotnet.microsoft.com/download/dotnet-core/3.1
- Komponist
  - https://aka.ms/bfcomposer

Vorlagen und Muster

Nachdem Sie die drei im vorangegangenen Text erwähnten Tools installiert haben, können Sie den Composer verwenden, um Ihren ersten Chatbot zu erstellen. Zur Unterstützung von Personen, die mit der Verwendung des Bot Framework SDK und des Composers beginnen, stehen viele Vorlagen und Beispiele zur Verfügung, die als Grundgerüst für Ihr nächstes Projekt dienen. Die vordefinierten Beispiele sind in Tab. 5.3 zusammen mit einer kurzen Beschreibung zu jedem Beispiel aufgeführt.

Einen Echo-Bot erstellen

Der erste Chatbot, den wir erstellen werden, basiert auf dem Beispiel „Echo-Bot", bei dem es sich im Grunde um einen einfachen Bot handelt, der alles, was der Benutzer in den Chat eingibt, als Echo wiedergibt. Um einen neuen Bot zu er-

Tab. 5.3 Beispiele für Bot Framework Composer (Microsoft, 2020)

Muster	Beschreibung
Echo-Bot	Ein Bot, der die vom Benutzer eingegebene Nachricht wiedergibt.
Leerer Bot	Ein einfacher Bot, der für Ihre Kreativität bereit ist.
Einfaches To-Do	Ein Beispiel-Bot, der zeigt, wie der Regex-Erkenner zum Definieren von Intents verwendet werden kann, und der es Ihnen ermöglicht, Elemente hinzuzufügen, aufzulisten und zu entfernen.
Zu tun mit LUIS	Ein Beispiel-Bot, der zeigt, wie der LUIS Recognizer verwendet wird, um Intents zu definieren, und der es Ihnen ermöglicht, Elemente hinzuzufügen, aufzulisten und zu entfernen. Ein *LUIS-Authoring-Schlüssel* ist erforderlich, um dieses Beispiel auszuführen.
Fragen stellen	Ein Beispiel-Bot, der zeigt, wie man den Benutzer zu verschiedenen Arten von Eingaben auffordert.
Steuerung des Gesprächsflusses	Ein Beispiel-Bot, der zeigt, wie man Verzweigungsaktionen zur Steuerung eines Gesprächsflusses verwendet.
Dialog-Aktionen	Ein Beispiel-Bot, der die Verwendung von Aktionen im Composer zeigt (enthält nicht die Aktionen für das **Stellen einer Frage, die** bereits im Beispiel „**Fragen stellen**" behandelt werden).
Unterbrechungen	Ein Beispiel-Bot, der zeigt, wie man mit Unterbrechungen in einem Gesprächsablauf umgeht. Ein *LUIS-Authoring-Schlüssel* ist erforderlich, um dieses Beispiel auszuführen.
QnA Maker und LUIS	Ein Beispiel-Bot, der zeigt, wie man sowohl QnA Maker als auch LUIS benutzt. Ein *LUIS-Authoring-Key* und eine *QnA Knowledge Base* sind erforderlich, um dieses Beispiel auszuführen.
QnA-Beispiel	Ein Beispiel-Bot, der so eingerichtet ist, dass Benutzer die QnA Maker-Wissensdatenbank im Composer erstellen können.
Reagieren mit Karten	Ein Beispiel-Bot, der zeigt, wie man verschiedene Karten mit Hilfe der Sprachgenerierung verschickt.
Mit Text antworten	Ein Beispiel-Bot, der zeigt, wie man mit Hilfe der Spracherzeugung verschiedene Textnachrichten an Benutzer senden kann.

stellen, müssen Sie auf dem Hauptbildschirm des Composers „+ Neu" und dann „Aus Vorlage erstellen" wählen und „Echo Bot" auswählen, wie in Abb. 5.5 gezeigt.

Nachdem Sie die Vorlage ausgewählt haben, müssen Sie Ihrem Chatbot einen Namen geben und den Ort wählen, an dem Composer das Chatbot-Projekt speichern soll. In meinem Fall lautet der Name des Chatbots „Diele", und ich gebe auch eine optionale Beschreibung ein, um die Hauptziele zu beschreiben, wie in Abb. 5.6 dargestellt.

Nachdem Sie Ihren ersten Bot erstellt haben, zeigt Composer den neu erstellten Bot zusammen mit seinem „Begrüßungs"-Auslöser an, wie in Abb. 5.7 dargestellt. Da wir die Vorlage „Echo Bot" gewählt haben, besteht unser Bot im Wesentlichen aus einem Dialog mit zwei Auslösern. Der erste Auslöser ist der Auslöser „Begrüßung", der bei jeder „ConversationUpdate"-Aktivität ausgelöst wird, während der zweite Auslöser „Unbekannte Absicht" heißt und immer dann ausgelöst wird, wenn der Bot in der Lage ist, die richtige Absicht zu erkennen.

Die Geschäftslogik innerhalb des Auslösers „Unbekannte Absicht" ist sehr einfach, wie in Abb. 5.8 dargestellt. Dieser Auslöser besteht hauptsächlich aus der Aktion zur Rückmeldung dessen, was der Benutzer geschrieben hat. Wie in diesem Beispiel zu sehen ist, wird die letzte Nachricht des Benutzers an den Bot immer in der Eigenschaft „turn.activity.text" innerhalb des Turn-Bereichs gespeichert, die nur innerhalb des jeweiligen Turns gültig ist.

Um Ihren Bot zum ersten Mal zu testen, können Sie auf die Schaltfläche „Bot starten" in der oberen rechten Ecke des Composers klicken. Dadurch wird der Bot auf Ihrem lokalen Rechner gestartet und alles vorbereitet, was zum Testen Ihres Chatbots vor Ort erforderlich ist. Nachdem der Bot gestartet wurde, können Sie einfach auf die Schaltfläche „Im Emulator testen" neben der Schaltfläche „Bot neu starten" in der rechten oberen Ecke klicken, um Ihren Chatbot im Bot-Framework-Emulator zu öffnen, wie in Abb. 5.9 dargestellt.

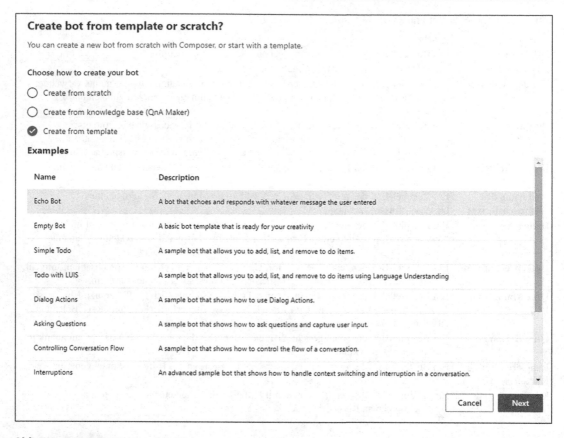

Abb. 5.5 Ersten Chatbot erstellen 01

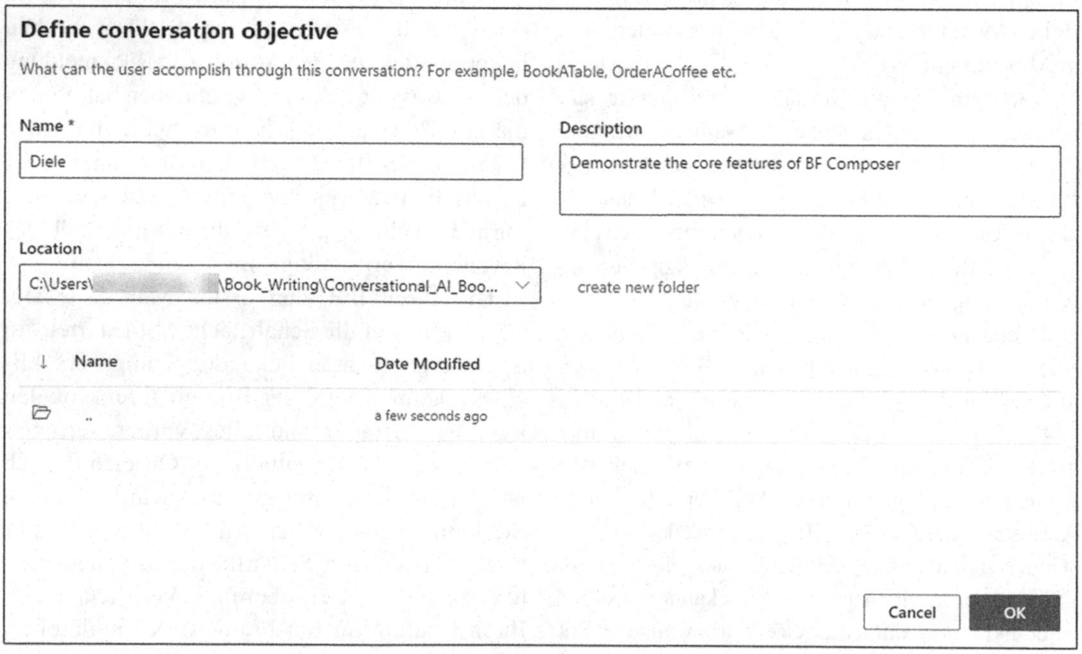

Abb. 5.6 Ersten Chatbot erstellen 02

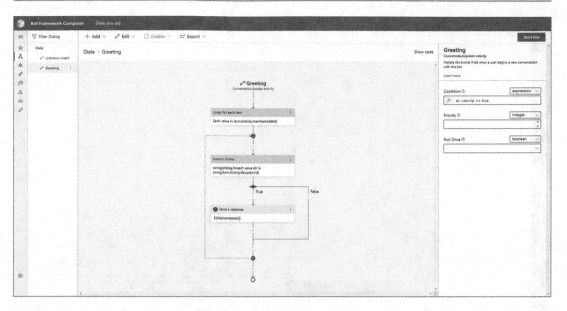

Abb. 5.7 Ersten Chatbot 03 erstellen – Begrüßungsauslöser

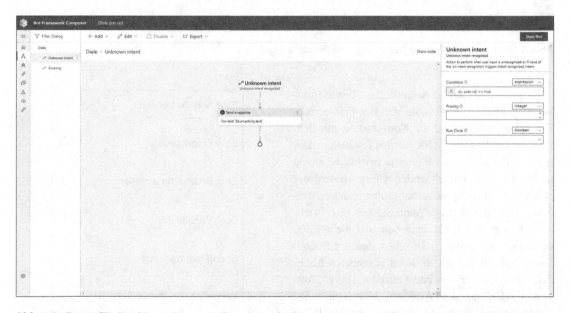

Abb. 5.8 Ersten Chatbot 04 erstellen – unbekannter Auslöser

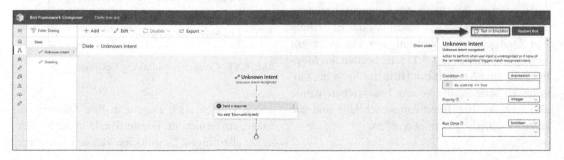

Abb. 5.9 Ersten Chatbot 05 erstellen – Testbot

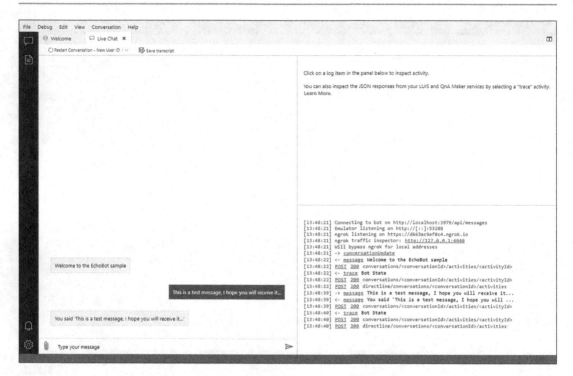

Abb. 5.10 Ersten Chatbot erstellen 05 – Bot im Emulator testen

Nachdem Sie auf die Schaltfläche „Test in Emulator" geklickt haben, sollte der Bot-Framework-Emulator geöffnet und die Konversation mit dem Bot hergestellt werden. Sie werden feststellen, dass der Bot Ihnen die Begrüßungsnachricht „Welcome to the EchoBot sample" sendet, wie sie im Auslöser „Greeting" in der Sprachgenerierungsvorlage „WelcomeUser" definiert ist. Wenn Sie nun eine Nachricht in das Sendefeld eingeben und sie an den Chatbot senden, werden Sie sehen, dass der Bot mit „You said:" und der von Ihnen gesendeten Nachricht antwortet. Er verwendet also die Aktion „Antwort senden" aus dem Auslöser „Unbekannte Absicht", um die Nachricht mit diesen beiden Teilen zu senden, wie in Abb. 5.10 dargestellt.

Wie Sie aus der Composer-Benutzeroberfläche ersehen können, stehen Ihnen bei der Erstellung von Dialogen eine Vielzahl von Optionen zur Verfügung (siehe Abb. 5.11). Es besteht die Möglichkeit, eine Antwort mit Hilfe der Spracherzeugung zu senden, die bereits beschrieben wurde und mit der die Begrüßungsnachricht und die Echo-Nachricht gesendet wurden.

Abb. 5.11 Composer-Authoring-Optionen

Sie können auch Fragen in Ihre Dialoge einbauen, um bestimmte Themen direkt in der Konversation abzufragen. Es gibt eine Vielzahl von vorge-

Abb. 5.12 Composer-
Authoring-Optionen –
eine Frage stellen

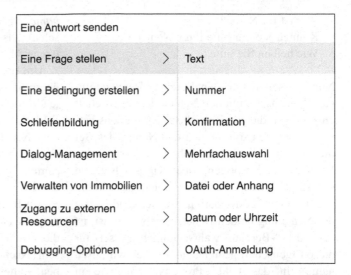

Eine Antwort senden		
Eine Frage stellen	>	Text
Eine Bedingung erstellen	>	Nummer
Schleifenbildung	>	Konfirmation
Dialog-Management	>	Mehrfachauswahl
Verwalten von Immobilien	>	Datei oder Anhang
Zugang zu externen Ressourcen	>	Datum oder Uhrzeit
Debugging-Optionen	>	OAuth-Anmeldung

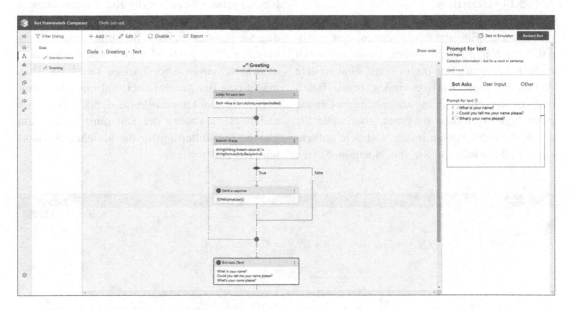

Abb. 5.13 Erstellen einer Texteingabeaufforderung 01

fertigten Eingabeaufforderungen, wie in Abb. 5.12 dargestellt. Die meisten davon wurden bereits in Kap. 2 besprochen, weshalb sie in diesem Kapitel nicht näher behandelt werden. Mit diesen Prompts können Sie in einem bestimmten Teil der Konversation eine Frage stellen und einen bestimmten Antworttyp erwarten, z. B. einen Text, eine Zahl oder sogar ein Authentifizierungsereignis mit OAuth. Dies kann äußerst hilfreich sein, um bestimmte Werte in Eigenschaften zu speichern, die dann später in der Konversation verwendet werden können.

Ein sehr einfaches Beispiel für die Verwendung der Eingabeaufforderung ist die Frage nach dem Namen des Benutzers im Rahmen der Begrüßungsfunktion. Nach jeder Schleife fügen wir einfach eine neue Aktion vom Typ „Frage stellen – Text" hinzu und fügen einige Aufforderungstexte in den Abschnitt „Botfragen" auf der rechten Seite ein, wie in Abb. 5.13 gezeigt. Diese Eingabeaufforderungen könnten etwa so aussehen wie die folgenden Beispiel-Eingabeaufforderungen:

- Wie ist Ihr Name?
- Können Sie mir bitte Ihren Namen sagen?
- Wie heißen Sie bitte?

Nun müssen wir in den Bereich „Benutzereingabe" wechseln, um den Namen der Eigenschaft einzugeben, die zum Speichern des Namens verwendet werden soll. Da wir den Namen des Benutzers möglicherweise während der gesamten Konversation benötigen, haben wir grundsätzlich die Möglichkeit, dafür den Bereich „user" oder den Bereich „conversation" zu verwenden. Da der Name eng an den Benutzer gebunden ist, ist der „user"-Bereich wahrscheinlich besser für diese Eigenschaft geeignet, also geben wir „user.name" in das Feld „Property" ein, wie in Abb. 5.14 skizziert.

Das letzte, was wir tun müssen, ist, dem Benutzer bei der Eingabe seines Namens eine personalisierte Nachricht zu senden. Daher fügen wir nach der Aktion „Bot fragt (Text)" eine weitere Aktion des Typs „Antwort senden" hinzu. Innerhalb der Spracherzeugung können Sie im Grunde jeden beliebigen Text eingeben, aber wenn Sie den Namen der Person in die Nachricht aufnehmen wollen, müssen Sie die Notation *${user.*

name} verwenden, um auf den Wert der Eigenschaft „user.name" im Speicher zu verweisen, wie in Abb. 5.15 dargestellt.

Um das neue Verhalten der Konversation zu überprüfen, klicken Sie einfach auf „Bot neu starten" in der oberen rechten Ecke des Composer-Bildschirms, um den Bot neu zu starten. Nach dem Neustart können wir zum Bot-Framework-Emulator wechseln und auf „Konversation neu starten" klicken, um die Konversation von Anfang an neu zu starten. Wenn alles geklappt hat, sollten Sie zu Beginn zwei Nachrichten vom Bot sehen, die erste ist die Standardbegrüßungsnachricht und die zweite sollte die Frage nach Ihrem Namen sein. Nachdem Sie Ihren Namen eingegeben haben, sollten Sie die Antwort des Bots mit Ihrem Namen sehen. Wenn Sie die Konversation erneut starten und die Frage erneut beantworten, werden Sie feststellen, dass die Spracherzeugungsmaschine fast jedes Mal eine andere Variante auswählt, wie in Abb. 5.16 zu sehen ist. Dies macht den Bot persönlicher und menschenähnlicher, da die Art und Weise der Konversation anders ist, als wenn der Bot immer die exakt gleiche Formulierung für die gleichen Antworten verwenden würde.

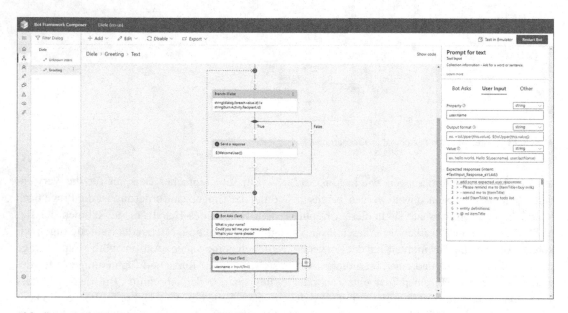

Abb. 5.14 Erstellen einer Texteingabeaufforderung 02

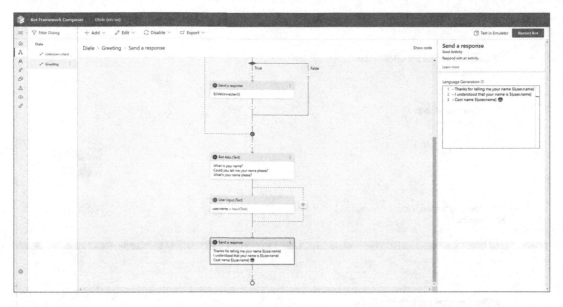

Abb. 5.15 Senden einer Antwort mit einer Eigenschaft

Chatbot mit LUIS und QnA Maker aufwerten

Nachdem Sie nun einen sehr grundlegenden Anwendungsfall mit dem Composer behandelt haben, wäre der nächste Schritt die Behandlung des in Kap. 4 erwähnten Dialogbaumbeispiels. Dieser Dialogbaum ist ebenfalls in Abb. 5.17 dargestellt, allerdings wurde die Übersicht um den „QnADialog" erweitert, um Fragen aufzunehmen, die vom Bot beantwortet werden müssen und nicht unbedingt an eine bestimmte Aktion innerhalb der anderen Dialoge gebunden sind. Die folgende Abbildung deckt im Wesentlichen alle Auslöser und Dialoge ab, die in diesem Kapitel erstellt werden. Das primäre Ziel ist es, einen Chatbot zum Laufen zu bringen, der sowohl die Buchung eines Restauranttisches als auch die Verwaltung bestehender Buchungen abdecken kann. Darüber hinaus soll der Bot in der Lage sein, über eine Drittanbieter-API, die Teil des nächsten Unterkapitels sein wird, Informationen über die Wettervorhersage zu geben. Des Weiteren soll der Chatbot in der Lage sein, Fragen rund um das Restaurant oder den Buchungsprozess im Allgemeinen zu beantwor-

ten, was über eine QnA Maker Wissensdatenbank erfolgen soll.

Bevor Sie mit dem Verfassen der Dialoge fortfahren, sollten Sie als Erstes die Begrüßung der Konversation ändern. Wie wir in Kap. 4 gelernt haben, ist die Begrüßung entscheidend für den Erfolg oder Misserfolg des Bots, da sie entweder einen guten oder schlechten ersten Eindruck bei Ihren Benutzern hinterlässt. Daher sollten Sie wahrscheinlich eine Begrüßung in Form einer Karte verwenden, damit sich der Bot proaktiv vorstellen kann, anstatt eine reine Textnachricht zu senden, wie es jetzt der Fall ist. Für den Beispiel-Bot, der in diesem Kapitel besprochen wird, verwendet der Bot eine adaptive Karte als Begrüßungsnachricht, wie in Abb. 5.18 zu sehen ist.

Um eine adaptive Karte in eine Nachricht im Composer einzubinden, müssen Sie die JSON-Nutzdaten der Karte zum Abschnitt Bot-Antworten im entsprechenden Dialogfeld hinzufügen. Die Formatierung der Methode ist in Abb. 5.19 skizziert. Der JSON-Payload der Adaptiven Karte sollte zu einer Funktion hinzugefügt werden, die in diesem Beispiel „GreetingCardJson" heißt.

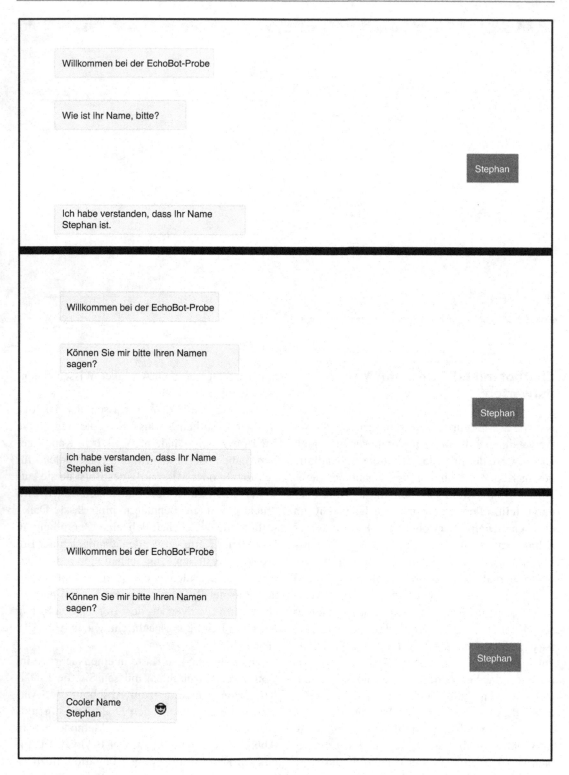

Abb. 5.16 Testbot und Frageverhalten

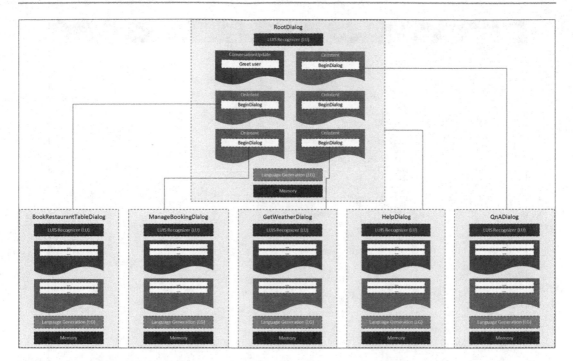

Abb. 5.17 Übersicht über die notwendigen Dialoge

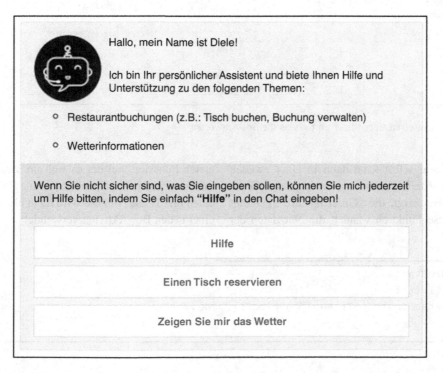

Abb. 5.18 Beispiel einer adaptiven Grußkarte

Abb. 5.19 Einsetzen einer adaptiven Karte in die Bot-Antworten

Die Karte selbst kann dann in einer zweiten Funktion erstellt werden, wie im folgenden Codeschnipsel gezeigt, die „GreetingCard" genannt wird. Diese Funktion wandelt die Nutzdaten der ersten Funktion, bei der es sich im Wesentlichen um eine Zeichenkette handelt, in eine JSON-Nutzdaten um. Diese Nutzlast wird dann als Anhang in einer neuen Bot-Aktivität verwendet:

```
# Grußkarte
[Aktivität
  Attachments = ${json(GreetingCardJson())}
]
```

Die Grußkarte kann dann als Antwort mit der Funktion „GreetingCard" in der Schreibweise „*${GreetingCard()}*" gesendet werden, wie in Abb. 5.20 gezeigt. Damit wird im Wesentlichen die Funktion „GreetingCard" aufgerufen, die eine neue Aktivität mit einem Anhang

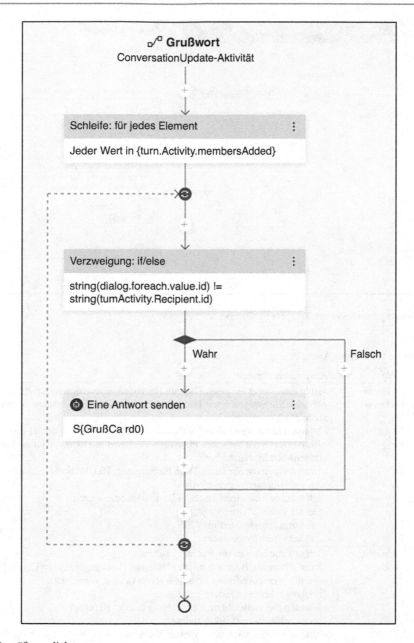

Abb. 5.20 Begrüßungsdialog

erzeugt, der von der Funktion „GreetingCardJson" zurückgegeben wird.

Nachdem die Begrüßung nun entsprechend implementiert ist, besteht der nächste Schritt darin, Ihren Chatbot um die im vorangegangenen Text genannten Anwendungsfälle zu erweitern. Dazu müssen Sie einige Auslöser zu Ihrem Hauptdialog hinzufügen. Um einen neuen Auslöser hinzuzufügen, klicken Sie einfach auf die Schaltfläche „+ Hinzufügen" oben im Composer, wählen Sie „Neuen Auslöser hinzufügen ..." und geben Sie den Namen sowie die Auslöserphrasen ein, wie in Abb. 5.21 dargestellt.

Die folgende Tabelle beschreibt, welche Auslöser hinzugefügt werden müssen und um welche Art von Auslösern es sich handelt. Außerdem sind die Auslöserphrasen, die als Beispielsätze verwendet werden können, in Tab. 5.4 aufgeführt.

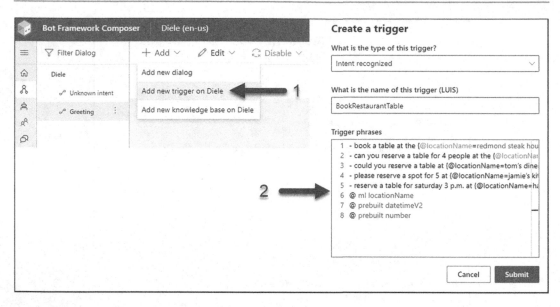

Abb. 5.21 Hinzufügen eines neuen Triggers im Composer

Tab. 5.4 Beispiele für Chatbot-Auslöser

Name	Typ	Auslösende Phrasen

BuchenRestaurantTisch	Absicht erkannt	- Bitte reservieren Sie einen Tisch im {locationName=redmond steak house and grill}
		- können Sie morgen einen Tisch für 4 Personen in der {Ortsname=berühmten Sushi-Bar} reservieren?
		- könnten Sie morgen einen Tisch in {locationName=tom's diner} reservieren?
		- Bitte reservieren Sie einen Platz für 5 Personen in {locationName=jamie's kitchen} am 23. November
		- Bitte reservieren Sie einen Tisch für Samstag, 15 Uhr, im {locationName=hard rock café} für sechs Personen
		- Ich möchte bitte einen Tisch im Restaurant reservieren
		    @ ml locationName
		    @ vorgefertigte datetimeV2
		    @ vorgefertigte Nummer

Manage-Booking	Absicht erkannt	- Ich möchte bitte meine Buchung ändern - kann ich meine Buchung mit der Nummer {bookingNumber=123abc} anpassen - Ich muss eine Änderung in meiner Reservierung vornehmen {bookingNumber=456def} - könnten Sie vielleicht meine Buchung mit der Referenz {bookingNumber=789ghi} ändern - bitte lassen Sie mich einen meiner Vorbehalte ändern @ ml bookingNumber
GetWeather	Absicht erkannt	- Bitte sagen Sie mir das Wetter - wie ist das Wetter in {Stadt=Seattle} - Können Sie mir die Wettervorhersage für {city=redmond} mitteilen? - Wie ist das Wetter in {Stadt=New York}? - Wie ist das Wetter in {Stadt=Berlin}? @ ml city
Hilfe	Absicht erkannt	- Hilfe - Ich brauche Hilfe - Könnten Sie mir bitte helfen? - Ich brauche Hilfe - Bitte helfen Sie mir
QnA	QnA Absicht erkannt	*(Es müssen keine Auslöserphrasen hinzugefügt werden)*

Der nächste Schritt wäre die Festlegung einer bestimmten Bedingung, wann die Auslöser ausgeführt werden sollen. Da für die oben genannten Auslöser LUIS-Erkenner verwendet werden, sollte die Bedingung an den Konfidenzwert des LUIS-Erkenners gebunden sein. In der Regel ist ein Konfidenzwert von 0,8 und mehr gut und deutet auf ein gutes Konfidenzniveau innerhalb des Sprachverständnisses Ihres Bots hin. Um eine Bedingung für einen bestimmten Trigger festzulegen, öffnen Sie den Trigger im Compo-

ser und setzen Sie die Bedingung auf *#Triggername.Score >= 0,8*, wie in Abb. 5.22 gezeigt.

Nachdem nun alle Auslöser erstellt wurden, können Sie für jeden der oben genannten Auslöser einen neuen Dialog starten, um die Aktionen des Dialogs separat zu behandeln. Fügen Sie daher in jedem der kürzlich erstellten Auslöser eine neue Aktion vom Typ „Neuen Dialog starten" hinzu und erstellen Sie für jeden Auslöser einen neuen Dialog, wie in Abb. 5.23 gezeigt.

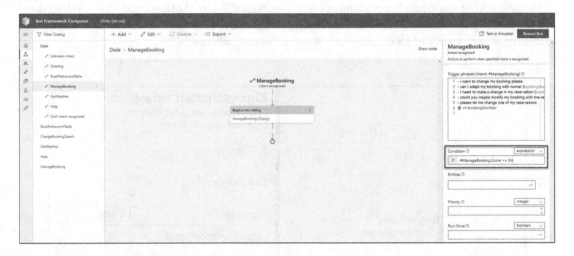

Abb. 5.22 Hinzufügen einer Bedingung zu einem Auslöser

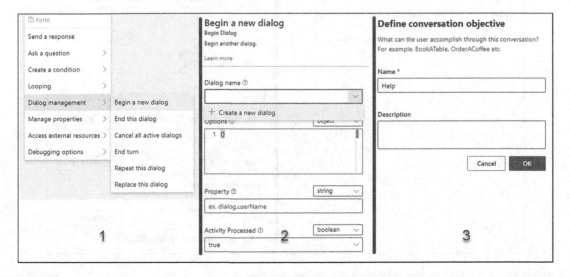

Abb. 5.23 Neuen Dialog in jedem Trigger beginnen

BookRestaurantTable Dialog

Nun können Sie damit beginnen, die Dialoge zu verfassen, um eine Geschäftslogik in die Konversation einzubinden. Der „BookRestaurantTable"-Dialog soll einfach alle notwendigen Informationen sammeln, um eine neue Buchungsreferenz für einen bestimmten Benutzer zu erstellen. Daher ist es notwendig, die Informationen über den Ort, das Datum und die Anzahl der Personen, für die der Benutzer einen Tisch buchen möchte, zu erhalten. Alle drei Eigenschaften sind im Sprachverständnismodell als Entitäten gekennzeichnet, die automatisch extrahiert werden sollen. Der einfachste Weg,

diese Entitäten zu erfassen, ist daher, die Aktion „Eigenschaften setzen" als ersten Schritt innerhalb des „BookRestaurantTable"-Dialogs zu verwenden, um die von LUIS extrahierten Informationen in separaten Eigenschaften innerhalb des Dialogbereichs zu speichern, wie in Abb. 5.24 gezeigt. Der wichtigste Schritt ist hier die Verwendung der vorgefertigten Funktion „coalesce". Diese Funktion gibt grundsätzlich den ersten Wert aus der Liste der Parameter zurück, die in diesem Fall die Entitätseigenschaft sind, die mit einem „@" (z. B. „@locationName") am Anfang und die Dialogeigenschaft, der ein „$" vorangestellt ist (z. B. „$locationName").

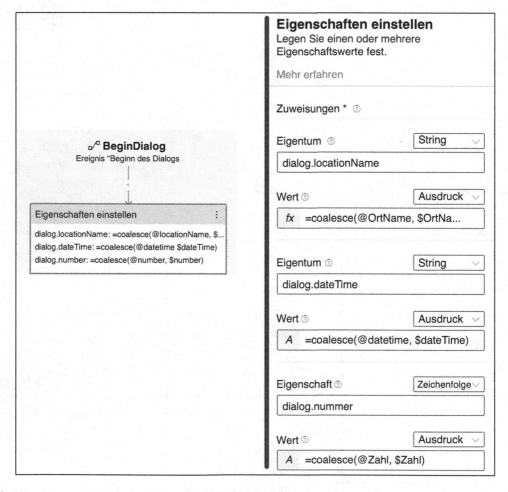

Abb. 5.24 Dialog BookRestaurantTable – Eigenschaften einstellen

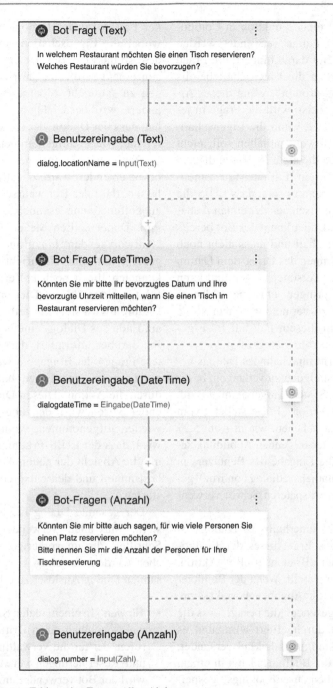

Abb. 5.25 BookRestaurantTable – eine Frage stellen Aktion

Der nächste Schritt besteht darin, die Aktion „Frage stellen" zu verwenden, um die fehlenden Eigenschaften zu erfragen, bevor man zum nächsten Schritt der Konversation übergeht. Daher können Sie drei Aktionen hinzufügen, um nach dem Namen des Ortes, dem Datum der Reservierung und der Anzahl der Personen zu fragen, für die ein Tisch reserviert werden soll, wie in Abb. 5.25 dargestellt.

Es gibt eine hilfreiche Funktion in Composer, die in solchen Fällen verwendet werden sollte und die den Bot daran hindert, die Frage zu stellen, auch wenn die Eigenschaft bereits gefüllt ist: „Always prompt". Wenn dieses Attribut auf true gesetzt ist, wird die Frage in jedem Fall gestellt, auch wenn die Eigenschaft, die den Wert der Antwort enthalten soll, nicht null oder leer ist. Da die erste Aktion in diesem Dialog die extrahierten Entitäten in Eigenschaften speichert, kann es sein, dass LUIS die Werte bereits automatisch aus der ersten Äußerung extrahiert hat. Daher kennt der Bot bereits den Wert der Eigenschaft und muss nicht noch einmal nach dem Namen des Ortes, dem Datum oder der Anzahl der Personen fragen und kann diese Fragen überspringen, um eine schlechte Benutzererfahrung zu vermeiden. Daher sollte diese Einstellung in diesem Fall auf false gesetzt werden, wie in Abb. 5.26 gezeigt.

Der nächste Schritt innerhalb des Dialogs besteht darin, eine Bestätigung zu verlangen, bevor die Buchung in das System aufgenommen wird. Dies kann mit der Aktion „Frage stellen" vom Typ „Bestätigung" geschehen, wie in Abb. 5.27 gezeigt. Wie Sie in der folgenden Abbildung sehen können, wird die Eingabe des Benutzers in einer Eigenschaft namens „dialog.confirm" gespeichert, die in einem späteren Schritt verwendet wird.

Der letzte Schritt innerhalb des Dialogs ist die Überprüfung des Ergebnisses der Bestätigung mit Hilfe einer „Branch: If/else"-Aktion, wie in Abb. 5.28 dargestellt. Wenn der Benutzer bestätigt hat, dass die Angaben korrekt sind, wird eine Antwort gesendet, die besagt, dass die Buchung vom Bot durchgeführt wird, und es wird auch eine Bestätigungs-E-Mail versendet. Außerdem werden die Buchungsdaten in einem Array mit dem Namen „user.bookings" gespeichert, in dem alle Buchungen eines Benutzers für eine spätere Referenz gespeichert werden. Wenn der Nutzer die Buchungsdetails nicht bestätigt hat, fragt der Bot zurück, ob der Nutzer etwas an der Buchung ändern möchte. Ist dies

der Fall, wird der Dialog einfach wiederholt, wobei alle Eigenschaften vorher gelöscht werden, so dass der Bot dem Nutzer alle drei Fragen erneut stellt, um die richtigen Informationen zu sammeln. Möchte der Benutzer nichts ändern, wird der Dialog beendet, was zur Folge hat, dass der Dialog, der diesen Dialog aufgerufen hat, wieder aufgenommen wird.

Die letzte Aktion innerhalb dieses Dialogs, bevor er endet, wäre, den Benutzer wissen zu lassen, dass der Bot wahrscheinlich da ist, um zu helfen, wenn es noch etwas zu erledigen gibt. Daher sollten Sie eine Aktion des Typs „Antwort senden" hinzufügen, wie in Abb. 5.29 gezeigt, um eine Nachricht des Typs „Womit kann ich Ihnen noch helfen?" zu senden, gefolgt von der Aktion „Diesen Dialog beenden". Dadurch wird sichergestellt, dass der Benutzer am Ende des Dialogs eine Nachricht erhält, die ihn darüber informiert, dass der Bot eine weitere Frage oder Eingabe erwartet, falls der Benutzer noch eine Frage hat. Da der Dialog durch die Aktion „Diesen Dialog beenden" beendet wird, wird der übergeordnete Dialog wieder aufgenommen, wodurch sichergestellt wird, dass der LUIS-Erkenner verwendet wird, um die Absicht der neuen Äußerung korrekt zu bestimmen und den entsprechenden Dialog zu starten.

Der gesamte Dialog ist in Abb. 5.30 dargestellt, mit allen verwendeten Aktionen und Schritten, die im vorherigen Abschnitt besprochen wurden, um einen Überblick über den gesamten Dialog/Auslöser zu erhalten.

▶ **Hinweis** In einem realen Szenario würden Sie wahrscheinlich einen Drittanbieterdienst aufrufen, der für die Verwaltung von Buchungen und Reservierungen verwendet wird. Daher wird der Bot verwendet, um alle notwendigen Informationen vom Benutzer zu sammeln und dann eine API aufzurufen, um beispielsweise die Reservierung im Buchungssystem entsprechend zu erstellen.

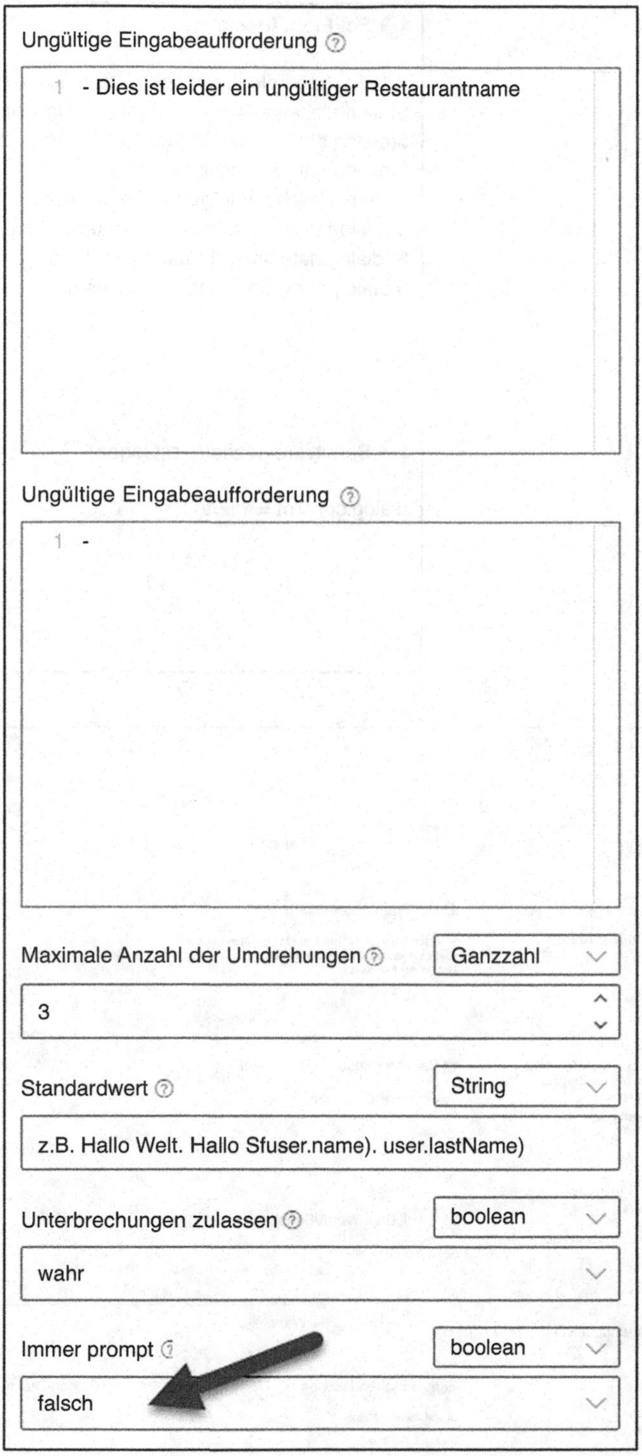

Ungültige Eingabeaufforderung ⑦

```
1   - Dies ist leider ein ungültiger Restaurantname
```

Ungültige Eingabeaufforderung ⑦

```
1   -
```

Maximale Anzahl der Umdrehungen ⑦   Ganzzahl ∨

```
3
```

Standardwert ⑦   String ∨

```
z.B. Hallo Welt. Hallo Sfuser.name). user.lastName)
```

Unterbrechungen zulassen ⑦   boolean ∨

```
wahr                                            ∨
```

Immer prompt ⑦   boolean ∨

```
falsch                                          ∨
```

Abb. 5.26 BookRestaurantTable – immer auffordernde Funktion

Abb. 5.27 Dialog
BookRestaurantTable –
Bitte um Bestätigung

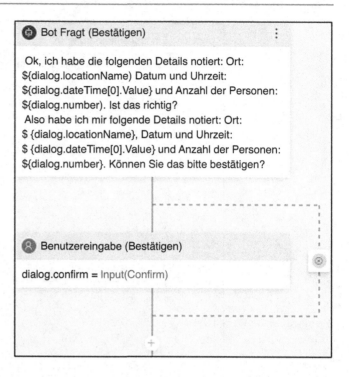

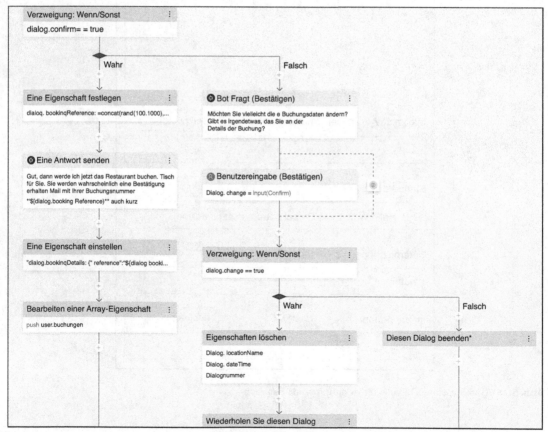

Abb. 5.28 Dialogfeld BookRestaurantTable – Bestätigungsoptionen

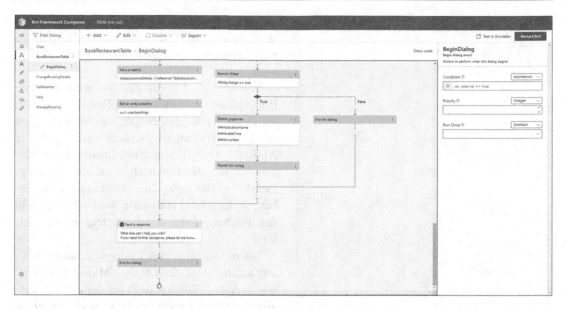

Abb. 5.29 Dialog BookRestaurantTable – Aktion Dialog beenden

Dialog „Buchungen verwalten"

Da der Bot nun in der Lage ist, Restaurantreservierungen zu bearbeiten, wäre der nächste Schritt die Bearbeitung von Anfragen von Benutzern, die Hilfe bei der Änderung bestehender Reservierungen suchen. Daher sollte der „ManageBooking"-Dialog verwendet werden, um bestimmte Details innerhalb einer bestehenden Reservierung zu ändern. Der erste Schritt in diesem Dialog besteht darin, die Buchungsreferenzeigenschaft zu setzen, ähnlich dem ersten Schritt im Dialog „BookRestaurantTable", wie in Abb. 5.31 gezeigt. Mit dieser Aktion wird der Wert der Eigenschaft „dialog.bookingReference" auf den extrahierten Entity-Wert gesetzt, der von der LUIS-Erkennung empfangen wurde.

Wenn die LUIS-Erkennung die Buchungsreferenznummer nicht extrahieren konnte, besteht die nächste Aktion darin, den Benutzer nach der Buchungsreferenz zu fragen, wie in Abb. 5.32 gezeigt. Ähnlich wie beim vorherigen Dialog wird diese Aktion nur ausgeführt, wenn die Eigenschaft „dialog.bookingReference" null oder leer ist. Daher wird diese Frage nur dann an den Be-

nutzer gesendet, wenn der LUIS-Erkenner die Buchungsreferenzentität nicht erfolgreich extrahiert hat.

Nachdem der Bot nun die Buchungsreferenznummer erhalten hat, besteht der nächste Schritt darin, diese Nummer mit den in der Eigenschaft „user.bookings" gespeicherten Buchungsreferenznummern zu vergleichen (siehe Abb. 5.33). Wurde eine Übereinstimmung gefunden, wird die Buchung aus den Buchungen des Benutzers entfernt, und ein zusätzlicher Dialog „ChangeBookingDetails" wird ausgeführt, um die Eigenschaften der Buchung separat zu ändern.

In Abb. 5.34 ist die Startaktion der „ChangeBookingDetails" dargestellt. In diesem Dialog muss der Benutzer auswählen, welche Eigenschaft der Buchung geändert werden soll. Dazu hat der Benutzer die Möglichkeit, eine Auswahl aus der vom Bot erhaltenen Multichoice-Frageaktion zu treffen.

Nachdem der Benutzer eine der angebotenen Optionen ausgewählt hat, wird die Aktion „Verzweigung: Umschalten (mehrere Optionen)" verwendet, um festzustellen, welche Option vom Benutzer ausgewählt wurde (siehe Abb. 5.35). Je nachdem, welche Option der Benutzer gewählt

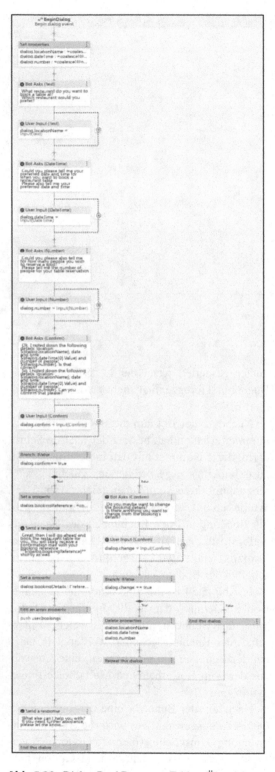

Abb. 5.30 Dialog BookRestaurantTable – Übersicht

hat, wird die entsprechende Eigenschaft eingestellt, indem der Benutzer mit einer Textabfrage nach dem neuen oder gewünschten Wert gefragt wird.

Wie in Abb. 5.36 dargestellt, wird die neue Eigenschaft „dialog.bookingDetails" erstellt, die die neuen Eigenschaften für die Buchungen des Benutzers enthält. Darüber hinaus wird die Aktion „Array-Eigenschaft bearbeiten" verwendet, um die Eigenschaft „dialog.bookingDetails" in das Array „user.bookings" zu schieben, so dass die aktualisierte Buchung wieder in der Buchungsliste des Benutzers gespeichert wird.

Nach Abschluss des Dialogs „ChangeBookingDetails" wird der Dialog „ManageBooking" wie in Abb. 5.37 dargestellt fortgesetzt. Der einzige Schritt, der noch aussteht, ist die Frage an den Benutzer, ob es noch etwas gibt, bei dem der Bot behilflich sein könnte, um anzuzeigen, dass der Bot auch in der Lage ist, weitere Hilfe zu leisten. Die Äußerung des Benutzers wird auch in diesem Fall vom LUIS-Erkenner der obersten Ebene innerhalb des übergeordneten Dialogs verarbeitet.

Abb. 5.38 fasst alle zuvor ausführlich besprochenen Schritte und Aktionen zusammen, da sie im Wesentlichen die Übersicht des Dialogs „Buchungen verwalten" darstellt.

Hilfe-Dialog

Da die Benutzer möglicherweise nicht immer genau wissen, was sie den Bot fragen können, ist ein „Hilfe"-Dialog eine gute Option, um die Fähigkeiten des Bots zu beschreiben. Wann immer ein Benutzer „Hilfe" oder „Ich brauche Hilfe" eingibt, wird dieser Dialog ausgeführt. Der „Hilfe"-Dialog ist recht einfach, da er aus zwei Aktionen besteht, wie in Abb. 5.39 dargestellt. Die erste Aktion dient im Wesentlichen dazu, dem Benutzer eine adaptive Karte mit dem Inhalt zu senden, der ihm Hilfe bietet. Diese Aktion nutzt eine Sprachgenerierungsfunktion „HelpCard". „Diese Funktion" extrahiert im Wesentli-

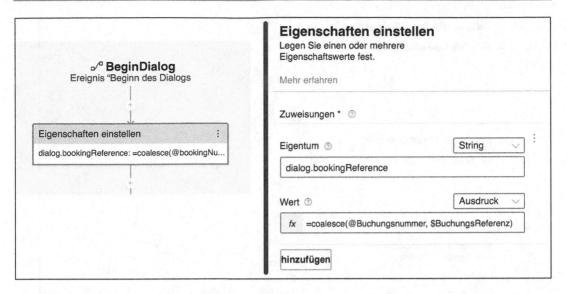

Abb. 5.31 Dialogfeld „ManageBooking" – Eigenschaften festlegen

Abb. 5.32 Dialog
ManageBooking –
Buchungsreferenz
abfragen

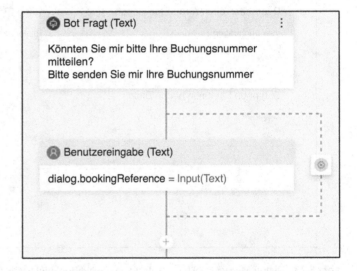

chen die Zeichenkette „HelpCardJson" und konvertiert sie in eine gültige JSON-Nutzlast sowie das Anhängen dieser Nutzlast an eine Aktivität in Form einer Anlage.

Das Ergebnis dieser Aktion ist in Abb. 5.40 zu sehen, die zeigt, dass der Bot den Benutzer im Wesentlichen darüber informiert, wie er helfen kann. Die Adaptive Card deckt alle wichtigen Anwendungsfälle ab, die der Bot bearbeiten kann und die in den Dialogen im Composer implementiert sind. Nachdem die Kartennachricht gesendet wurde, wird der Dialog beendet und der übergeordnete Dialog wird wieder aufgenommen. Dies gibt dem Benutzer die Möglichkeit, während eines Gesprächs in jeder beliebigen Runde um Hilfe zu bitten, wenn das Flag „Unterbrechungen zulassen" auf true gesetzt ist.

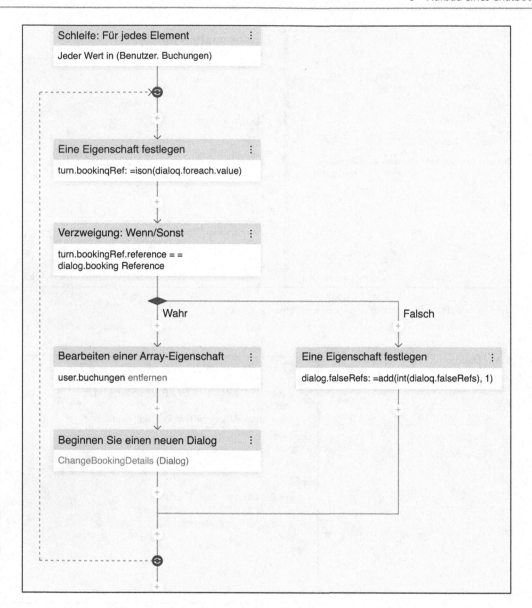

Abb. 5.33 Dialog ManageBooking – Aufruf von ChangeBookingDetails für passende Buchungsreferenz

QnA-Dialog

Der QnA-Dialog wird verwendet, um grundlegende oder allgemeine Fragen zum Beispiel zum
Buchungsprozess zu beantworten. Um QnA Maker in einen Composer-basierten Chatbot zu integrieren, ist es am einfachsten, einen zusätzlichen
Auslöser innerhalb des Stammdialogs vom Typ

„QnA intent recognized" hinzuzufügen, wie in
Abb. 5.41 gezeigt. Damit wird sichergestellt,
dass immer dann, wenn LUIS eine Äußerung extrahiert und als QnA Maker-spezifische Frage
markiert, dieser Dialog ausgelöst wird.

Nachdem Sie diesen neuen Auslöser zu Ihrem
Bot hinzugefügt haben, wird der QnA Maker-
Dialog automatisch zu Ihrem Bot hinzugefügt,

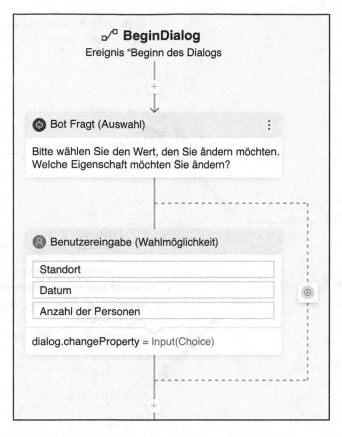

Abb. 5.34 ChangeBookingDetails-Dialog – zu ändernde Eigenschaft auswählen

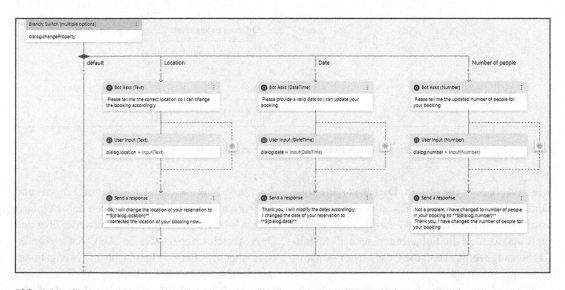

Abb. 5.35 ChangeBookingDetails-Dialog – ändern Sie die angegebene Eigenschaft entsprechend

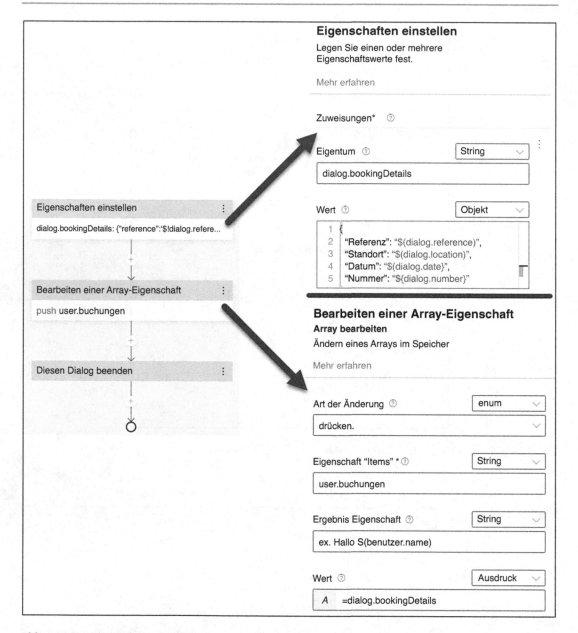

Abb. 5.36 Dialog ChangeBookingDetails – Bearbeiten der Buchungen des Benutzers

wie in Abb. 5.42 dargestellt. Dieser vorgefertigte Dialog sendet grundsätzlich die Antwort, die vom QnA Maker-Endpunkt empfangen wurde. Optional werden die Folgefragen auch als Schaltflächen angezeigt, wenn die QnA Maker-Antwort Folgefragen enthält.

Ein wichtiger Schritt bei der Verwendung von QnA Maker in einem Composer-Bot besteht darin, die QnA Maker-Gesamtansicht mit Fragen und Antworten zu füllen. Navigieren Sie daher einfach zur QnA-Maker-Gesamtansicht, entweder über den QnA-Absichtstrigger, wie in Abb. 5.43 gezeigt, oder über die QnA-Schaltfläche im Navigationsmenü auf der linken Seite. In dieser Ansicht können Sie QnA-Paare wie im QnA Maker-Portal hinzufügen oder ändern, ohne dass Sie zu einem anderen

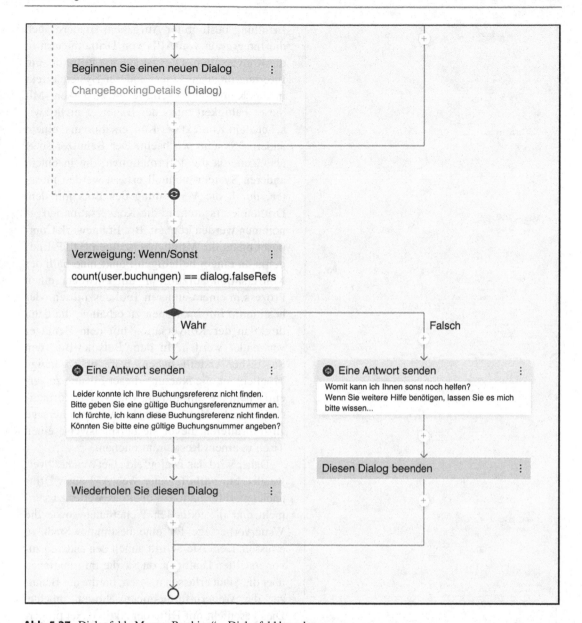

Abb. 5.37 Dialogfeld „ManageBooking" – Dialogfeld beenden

Portal wechseln müssen. Bei der Ausführung des Bots, die in einem späteren Schritt beschrieben wird, erstellt der Composer automatisch eine neue Wissensbasis innerhalb des von Ihnen gewählten QnA Maker-Dienstes und fügt die QnA-Paare ebenfalls zu dieser neuen Wissensbasis hinzu.

Falls Sie sich fragen, wie der komplette QnA-Maker-Dialog aussieht, zeigt Abb. 5.44 ein vollständiges Bild des QnA-Dialogs mit allen Schritten und Aktionen, die ausgeführt werden, wenn die QnA-Absicht vom Erkenner des Bots erkannt wurde.

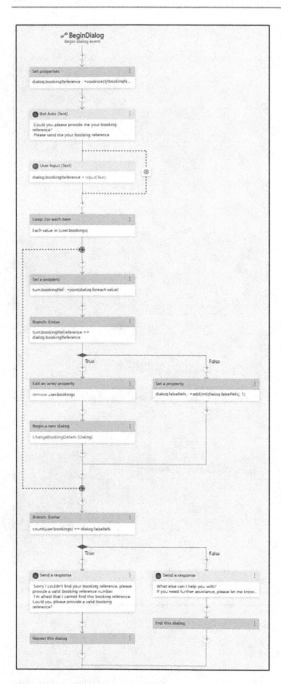

Abb. 5.38 ManageBooking-Dialog – Übersicht

Integrieren Sie APIs von Drittanbietern in Ihren Chatbot

Ein häufiger Anwendungsfall für einen Bot ist nicht nur die Bearbeitung von Fragen oder die

Erfüllung bestimmter Aufgaben, sondern auch die Integration von APIs von Drittanbietern in die Konversation. Dies ist äußerst hilfreich, um Informationen aus einem anderen System direkt in die Konversation einfließen zu lassen. Mit dieser Fähigkeit muss der Benutzer nicht zwischen dem Kontext der Konversation und einem anderen System wechseln. Der Benutzer spart also Zeit, da die Informationen, die in einem anderen System manuell erfasst werden müssten, durch die Verbindung des Bots mit dem Drittanbietersystem in die Konversation aufgenommen werden können. Bot Framework Composer bietet die Möglichkeit, einen HTTP-Endpunkt an einem beliebigen Punkt innerhalb der Konversation aufzurufen, um entweder einen Prozess in einem anderen Tool auszulösen oder bestimmte Informationen zu erhalten, die dann direkt in der Konversation mit dem Benutzer verwendet werden. In dem Beispiel-Bot, den Sie bisher erstellt haben, wäre eine gängige Möglichkeit, die Nutzung dieser Lösung zu vereinfachen, die Einbindung von Wetterinformationen, um die Nutzer über die Wettervorhersage zu informieren, bevor sie beispielsweise einen Tisch in einem Restaurant buchen.

Daher wird das Dialogfeld „GetWeather" verwendet, um mithilfe einer Web-API eines Drittanbieters Informationen über das Wetter zu sammeln und die aktuellen Wetterdaten sowie die Wettervorhersage für eine bestimmte Stadt zu erfassen. Der erste Schritt ähnelt den anderen zuvor erstellten Dialogen, da Sie die Informationen über die Stadt erfassen müssen, für die der Benutzer die Wetterinformationen abrufen möchte. Dies geschieht mit Hilfe der Aktion „Set properties", wie in Abb. 5.45 dargestellt, die prüft, ob der LUIS-Erkenner die Entität „city" bereits aus der Benutzeräußerung extrahiert hat, wenn die Absicht „GetWeather" erkannt worden ist. Wenn die Stadt noch nicht vom Erkenner extrahiert wurde, sollte der Bot den Benutzer auffordern, den Namen der Stadt anzugeben, bevor er die Wetter-API abfragt, und den Wert in der Eigenschaft „dialog.city" speichern.

Nachdem der Stadtname korrekt eingestellt wurde, wird der Benutzer im nächsten Schritt gefragt, ob das aktuelle Wetter oder die Wettervor-

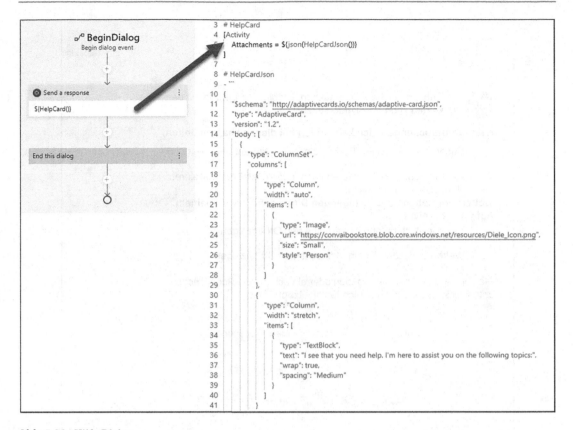

Abb. 5.39 Hilfe-Dialog

hersage in den Chat gesendet werden soll. Dies kann auch über die Aktion „Bot fragt (Auswahl)" erfolgen, um zwei Optionen „Aktuelles Wetter" und „Wettervorhersage" anzubieten, aus denen der Benutzer wählen kann, wie in Abb. 5.46 dargestellt. Das Ergebnis dieser Auswahlaufforderung wird in der Eigenschaft „dialog.weatherChoice" gespeichert, die in einem späteren Schritt zur Bestimmung des zu verwendenden API-Endpunkts verwendet wird.

Basierend auf der Eigenschaft „dialog.weatherChoice" wird in der HTTP-Anfrage der API-Endpunkt für das aktuelle Wetter oder der Endpunkt für die Wettervorhersage verwendet. Wie in Abb. 5.47 gezeigt, können Sie bei der Aktion „HTTP-Anfrage senden" zwischen den verschiedenen HTTP-Methoden wie *GET*, *POST* oder *DELETE* wählen. Darüber hinaus kann die URL auch aus Eigenschaften bestehen, wie im Folgenden gezeigt wird. So kön-

nen Sie die Werte von Eigenschaften in HTTP-Anfragen entweder in die URL, die Header oder den Body aufnehmen.

Das Ergebnis der HTTP-Anfrage wird in der Eigenschaft „dialog.currentWeather" gespeichert. Diese Ergebniseigenschaft enthält im Grunde die vollständigen Antwortinformationen einschließlich des HTTP-Statuscodes, der Kopfzeilen und des eigentlichen Inhalts. Um auf den Inhalt zuzugreifen, verwenden Sie einfach „dialog.currentWeather.content", das dann den Inhalt der API-Antwort enthält, in diesem Fall also die aktuellen Wetterdaten. Nachdem die notwendigen Eigenschaften wie das Symbol für die Anzeige des Wetters, die Beschreibung und die Temperatur, die von der Wetter-API empfangen wurden, eingestellt wurden, wird eine weitere LG-Funktion „CurrentWeatherCard" in einer „Send a response"-Aktion aufgerufen, wie in Abb. 5.48 zu sehen.

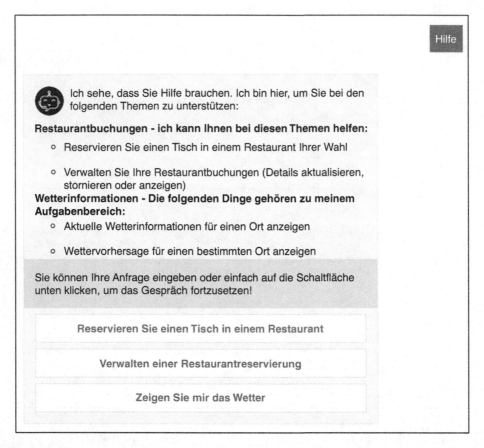

Abb. 5.40 Hilfe-Dialog – Demonstration

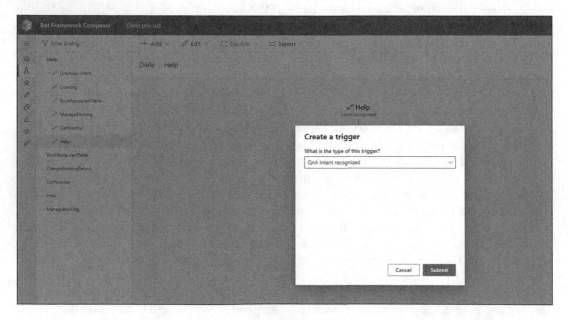

Abb. 5.41 QnA-Dialog – Trigger erstellen

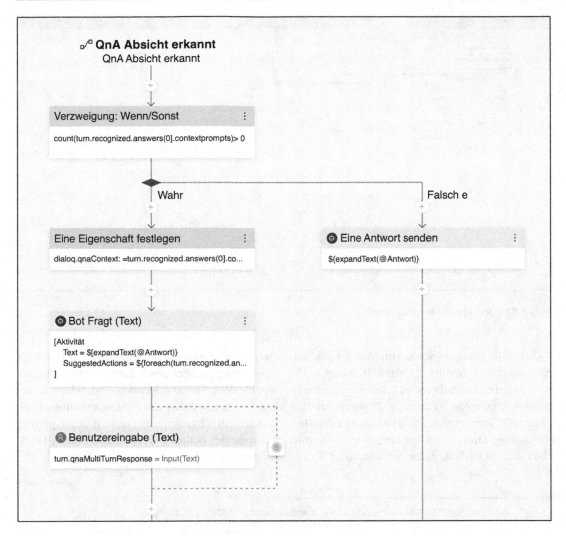

Abb. 5.42 QnA-Dialog – Antworten aus QnA Maker KB senden

Diese Funktion nimmt grundsätzlich Eingabeparameter entgegen, die dann zum Ausfüllen bestimmter Werte in einer vordefinierten Adaptiven Karte verwendet werden. Der folgende Codeschnipsel ist im Grunde das, was Sie verwenden müssen, um diese aufrufbare Funktion in einer Sprachgenerierungsdatei Ihres Bots zu erstellen:

```
# CurrentWeatherCard(Stadt, Temperatur, Symbol, Beschreibung)
[Aktivität
  Attachments = ${json(CurrentWeatherCardJson(city, temp, icon, description))}
]
```

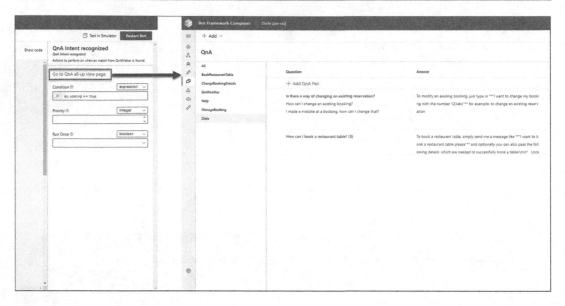

Abb. 5.43 QnA Maker Gesamtansicht

Wie Sie sehen können, ruft diese Funktion eine andere Funktion „CurrentWeatherCardJson" auf, die ebenfalls die gleichen Eingabeparameter wie „CurrentWeatherCard" akzeptiert: die Stadt, die Temperatur, das Symbol und die Beschreibung. Diese Funktion enthält im Wesentlichen die JSON-Nutzdaten der adaptiven Karte,

die gesendet werden sollten, wenn ein Benutzer Informationen über das aktuelle Wetter erhalten möchte. Wie Sie im folgenden Codeschnipsel sehen können, werden die Parameter automatisch von der Sprachgenerierungsmaschine ausgefüllt, wenn sie der Notation ${paramaterName} (z. B. *${city}*) folgen:

```
# CurrentWeatherCardJson(city, temp, icon, description)
- ```
{
    "$schema": "http://adaptivecards.io/schemas/adaptive-card.json",
    "Typ": "AdaptiveCard",
    "Version": "1.2",
    "Körper": [
        {
            "Typ": "TextBlock",
            "Text": "Hier ist das Wetter für: ${Stadt}",
            "Größe": "Groß",
            "isSubtle": wahr
        },
        {
            "Typ": "ColumnSet",
            "Spalten": [
                {
                    "Typ": "Säule",
                    "Breite": "auto",
```

```
              "Elemente": [
                {
                  "Typ": "Bild",
                   "url": "https://www.weatherbit.io/static/img/icons/${icon}.
png",
                  "Größe": "Klein",
                  "altText": "Meistens bewölktes Wetter"
                }
              ]
            },
            {
              "Typ": "Säule",
              "Breite": "auto",
              "Elemente": [
                {
                  "Typ": "TextBlock",
                  "text": "${temp}",
                  "Größe": "ExtraLarge",
                  "Abstand": "Keine"
                }
              ]
            },
      ...
```

In Abb. 5.49 können Sie sehen, wie dieser Dialog in der Praxis aussehen würde. Wenn der Benutzer eine Phrase eingibt, die im „Get-Weather"-Intent identifiziert wird, aber der LUIS-Erkenner nicht in der Lage ist, die Stadtentität aus der Äußerung zu extrahieren, dann fragt der Bot zurück, für welche Stadt sich der Benutzer interessiert. Nach der Eingabe des Städtenamens muss der Benutzer zwischen dem aktuellen Wetter und der Wettervorhersage wählen. Auf der Grundlage dieser Entscheidung sendet der Bot eine HTTP-Anfrage an eine API eines Drittanbieters, um die erforderlichen Informationen zu sammeln und die Details in eine adaptive Karte aufzunehmen, die dann an den Benutzer zurückgesendet wird.

Letztendlich könnte das Dialogfeld wie in Abb. 5.50 aussehen, wenn der Benutzer die Option Wettervorhersage anstelle der aktuellen Wetterinformationen auswählt. In diesem Szenario gibt es mehrere Instanzen desselben Eigenschaftstyps wie das Symbol, die Temperatur oder die Beschreibung, da es mehrere Tage gibt, die in der Nachricht der adaptiven Karte angezeigt werden müssen. Das Prinzip ist im Grunde dasselbe wie bei der aktuellen Wettervorhersage, obwohl die LG-Funktion letztendlich wie folgt aussehen wird:

```
# WetterVorhersageKarte(Stadt, Datum1, Symbol1, Temperatur1, Beschreibung1,
Datum2, Symbol2, Temperatur2, Beschreibung2, Datum3, Symbol3, Temperatur3, Be-
schreibung3)
   [Aktivität
      Attachments = ${json(WeatherForecastCardJson(city, date1, icon1, temp1,
description1, date2, icon2, temp2, description2, date3, icon3, temp3, descrip-
tion3))}
   ]
```

Abb. 5.44 QnA-
Dialog – Übersicht

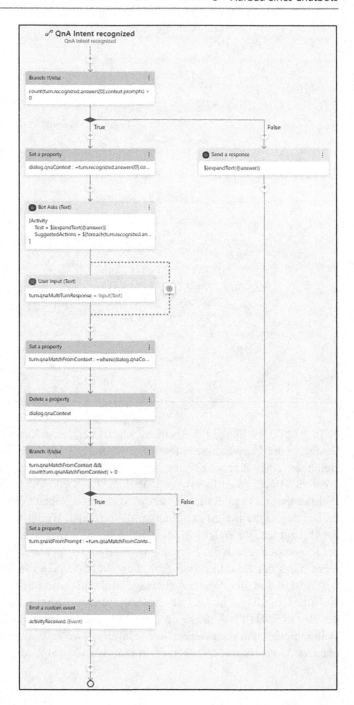

Einen Überblick über den kompletten „Get-Weather"-Dialog gibt Abb. 5.51. In dieser Abbildung sehen Sie, dass der API-Endpunkt davon abhängt, was der Benutzer auswählt, entweder das aktuelle Wetter oder die Wetter-informationen. Wenn der Benutzer die Wettervorhersage wählt, wird eine adaptive Karte mit den Wetterinformationen für die nächsten Tage an den Benutzer gesendet, bevor der Dialog endet.

Abb. 5.45 GetWeather-Dialog – Eigenschaften einstellen und Informationen sammeln

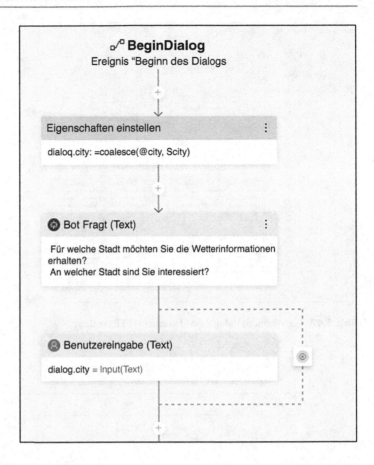

Abb. 5.46 GetWeather-Dialog – Eingabeaufforderung

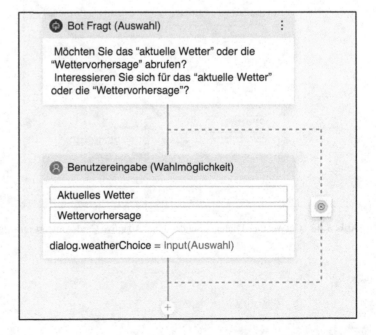

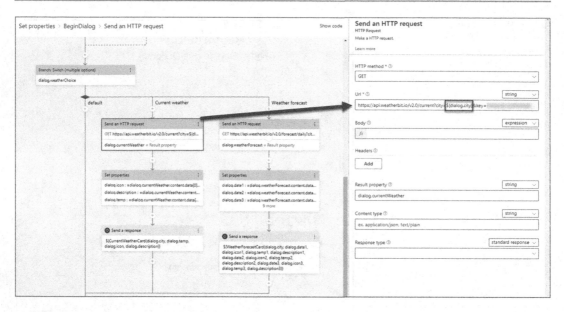

Abb. 5.47 GetWeather-Dialog – Senden einer HTTP-Anfrage

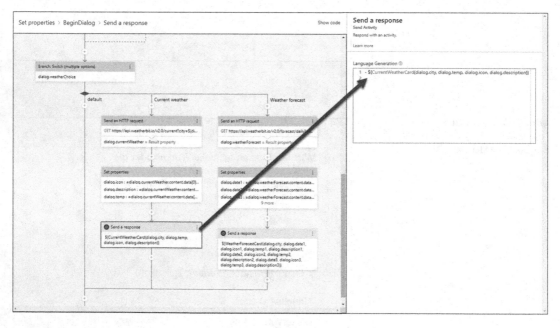

Abb. 5.48 GetWeather-Dialog – Senden einer Adaptive Card-Antwort mit Eigenschaften

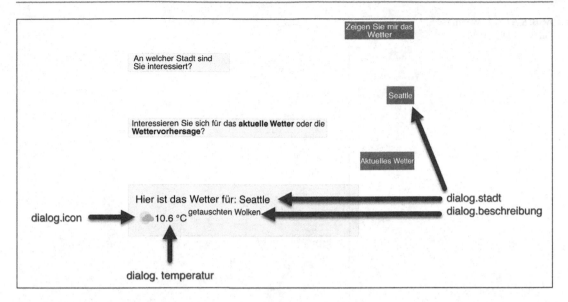

Abb. 5.49 GetWeather Dialog – Demonstration des aktuellen Wetters

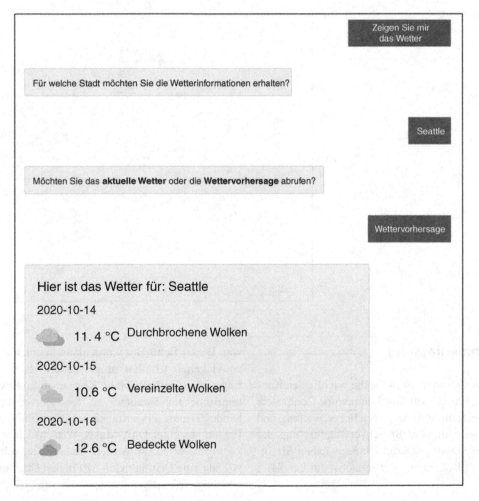

Abb. 5.50 GetWeather-Dialog – Wettervorhersage zur Demonstration

Abb. 5.51 GetWeather-
Dialog – Übersicht

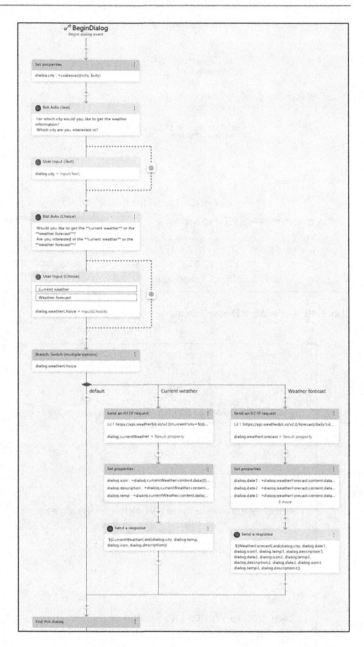

Zusammenfassung

In diesem Kapitel haben Sie die wichtigsten Konzepte des Microsoft Bot Framework Composers kennengelernt, z. B. die Speicherverwaltung und die Arbeit mit dem Sprachverständnis und der Spracherzeugung. Darüber hinaus haben Sie Ihren ersten Bot gebaut, der zunächst ein Echo-Bot war. Dieser Echo-Bot wurde dann in einen hochentwickelten Chatbot umgewandelt, der in der Lage ist, innerhalb einer Konversation Restauranttische für Benutzer zu reservieren, bestehende Tischreservierungen zu verwalten oder Fragen aus einer QnA-Maker-Wissensdatenbank zu beantworten. Außerdem haben Sie gelernt, wie Sie eine Drittanbieter-API in den Chatbot integrieren und so Ihre Konversation mit Informationen aus einem anderen System anreichern können, um Kontextwechsel zu vermeiden.

Das nächste Kapitel befasst sich mit dem Testen und Debuggen des Gesprächsverhaltens des Chatbots. Sie werden lernen, wie Sie den Microsoft Bot Framework Emulator verwenden, um einen in Composer erstellten Bot zu testen, und wie Sie Ihre Sprachverstehensanwendung mithilfe des Emulators debuggen können.

In Kap. 5 haben Sie gelernt, wie Sie mit dem Microsoft Bot Framework Composer einen Chatbot erstellen können. In diesem Kapitel haben Sie gelernt, wie Sie die verschiedenen Dialoge und Aktionen verfassen, um das Gesprächserlebnis zu gestalten. Der nächste Schritt nach der Erstellung eines Chatbots ist das Testen des Chatbots. Dies ist das Thema dieses Kapitels „Testen eines Chatbots", wobei der Schwerpunkt auf dem Testen und Debuggen eines Chatbots auf Ihrem Computer liegt, ohne dass Sie den Bot vorher veröffentlichen müssen.

In diesem Kapitel lernen Sie, wie Sie den Bot Framework Emulator verwenden, um die Konversation eines Chatbots zu testen und zu debuggen. Außerdem erfahren Sie, wie Sie Tracing-Ereignisse in einen Composer-Dialog einfügen, um eine Trace-Aktivität an den Bot Framework Emulator zu senden. Außerdem werden die Optionen zur Verfolgung der Leistung Ihres Sprachverstehensdienstes direkt im Emulator gezeigt.

Bots verwenden, müssen Sie Ihren Bot während der Entwicklung testen, um zu sehen, ob die Konversationserfahrung den Erwartungen entspricht. Um die Konversation des Bots zu testen, kann der Bot Framework Emulator, eine Desktop-Anwendung, verwendet werden, um mit dem Bot zu chatten. Darüber hinaus können Sie den Emulator auch verwenden, um entfernte Chatbots zu testen, die zum Beispiel in Azure gehostet werden könnten. Neben der Möglichkeit, mit dem Bot zu chatten, können Sie auch die Nachrichten einsehen, die zwischen dem Benutzer und dem Bot ausgetauscht werden. Der Vorteil der Verwendung des Emulators ist, dass Sie den Chatbot lokal testen und prüfen können, auch wenn Sie den Bot noch nicht in Ihrem Azure-Abonnement veröffentlicht haben.

▶ **Hinweis** Um den Bot Framework Emulator herunterzuladen und zu installieren, besuchen Sie http://aka.ms/bfemulator.

Einführung in den Bot-Framework-Emulator

Wenn Sie Chatbots lokal entwickeln, unabhängig davon, ob Sie Composer oder das Bot Framework SDK und eine IDE zum Erstellen eines

Als Bot-Entwickler sollten Sie die Verwendung des Emulators in Ihre Entwicklungsroutinen einbeziehen. Wie bei anderen GUI-basierten Lösungen ist die Benutzererfahrung, die im Falle eines Bots die Konversation ist, das Einzige, was die Benutzer erleben. Daher sollte die Konversationserfahrung vor der Veröffentlichung oder

Freigabe eines Chatbots gründlich getestet werden, denn wenn der erste Eindruck schlecht ist, werden die Nutzer Ihren Chatbot nicht mehr verwenden.

Testen eines Chatbots mithilfe des Emulators

Nach der Installation des Bot-Framework-Emulators können Sie sich mit jedem laufenden Bot über den Messaging-Endpunkt des Bots verbinden. Der Messaging-Endpunkt ist normalerweise eine URL in folgendem Format:

```
http://botEndpoint/api/messages
```

Bei der Entwicklung und dem lokalen Betrieb eines Bots wird dieser Nachrichtenendpunkt höchstwahrscheinlich in etwa so aussehen:

```
http://localhost:port/api/messages
```

Die Portnummer eines neu erstellten Bot Framework-Bots ist standardmäßig 3979, kann aber bei Bedarf in der Konfiguration des Bots geändert werden. Daher können Sie einen Bot auf Ihrem lokalen Rechner entweder von Visual Studio aus oder über Node.js oder andere Technologien ausführen und sich mit ihm innerhalb des Emulators über die Bot-URL oder den Messaging-Endpunkt verbinden, wie in Abb. 6.1 dargestellt. Wenn Ihr Bot bereits auf Azure veröffentlicht ist oder die Anwendungseinstellungen Ihres Bots bereits die Microsoft App ID und das Microsoft App-Passwort enthalten, müssen Sie diese Werte vor dem Öffnen des Bots ebenfalls eingeben. Andernfalls kann sich der Emulator nicht erfolgreich mit Ihrem Bot verbinden, da diese Parameter fehlen.

Wenn Sie einen Bot mit Composer erstellen, können Sie den Bot auch starten. Bei diesem Vorgang wird der Bot automatisch auf dem Localhost mit .NET Core gestartet. Wenn Sie den Bot zum ersten Mal starten, müssen Sie den

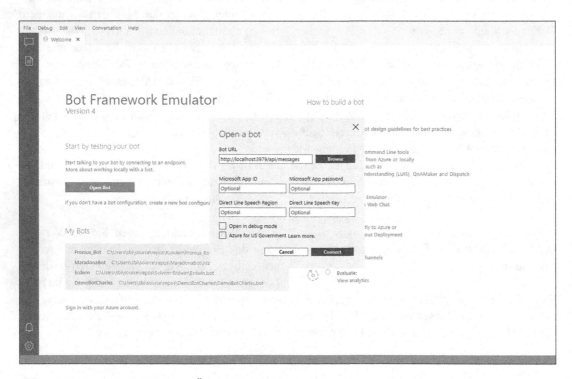

Abb. 6.1 Bot Framework Emulator – Öffnen eines Bots

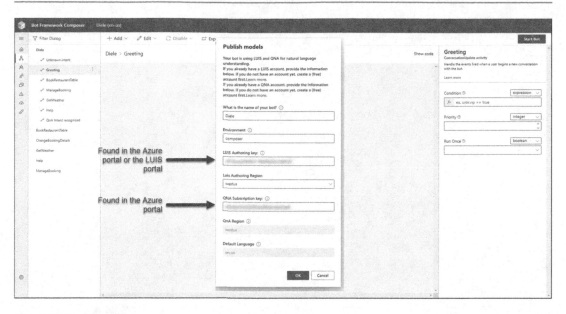

Abb. 6.2 Startbot im Composer

LUIS-Autorenschlüssel und den QnA Maker-Abonnementschlüssel wie in Abb. 6.2 dargestellt angeben. Der LUIS-Autorenschlüssel wird verwendet, um das LUIS-Modell, das mit Composer erstellt wurde, in den Triggerphrasen der Dialoge zu veröffentlichen. Der QnA Maker-Abonnementschlüssel wird zum Erstellen und Verfassen einer QnA Maker-Wissensdatenbank verwendet. Die Phrasen, die der QnA Maker Gesamtansicht hinzugefügt wurden, werden der QnA Maker-Wissensbasis hinzugefügt. Wenn Sie die QnA-Paare ändern und den Bot neu starten, ändert der Composer die lokal vorgenommenen Änderungen in der QnA Maker-Wissensdatenbank automatisch, um sie auf dem neuesten Stand zu halten. Außerdem erstellt Composer beim Start des Bots eine neue LUIS-Anwendung, die auf den von Ihnen in Composer erstellten Sprachverständnis-Assets basiert, wie z. B. den Triggerphrasen, die Äußerungen und Entitäten enthalten, sowie den von Ihnen definierten Intents. Es ist also nicht mehr notwendig, zum LUIS- oder QnA Maker-Portal zu wechseln, um Änderungen am Sprachverständnismodell oder der Wissensbasis vorzunehmen.

Mit dem Bot Framework Composer kann dieser Schritt mit dem Composer durchgeführt werden. Nach dem Start eines Bots im Composer wird in der oberen rechten Ecke neben „Bot neu starten" eine neue Schaltfläche mit der Bezeichnung „Im Emulator testen" angezeigt. Mit dieser Schaltfläche können Sie entweder die Messaging-Endpunkt-URL des aktuellen Bots in die Zwischenablage kopieren oder den Bot Framework Emulator öffnen und sich direkt mit dem Bot verbinden, wie in Abb. 6.3 dargestellt.

Nachdem der Emulator geöffnet und die Verbindung zu Ihrem Chatbot hergestellt wurde, können Sie mit Ihrem Bot eine Unterhaltung führen, ähnlich wie Benutzer, die eine Web-Chat-Oberfläche verwenden, wie in Abb. 6.4 dargestellt.

Auf der linken Seite des Emulators befindet sich im Wesentlichen eine Web-Chat-Komponente, mit der Sie mit dem Bot chatten können. Auf der rechten Seite befindet sich jedoch ein Inspektionsbereich. Dieser Inspektionsbereich dient im Wesentlichen dazu, die zwischen dem Benutzer und dem Bot ausgetauschten Aktivitäten zu debuggen und zu verfolgen, um zu sehen,

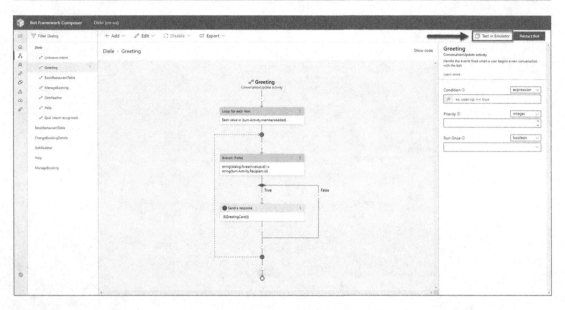

Abb. 6.3   Bot Framework Composer – Test im Emulator

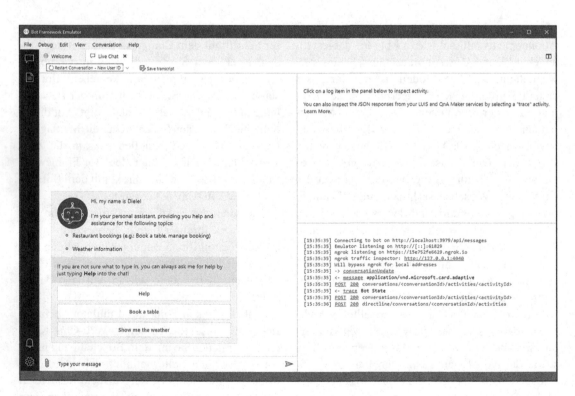

Abb. 6.4   Bot Framework Composer – Test im Emulator Demonstration

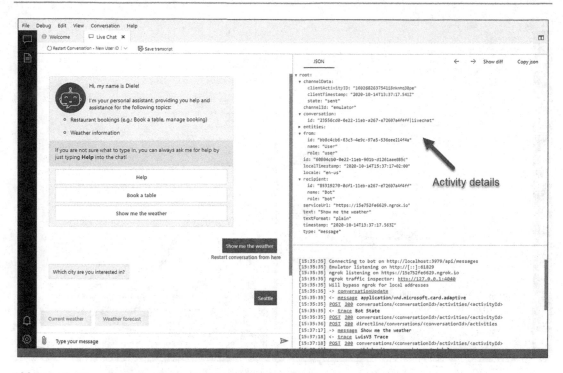

Abb. 6.5 Bot Framework Emulator – Ansicht der Aktivitätsdetails

was hin- und hergeschickt wird. Wie in Abb. 6.5 dargestellt, können Sie mit dem Emulator jede Aktivität überprüfen, um alle Details wie Kanaldaten, Konversations-ID, Absender- und Empfängerdetails sowie den Text und das Gebietsschema einer bestimmten Nachricht oder Aktivität zu untersuchen. Der Emulator zeigt also im Grunde an, woraus die Aktivität hinter den Kulissen besteht.

Composer bietet auch eine Aktion namens „Emit a trace event", mit der eine neue Aktivität im Inspektionsbereich des Emulators protokolliert werden kann. Wenn Sie beispielsweise den Wert einer bestimmten Eigenschaft protokollieren möchten, können Sie dies mit dieser Aktion tun, wie in Abb. 6.6 dargestellt. Dies ist oft hilfreich, wenn Sie nicht die Aktion „Antwort senden" verwenden möchten, um den Wert einer bestimmten

Eigenschaft zu protokollieren und Fehlermeldungen zu verfolgen. Die Benutzer werden diese Art von Tracing-Ereignissen nicht bemerken, so dass Sie sie auch in Produktionsszenarien beibehalten können, da es sich im Grunde um die Protokollierung bestimmter Informationen handelt, die natürlich nicht sensibel sein sollten.

Im Falle des in Kap. 5 beschriebenen Anwendungsfalls, bei dem eine Drittanbieter-API integriert und eine HTTP-Anfrage gesendet wird, kann der Emulator auch die Details der HTTP-Anfrage anzeigen, wie in Abb. 6.7 dargestellt. Mit dieser Funktion können Sie die HTTP-Anfrage zusammen mit der verwendeten HTTP-Methode und URL sowie der HTTP-Antwort, einschließlich des Statuscodes und des Antwortinhalts, direkt im Inspektionsbereich des Emulators verfolgen.

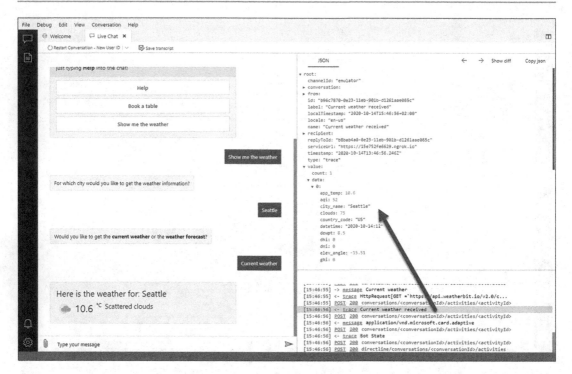

Abb. 6.6 Bot-Framework-Emulator – Prüfung eines Trace-Ereignisses ausgeben

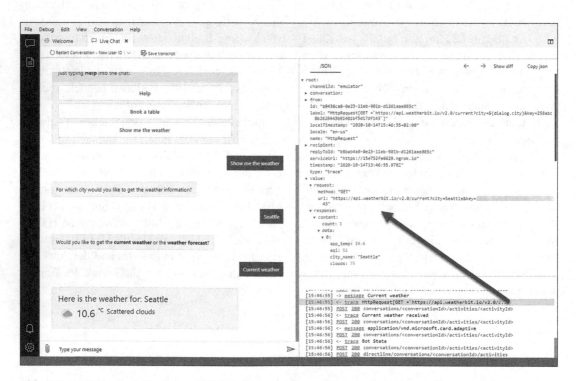

Abb. 6.7 Bot Framework Emulator – HTTP-Anfragen prüfen

Debugging und Tracing Sprachverständnis

Der Bot Framework Emulator ist nicht nur dazu gedacht, das Gesprächsverhalten des Chatbots zu testen. Der Emulator kann auch dazu verwendet werden, Ihr Sprachverstehensmodell zu verfolgen und zu debuggen. Dies kann äußerst hilfreich sein, um das Gesprächsverhalten zusammen mit der Leistung Ihres Sprachverstehensmodells zu testen. Auf diese Weise können Sie mit dem Bot chatten und gleichzeitig die erkannten Absichten und Konfidenzwerte überprüfen, die von Ihrer LUIS-Vorhersageressource erhalten wurden. Wie in Abb. 6.8 zu sehen ist, enthält der LUIS-Trace auch die extrahierten Entitäten. Auf diese Weise können Sie die Entitäten, die vom LUIS-Modell aus der Äußerung abgeleitet wurden, leicht verfolgen. Dies spart eine Menge Zeit beim Testen und Debuggen Ihres Chatbots, da Sie das Sprachverstehensmodell einfach vom Emulator aus tes-

ten können. Sie brauchen also nicht das LUIS-Portal zu benutzen, um bestimmte Äußerungen zu testen, um zu sehen, welche Absicht erkannt wird und welche Entitäten extrahiert werden.

Fehlersuche und Tracing QnA Maker

Mit dem Emulator können Sie nicht nur ein Sprachmodell, sondern auch das Verhalten des QnA Maker verfolgen. Dies ist hilfreich in Situationen, in denen Sie die von Ihrem QnA Maker-Dienst erhaltenen Ergebnisse nachverfolgen möchten, z. B. die Konfidenzwerte und die am besten geeigneten Antworten. Sie können den Emulator auch verwenden, um alternative Formulierungen zu bestimmten Fragen hinzuzufügen oder um die QnA Maker-Wissensdatenbank zu trainieren und zu veröffentlichen. Sie müssen also nicht den Kontext wechseln, da viele gängige Operationen mit dem

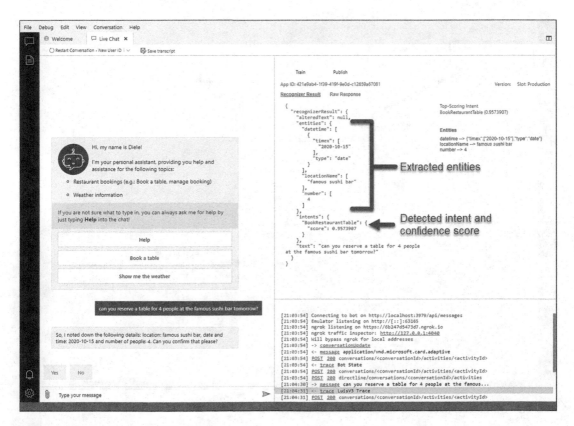

Abb. 6.8 Verfolgung von LUIS-Ereignissen

Emulator durchgeführt werden können. Um diese QnA Maker Trace-Funktion zu nutzen, müssen Sie leider vorher einige manuelle Vorbereitungen treffen. Da diese Funktion von einer .bot-Datei abhängt, müssen Sie eine neue Bot-Konfigurationsdatei im Emulator auf Ihrem lokalen Rechner erstellen und speichern, wie in Abb. 6.9 gezeigt.

Nachdem Sie die .bot-Datei erstellt haben, müssen Sie sich im nächsten Schritt bei Azure im Emulator anmelden, bevor Sie diese Funktion nutzen können. Dadurch wird grundsätzlich eine Verbindung zwischen Ihrem Azure-Konto und dem Emulator hergestellt, so dass Sie den Emulator direkt mit Ihren Azure-Diensten verbinden können. Gehen Sie dazu auf *„File – Sign in with Azure"* (1) und melden Sie sich mit Ihrem persönlichen, beruflichen oder schulischen Konto an, das über Berechtigungen für Ihr Azure-Abonnement verfügt.

Nachdem Sie sich erfolgreich angemeldet haben, klicken Sie auf *„ + – QnA Maker hinzufügen"*, wie in Abb. 6.10 gezeigt (2), und wählen dann die entsprechende QnA Maker-Wissensbasis aus (3).

Nachdem Sie den QnA Maker-Dienst zur Bot-Konfiguration im Emulator hinzugefügt haben, können Sie QnA Maker-Ereignisse verfolgen. Stellen Sie dazu einfach eine Frage aus der QnA Maker-Wissensbasis und klicken Sie auf das QnA Maker-Trace-Ereignis, wie in Abb. 6.11 dargestellt. Dort werden Sie sehen, dass Sie die Möglichkeit haben, alternative Formulierungen zu der gegebenen Frage hinzuzufügen. Außerdem werden die Konfidenzwerte für die passenden Frage-Antwort-Paare angezeigt.

Außerdem sehen Sie nicht nur den Vertrauenswert der bestplatzierten Frage, wie in Abb. 6.11 dargestellt. Wenn es mehrere Fragen gibt, die mit der von Ihnen eingegebenen Frage übereinstim-

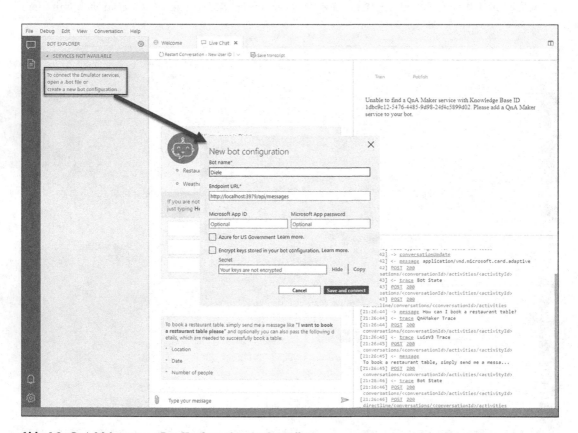

Abb. 6.9 QnA Maker trace – Bot-Konfigurationsdatei erstellen

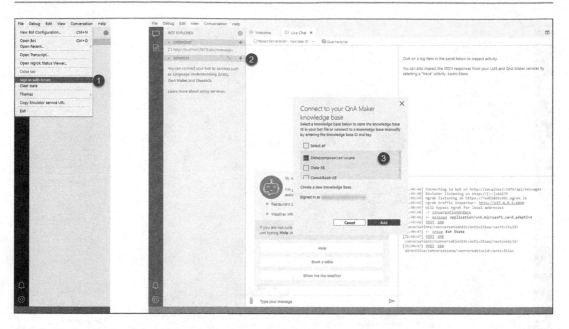

Abb. 6.10 QnA Maker-Trace – Anmeldung mit Azure und Verbindung zum QnA Maker-Dienst

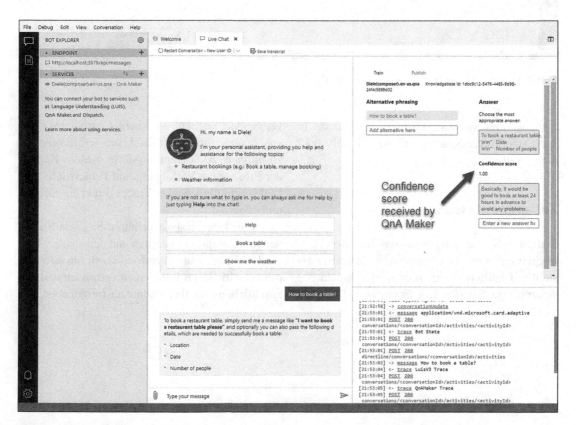

Abb. 6.11 QnA Maker Trace – Emulatoransicht 01

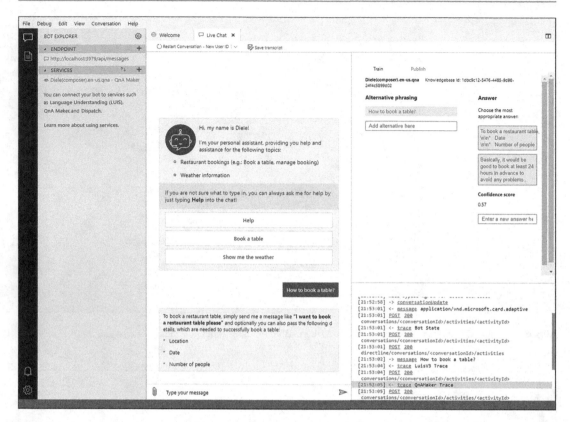

Abb. 6.12   QnA Maker Trace – Emulatoransicht 02

men, werden Sie wahrscheinlich auch diese in der QnA Maker-Spur sehen, wie in Abb. 6.12 dargestellt.

Zusammenfassung

In diesem Kapitel ging es um das Testen und Debuggen eines mit Bot Framework Composer erstellten Chatbots. In diesem Kapitel haben Sie gelernt, wie Sie den Bot Framework Emulator verwenden können, um einen Chatbot lokal zu testen, ohne ihn vorher auf Azure veröffentlichen zu müssen. Außerdem wurde in diesem Kapitel der Prozess der Verfolgung und Fehlersuche von LUIS- und QnA Maker-Traces direkt im Emulator behandelt.

Im nächsten Kapitel erfahren Sie, wie Sie einen mit Composer erstellten und getesteten Chatbot lokal auf Azure veröffentlichen, um den Bot mit verschiedenen Kanälen zu verbinden und ihn anschließend für Ihre Endnutzer freizugeben.

Die Veröffentlichung eines Bots ist höchstwahrscheinlich einer der letzten Schritte im Lebenszyklus Ihrer Chatbot-Entwicklung, da dieser Vorgang durchgeführt wird, wenn Sie Ihren Chatbot erstellt und lokal getestet haben, bis Sie mit dem Gesprächserlebnis zufrieden sind. Wenn dies der Fall ist, können Sie Ihren Bot veröffentlichen, um ihn später mit den vom Azure Bot Service angebotenen Kanälen zu verbinden, was in Kap. 8 beschrieben wird. Ziel dieses Kapitels ist es jedoch, Sie durch den Prozess der Veröffentlichung eines Composer-Bots in Microsoft Azure zu führen.

Der Veröffentlichungsprozess besteht im Wesentlichen aus verschiedenen Schritten, die erfolgreich ausgeführt werden müssen, um einen Composer-basierten Bot in Ihrer Azure-Umgebung zum Laufen zu bringen. Zunächst müssen Sie die Voraussetzungen installieren, bevor Sie den Veröffentlichungsprozess starten:

- Node.js. Verwenden Sie Version 12.13.0 oder später
- Azure CLI

Nachdem Sie beide Voraussetzungen installiert haben, können Sie mit der Veröffentlichung des in Kap. 5 erstellten Bots beginnen.

Azure-Ressourcen erstellen

Bevor Sie den Quellcode des Bots in einer Azure-Web-App veröffentlichen können, müssen Sie alle erforderlichen Ressourcen in Azure bereitstellen, z. B. den Azure-App-Service-Plan, die Azure-Cosmos-DB und den Azure-Bot-Channels-Registrierungsdienst. Um diese Azure-Ressourcen zu erstellen, müssen Sie eine Terminal-Instanz öffnen und zu dem Ort navigieren, an dem Ihr Bot auf Ihrem lokalen Computer gespeichert ist. An diesem Speicherort gibt es einen Ordner namens „scripts", zu dem Sie in Ihrem Terminalfenster navigieren müssen. In diesem Ordner müssen Sie zunächst den folgenden Befehl ausführen, um alle Abhängigkeiten zu installieren, die später während des Bereitstellungsprozesses verwendet werden:

```
npm-Installation
```

Nachdem die Abhängigkeiten erfolgreich installiert wurden, können Sie den Bereitstellungsprozess Ihres Bots starten. Normalerweise steht in der README-Datei Ihres Bots, die sich im Stammordner des Bots befindet, dass Sie den folgenden Befehl ausführen sollten, um die Azure-Ressourcen bereitzustellen:

© Der/die Autor(en), exklusiv lizenziert an APress Media, LLC, ein Teil von Springer Nature 2022
S. Bisser, *Microsoft Conversational AI-Platform für Entwickler*,
https://doi.org/10.1007/978-3-662-66472-8_7

```
    node provisionComposer.js --subscriptionId=<Ihre AZURE-Abonnement-ID> --na-
me=<NAME IHRER RESSOURCENGRUPPE> --appPassword=<APP PASSWORD> --environment=<-
NAME FÜR ENVIRONMENT DEFAULT to dev>
```

Der in diesem Buch beschriebene Fall ist jedoch etwas anders, da wir bereits den LUIS-Dienst und einen QnA Maker-Dienst in einer Azure-Ressourcengruppe bereitgestellt haben.

Daher müssen Sie den folgenden Befehl verwenden, um Ihre Azure-Ressourcen erfolgreich bereitzustellen:

```
    node provisionComposer.js --subscriptionId=<Ihre AZURE-Abonnement-ID> --na-
me=<NAME IHRER RESSOURCENGRUPPE> --appPassword=<APP PASSWORD> --environment=<-
NAME FÜR ENVIRONMENT DEFAULT to dev> --createLuisAuthoringResource false --cre-
ateLuisResource false --createQnAResource false
```

▶ **Hinweis** Wenn Sie die Azure-Dienste in einer bereits bestehenden Azure-Ressourcengruppe bereitstellen möchten, müssen Sie die Datei provisionComposer.js, die sich im Skriptpfad des Bots befindet, ändern, um sicherzustellen, dass das Skript in der Lage ist, den Namen einer bestehenden Azure-Ressourcengruppe als Parameter zu erfassen.

Nachdem dieses Skript erfolgreich ausgeführt wurde, sollte eine neue Azure-Ressourcengruppe mit dem Namen, den Sie im vorhergehenden Befehl angegeben haben, erstellt worden sein. In dieser Ressourcengruppe sollten die folgenden Dienste enthalten sein:

- Registrierung von Bot-Kanälen
- Azure Cosmos DB-Konto
- Einblicke in die Anwendung
- App Serviceplan
- App-Dienst
- Speicherkonto

Diese Dienste sind notwendig, um Ihren Chatbot in Azure zu hosten. Der Dienst „Bot Channels Registration" wird verwendet, um Ihren Bot zunächst mit den verschiedenen Kanälen zu verbinden und die Benutzer über diese Kanäle mit dem

Bot kommunizieren zu lassen, indem der Azure Bot Service verwendet wird. Das Azure Cosmos DB-Konto wird für die Zustandsverwaltung des Bots verwendet. Der Application Insights Service wird verwendet, um die Telemetriedaten des Bots sowie die Leistung des Bots zu verfolgen, die zur Erstellung von Dashboards in Azure verwendet werden können. Der App-Service-Plan und der App-Service werden zum Hosten der Laufzeit des Bots verwendet. Dabei handelt es sich im Wesentlichen um die Webanwendung, in der der Code des Bots bereitgestellt wird und die die Bot-Logik sowie den Messaging-Endpunkt hostet, mit dem die Kanäle verbunden sind. Das Speicherkonto wird als Transkriptionsspeicher verwendet, in dem alle Chat-Transkripte gespeichert werden.

Die Ausgabe des oben erwähnten Skripts in Ihrem Terminalfenster wird wahrscheinlich ähnlich aussehen wie in Abb. 7.1. Es ist wichtig, die Ausgabe des Befehls irgendwo zu kopieren oder zu speichern, da sie im nächsten Schritt für die Bereitstellung des Bots in Azure benötigt wird.

Normalerweise sieht die Ausgabe dieses Befehls ähnlich aus wie der folgende Ausschnitt, und die Azure-Ressourcengruppenansicht sollte im Wesentlichen wie in Abb. 7.2 dargestellt aussehen.

```
scripts                                                                       _  □  ×

> node provisionComposer.js --subscriptionId=f46ecd23-072f-41f2-beb6-bd080777f050 --name=DieleBot --appPassword=cVC
⇒!YhzZy7vxAL --environment=dev
Login to Azure:
To sign in, use a web browser to open the page https://microsoft.com/devicelogin and enter the code CM555SRJ9 to au
thenticate.
> Using Tenant ID: 58c5e340-26ff-4bdc-8147-0b98e7074323
> Creating App Registration ...
> Create App Id Success! ID: 12436686-823f-476f-8ea8-ebea1da4b1c3
> Creating resource group ...
> Validating Azure deployment ...
> Deploying Azure services (this could take a while) ...
- > Linking Application Insights settings to Bot Service ...
/ > AppInsights AppId: 60dcf4da-298e-47e6-82a6-9126a9fba7a5 ...
> AppInsights InstrumentationKey: dcc647c7-d8a5-466c-bd1a-b4d021d8e609 ...
> AppInsights ApiKey: apv0m0p3zn52242b8lhb8nxcugi44rbs5dfgyh1q ...
\ > Linking Application Insights settings to Bot Service Success!
√ Success!

Your Azure hosting environment has been created! Copy paste the following configuration into a new profile in Compo
ser's Publishing tab.

{
    "accessToken": "
```

Abb. 7.1 Bereitstellung von Azure-Ressourcen Terminalausgabe

Name ↑	Type ↑↓	Location ↑↓
DieleBot	Bot Channels Registration	Global
dielebot-dev	Azure Cosmos DB account	West US
DieleBot-dev	Application Insights	West US
DieleBot-dev	App Service plan	West US
DieleBot-dev	App Service	West US
dielebotdev	Storage account	West US

Abb. 7.2 Azure-Ressourcengruppe nach erfolgreicher Veröffentlichung

```
    {
        "accessToken": "<IRGENDEIN WERT>",
        "name": "<NAME IHRER RESSOURCENGRUPPE>",
        "Umgebung": "<UMGEBUNG>",
        "Hostname": "<NAME DES HOSTS>",
        "luisResource": "<NAME IHRER LUIS-RESSOURCE>"
        "Einstellungen": {
            "applicationInsights": {
            "InstrumentationKey": "<EINIGER WERT>"
            },
            "cosmosDb": {
            "cosmosDBEndpoint": "<EINIGER WERT>",
```

```
            "authKey": "<IRGENDEIN WERT>",
            "databaseId": "botstate-db",
            "collectionId": "botstate-collection",
            "containerId": "botstate-container"
            },
            "blobStorage": {
            "connectionString": "<IRGENDEIN WERT>",
            "Container": "Transkripte"
            },
            "luis": {
            "endpointKey": "<IRGENDEIN WERT>",
            "authoringKey": "<IRGENDEIN WERT>",
            "Region": "westus"
            "Endpunkt": "https://westus.api.cognitive.microsoft.com/",
            "authoringEndpoint": "https://westus.api.cognitive.microsoft.com/"
            },
            "qna": {
            "Endpunkt": "<EINIGER WERT>",
            "subscriptionKey": "<EINIGER WERT>"
            },
            "MicrosoftAppId": "<IRGENDEIN WERT>",
            "MicrosoftAppPasswort": "<EINIGER WERT>"
        }
    }
```

Bevor Sie die im vorangegangenen Text erwähnte Ausgabe verwenden, müssen Sie den LUIS- und QnA-Abschnitt so ändern, dass er die bereits vorhandenen Ressourcen enthält, damit sich der Bot nach der Veröffentlichung mit diesen Diensten verbinden kann. Daher müssen Sie im Wesentlichen die folgenden Schlüssel und Eigenschaften in der Ausgabe ändern:

```
    {
        ...
        "luisResource": "<NAME IHRER LUIS-RESSOURCE>"
        "Einstellungen": {
            ...
            "luis": {
            "endpointKey": "<Primärschlüssel der Vorhersageressource>",
            "authoringKey": "<Primärschlüssel der Autorenressource>",
            "Region": "westus",
            "Endpunkt": "<Endpunkt der Vorhersageressource>",
            "authoringEndpoint": "<Endpunkt der Autorenressource>"
            },
            "qna": {
            "Endpunkt": "<Endpunkt von QnA Maker KB>",
            "subscriptionKey": "<Schlüssel des QnA-Makers aus dem Azure-Portal>"
            },
            ...
        }
    }
```

Den EndpointKey sowie den AuthoringKey und die Region finden Sie auf der Seite Ihrer LUIS-App unter „Manage – Azure Resources". Den Endpunkt und authoringEndpoint finden Sie im Azure-Portal, wenn Sie innerhalb der LUIS-Authoring- und Prediction-Services zur Seite „Keys and Endpoint" navigieren. Der QnA-Endpunkt und der subscriptionKey können auch aus dem Abschnitt „Keys and Endpoint" Ihrer QnA Maker-Instanz im Azure-Portal entnommen werden. Nachdem Sie die Ausgabe geändert haben, müssen Sie sie kopieren, da Sie sie im nächsten Schritt für die Bereitstellung Ihres Bots benötigen.

Bot in Azure veröffentlichen

Nachdem die Azure-Ressourcen erfolgreich bereitgestellt worden sind, können Sie den Bot in Azure bereitstellen. Wechseln Sie daher zurück zum Veröffentlichungsbereich Ihres Bots im Composer, wie in Abb. 7.3 dargestellt. In dieser Ansicht werden höchstwahrscheinlich keine In-formationen angezeigt, da Sie noch kein Veröffentlichungsprofil erstellt oder einen Bot in Azure veröffentlicht haben.

Der erste Schritt besteht daher darin, ein neues Veröffentlichungsprofil zu erstellen, indem Sie auf die Schaltfläche „+ Neues Profil hinzufügen" klicken (siehe Abb. 7.4). Dann müssen Sie die Ausgabe des Befehls in Ihrem Terminalfenster in das Textfeld für die Veröffentlichungskonfiguration einfügen und auf „Speichern" klicken, um das neue Veröffentlichungsprofil entsprechend zu erstellen.

Nachdem das Veröffentlichungsprofil erstellt wurde, können Sie den Veröffentlichungsvorgang starten, indem Sie im Composer „In ausgewähltem Profil veröffentlichen" wählen. Optional können Sie diesem Veröffentlichungsvorgang einen Kommentar hinzufügen, der später neben dem Vorgang angezeigt wird, wie in Abb. 7.5 dargestellt.

Nachdem der Veröffentlichungsprozess erfolgreich abgeschlossen wurde, sollten Sie in der Composer-Veröffentlichungsansicht für das neu erstellte Veröffentlichungsprofil die Meldung

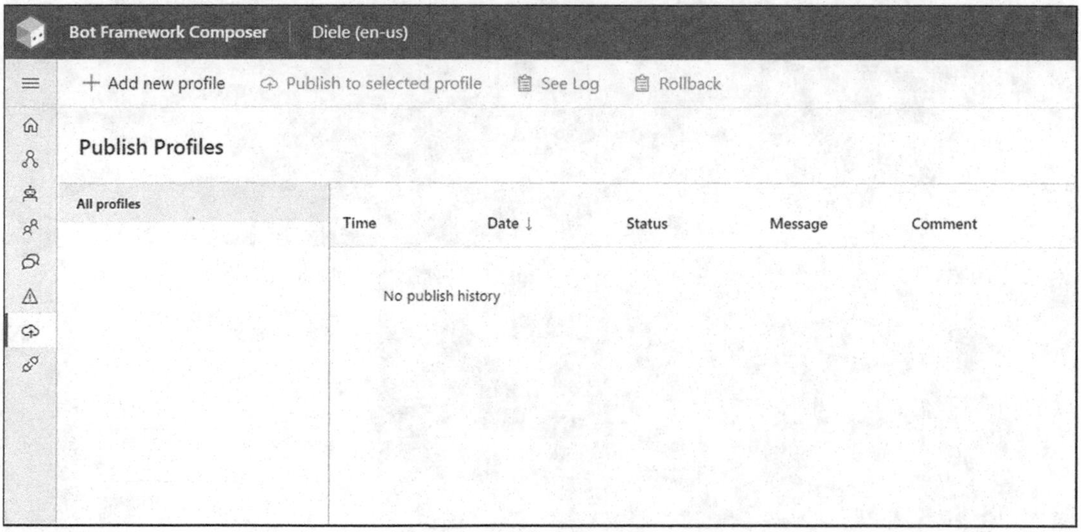

Abb. 7.3 Composer-Veröffentlichungsansicht

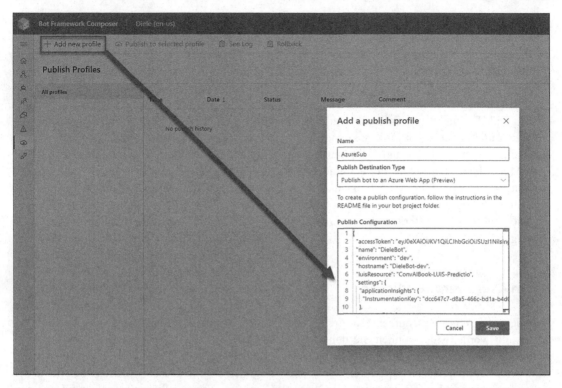

Abb. 7.4   Neues Veröffentlichungsprofil im Composer hinzufügen

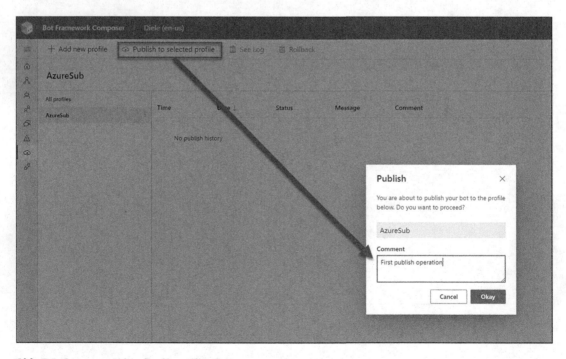

Abb. 7.5   Im ausgewählten Profil veröffentlichen

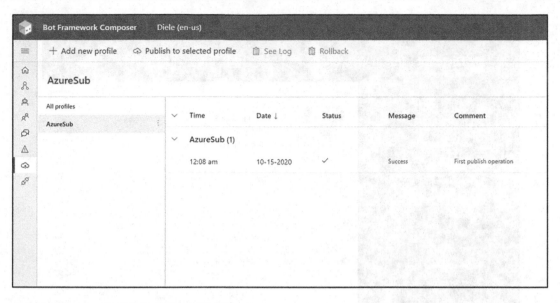

Abb. 7.6 Ansicht „Bot erfolgreich veröffentlichen"

„Success" sehen, wie in Abb. 7.6 dargestellt. Dies bedeutet, dass Composer den Code des Bots erfolgreich in der zuvor erstellten Azure Web App-Ressource veröffentlichen konnte.

Testbot in Azure

Nachdem der Bot nun erfolgreich in Azure veröffentlicht wurde, können Sie ihn direkt im Azure-Portal testen, ähnlich wie bei der Vorgehensweise mit dem Emulator. Um einen Bot in Azure zu testen, navigieren Sie zu dem im ersten Teil dieses Kapitels erstellten Dienst „Bot Channels Registration". Navigieren Sie innerhalb dieses Dienstes zu „Test in Web Chat", wodurch Ihr Bot in einem Web-Chat-Szenario geöffnet wird, wie in Abb. 7.7 dargestellt. Wenn der zuvor beschriebene Veröffentlichungsprozess erfolgreich durchgeführt wurde, sollte Ihr Bot Sie auf dieselbe Weise begrüßen, als ob Sie den Emulator zum Chatten mit dem Bot verwenden würden.

Jetzt können Sie den Bot testen und mit ihm in Azure genauso kommunizieren wie mit dem Emulator.

Zusammenfassung

In diesem Kapitel haben Sie gelernt, wie Sie einen Chatbot mit dem Bot Framework Composer veröffentlichen können. Im ersten Teil dieses Kapitels haben Sie einen Einblick in die Erstellung der notwendigen Azure-Ressourcen erhalten, die für die erfolgreiche Veröffentlichung eines Bots in Azure erforderlich sind. Dann haben wir uns angesehen, wie man einen Bot mit Composer in einem Azure-Abonnement veröffentlicht und den Bot direkt über das Azure-Portal testet.

Das nächste Kapitel befasst sich dann mit dem Prozess der Verbindung des veröffentlichten Bots mit einigen der Azure Bot Service-Kanäle wie Web-Chat oder Microsoft Teams, damit Endbenutzer mit dem Bot kommunizieren können.

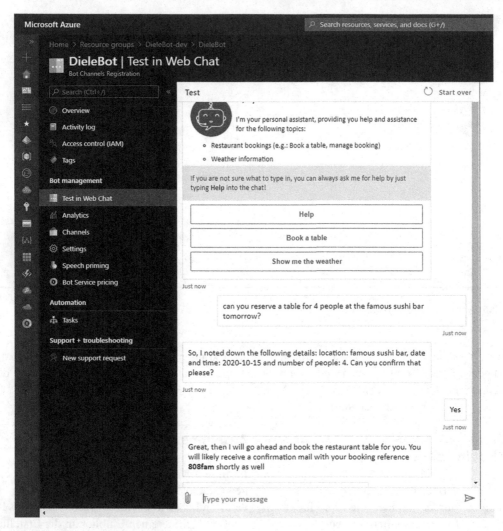

Abb. 7.7 Testbot in Azure nach der Veröffentlichung

Der normalerweise letzte Schritt im Lebenszyklus der Bot-Entwicklung besteht darin, einen Chatbot mit den gewünschten Kanälen zu verbinden. Dieser Prozess ermöglicht es Ihnen, die Kommunikation mit dem Bot über die Kanäle zu starten, für die Sie den Bot aktiviert haben. Wie bereits in früheren Kapiteln erwähnt, sollten Sie bereits bei der Entwicklung Ihres Bots wissen, auf welche Kanäle Sie abzielen wollen, da nicht alle Kanäle gleich funktionieren und die gleichen Funktionen unterstützen. Microsoft Teams ist beispielsweise in der Lage, umfangreiche Anhänge wie Adaptive Cards zu verarbeiten, während der Twilio-Kanal für Textnachrichten verwendet wird. Da Textnachrichten nicht in der Lage sind, Rich Attachments anzuzeigen, können Sie Adaptive Cards in diesem Kanal nicht verwenden. Daher müssen Sie sich bereits während der Build-Phase Ihres Entwicklungszyklus Gedanken über die Zielkanäle machen, um spätere größere Änderungsanforderungen zu vermeiden.

Ziel dieses Kapitels ist es, die unterstützten Kanäle kurz zu beschreiben und auf einige Unterschiede zwischen diesen Kanälen hinzuweisen. Außerdem wird der Prozess der Verbindung eines Bots mit dem Web-Chat-Kanal und Microsoft Teams im Detail beschrieben.

Azure Bot Service-unterstützte Kanäle

Wie bereits in den Kap. 1 und 2 beschrieben, ist der Azure Bot Service im Grunde die Bot-Hosting-Plattform, die als Azure-Service-Instanz angeboten wird. Die Hauptfunktion dieses Dienstes besteht darin, dass Bot-Entwickler einen Bot mit den unterstützten Kanälen verbinden können, die hier aufgelistet sind (Änderungen vorbehalten):

- Alexa
- Cortana
- Office 365 E-Mail
- Microsoft Teams
- Skype
- Slack
- Twilio (SMS)
- Facebook Messenger
- Kik Messenger
- GroupMe
- Facebook für Workplace
- LINE
- Telegramm
- Web-Chat
- Direkte Linie
- Direct Line Rede
- WeChat
- Webex

Der erste Unterschied, der beim Vergleich des Verhaltens der verschiedenen Kanäle auftritt, ist die Behandlung der Begrüßungsnachricht. Um eine Vorstellung davon zu bekommen, welche Kanäle in der Lage sind, ConversationUpdate-Aktivitäten zu senden, sehen Sie sich bitte Tab. 8.1 an.

Die Schlüssel für die in diesem Kapitel erwähnten Tabellen lauten wie folgt:

© Der/die Autor(en), exklusiv lizenziert an APress Media, LLC, ein Teil von Springer Nature 2022   193
S. Bisser, *Microsoft Conversational AI-Platform für Entwickler*,
https://doi.org/10.1007/978-3-662-66472-8_8

Tab. 8.1 Behandlung von Begrüßungsmeldungen nach Kanal (Microsoft, 2020)

	Cortana	Direkte Linie	Direktleitung (Web-Chat)	E-Mail	Facebook	GroupMe	Kik	Mannschaften	Slack	Skype	Telegramm	Twilio
Conversation-Update	1	1	1	3	2	1	1	1	1	3	1	3
ContactRelationUpdate	3	3	3	3	3	3	3	3	3	1	3	3

Tab. 8.2 OAuth-Unterstützung nach Kanal (Microsoft, 2020)

	Cortana	Direkte Linie	Direktleitung (Web-Chat)	E-Mail	Facebook	GroupMe	Kik	Mannschaften	Slack	Skype	Telegramm	Twilio
Event. Token-Response	2	1	1	3	2	2	2	1	2	2	2	2

- 1 Der Bot sollte mit dieser Aktivität rechnen.
- 2 Derzeit ist noch nicht geklärt, ob der Bot dies empfangen kann.
- 3 Der Bot sollte niemals erwarten, dass er diese Aktivität erhält.

Wie Sie in Tab. 8.1 sehen können, unterstützen einige Kanäle wie Teams, Slack und Telegram die ConversationUpdate-Aktivität, die es Ihnen als Bot-Entwickler ermöglicht, eine stabile Begrüßungsnachrichten-Aktivität zu implementieren. Bots, die mit diesen Kanälen verbunden sind, sind in der Lage, proaktiv eine Begrüßungsnachricht an den Benutzer zu senden, sobald die Unterhaltung beginnt. Andere Kanäle wie E-Mail und Skype sind jedoch nicht in der Lage, diese Ereignisse zu verarbeiten und können daher kein zuverlässiges Begrüßungsszenario implementieren.

Ein weiteres Beispiel, das die Unterschiede zwischen den Kanälen zeigt, ist die Unterstützung von OAuth in einem Bot, der mit den verschiedenen Kanälen verbunden ist. Während einige Kanäle wie Direct Line oder Microsoft Teams OAuth-Login unterstützen, unterstützen andere Kanäle wie E-Mail diese Authentifizierungsfunktion nicht. Dies sollte auch bei der Entwicklung eines Bots berücksichtigt werden, der Benutzer in irgendeiner Form authentifizieren muss (Tab. 8.2).

Verbinden Sie einen Chatbot mit Webchat

Da Sie nun wissen, welche Kanäle welche Funktionen unterstützen, ist es an der Zeit, den Bot, den Sie zuvor erstellt haben, mit den vom Azure Bot Service angebotenen Kanälen zu verbinden. Der erste Kanal, mit dem Sie Ihren Bot verbinden können, ist der Web-Chat-Kanal. Dieser Kanal enthält im Wesentlichen das bereits beschriebene Webchat-Steuerelement, mit dem Benutzer innerhalb einer Website oder Webseite mit dem Bot kommunizieren können. Wie in Abb. 8.1 dargestellt, enthält der Web-Chat-Kanal das Token, mit dem eine authentifizierte Verbindung zwischen dem im Web-Chat-Steuerelement angezeigten Bot und dem Kanal hergestellt wird.

Im Allgemeinen haben Sie zwei Möglichkeiten, wie Sie Ihren Bot mit Hilfe des Webchat-Steuerelements in eine Webseite einbinden können:

- Tauschen Sie Ihr Geheimnis gegen einen Token und generieren Sie den Einbettungscode.
- Betten Sie die Web-Chat-Steuerung in eine Website ein, indem Sie das Geheimnis direkt verwenden (NICHT IN DER PRODUKTION VERWENDEN).

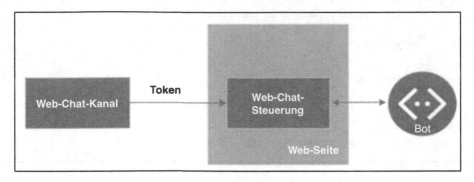

Abb. 8.1 Beteiligte Komponenten des Webchat-Kanals (Microsoft, 2019)

Die erste Option ist diejenige, die ein weitaus höheres Maß an Sicherheit bietet, da Ihr Geheimnis auf Ihrer Webseite nicht preisgegeben wird, da Sie das Geheimnis gegen ein Token austauschen und dann den Einbettungscode der Web-Chat-Steuerung automatisch generieren. Das folgende HTML-Codefragment zeigt, wie eine gesicherte Verbindung hergestellt wird, ohne dass das Geheimnis preisgegeben wird, da es automatisch von einer API abgerufen wird und daher nicht Teil des Codes ist:

```
<!DOCTYPE html>
<html>
 <Kopf>
    <script   src="https://cdn.botframework.com/botframework-webchat/latest/
    webchat.js"></script>
 </head>
 <body>
    <div id="webchat" role="main"></div>
    <script>
    const styleSet = window.WebChat.createStyleSet({
        bubbleBackground: 'rgba(0, 0, 255, .1)',
        bubbleFromUserBackground: 'rgba(0, 255, 0, .1)',
        botAvatarImage: '<Ihre Bot-Avatar-URL>',
        botAvatarInitials: 'BF',
        userAvatarImage: '<Ihre Benutzer-Avatar-URL>',
        userAvatarInitials: 'WC',
        rootHeight: '100%',
        rootWidth: '30%'
    });
    // Aufrufen der API zum Abrufen des Tokens
     const res = await fetch('https:<YOUR_TOKEN_SERVER>', {
         Methode: 'POST' });
    const { token } = await res.json();
    window.WebChat.renderWebChat(
      {
        directLine: window.WebChat.createDirectLine({ token }),
        userID: 'WebChat_UserId',
        Gebietsschema: 'en-US',
```

```
        Benutzername: 'Web-Chat-Benutzer',
        Gebietsschema: 'en-US',
        styleSet
      },
      document.getElementById('webchat')
    );
  </script>
 </body>
</html>
```

Der Web-Chat-Kanal ist bei der Erstellung eines neuen Bots in Azure standardmäßig aktiviert. Daher können Sie das oben erwähnte HTML-Snippet verwenden, um Ihren Bot in eine Webseite einzubetten. Das Direct Line-Geheimnis können Sie im Abschnitt „Channels" Ihres Bots im Azure-Portal abrufen, wie Abb. 8.2 zeigt.

Nach der Einbettung des HTML-Schnipsels in eine Webseite könnte das Chat-Fenster so aussehen wie in Abb. 8.3. Da es sich hierbei jedoch nur um HTML und CSS handelt, können Sie das Erscheinungsbild natürlich an Ihre Bedürfnisse oder an die Markenrichtlinien Ihres Unternehmens anpassen. Sie können auch ein Pop-up-Chat-Fenster auf einer Seite der Seite einrichten, das es den Benutzern ermöglicht, das Chat-

Fenster zu öffnen, wenn sie zum Beispiel Hilfe suchen.

▶ **Hinweis** Wenn Sie weitere Einzelheiten zur Anpassung der Web-Chat-Steuerung benötigen, wenden Sie sich bitte an https://docs.microsoft.com/en-us/azure/bot-service/bot-builder-webchat-customization.

Verbinden Sie einen Chatbot mit Microsoft Teams

Ein weiterer beliebter Kanal, mit dem ein Bot verbunden werden kann, ist Microsoft Teams, da er eng in den modernen Arbeitsplatz in Microsoft

Abb. 8.2 Konfiguration des Web-Chat-Kanals

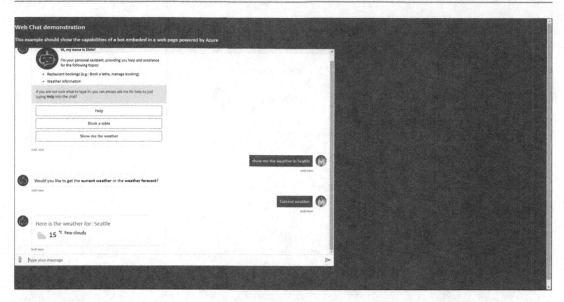

Abb. 8.3 Beispiel für die Implementierung eines Webchats

Abb. 8.4 Freigabe Teams Kanal 01

365 integriert ist. Um einen Bot mit Teams zu verbinden, müssen Sie zunächst den Teams-Kanal im Azure-Portal aktivieren, indem Sie auf das Symbol Microsoft Teams klicken, wie in Abb. 8.4 dargestellt.

Auf der nächsten Seite müssen Sie lediglich die Konfiguration speichern und die Bedingungen akzeptieren, wie in Abb. 8.5 dargestellt. Mit diesem Schritt wird der Teams-Kanal für Ihren Bot akti-

viert und die Möglichkeit geschaffen, mit dem Bot über den Microsoft Teams-Kanal zu chatten.

Wenn Sie testen möchten, ob der Bot im Microsoft Teams-Kanal antwortet, klicken Sie einfach auf das Microsoft Teams-Symbol in der Liste der Kanäle, wie in Abb. 8.6 gezeigt. Dadurch wird der Web- oder Desktop-Client von Microsoft Teams geöffnet und automatisch eine Verbindung mit dem Bot im Client hergestellt.

Abb. 8.5 Freigabe Teams Kanal 02

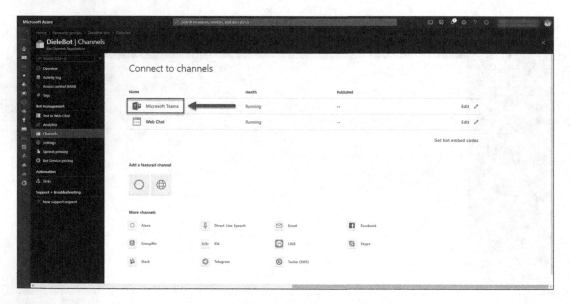

Abb. 8.6 Testbot in Teams

Wenn alles korrekt eingerichtet wurde, sollten Sie einige Sekunden später die Begrüßungskarte sehen, die der Bot an Sie sendet.

In Produktionsszenarien würden Sie jedoch wahrscheinlich nicht allen Personen, die mit dem Bot über Teams kommunizieren sollen, Zugriff auf die Azure-Portalseite geben oder die direkte URL zum Bot in Teams senden. Daher sollten Sie mit dem Teams App Studio eine neue Microsoft Teams-Anwendung erstellen, die aus dem Bot

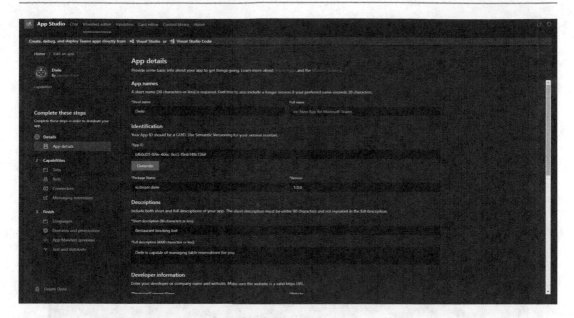

Abb. 8.7 Teams-App für den Bot erstellen – App-Details

besteht. Um eine solche Teams-App zu erstellen, öffnen Sie das Teams App Studio und erstellen Sie eine neue App. Als Erstes müssen Sie die grundlegenden Informationen über die App, wie den Namen und den Entwickler, ausfüllen und optional App-Symbole einfügen, wie in Abb. 8.7 dargestellt.

► **Hinweis** Ihr Benutzer muss auf das Teams App Studio zugreifen können, das möglicherweise von den Administratoren Ihrer Organisation gesperrt ist.

Nachdem Sie die erforderlichen App-Details eingegeben haben, können Sie zum Abschnitt „Bots" der App wechseln, um Ihren Bot entsprechend einzurichten, wie in Abb. 8.8 dargestellt. In diesem Schritt wird Ihre App mit dem in Azure gehosteten Bot verbunden, damit die Benutzer über diese App mit dem Bot kommunizieren können.

Um den Bot in der Teams-App einzurichten, müssen Sie die Microsoft App ID Ihres Bots erhalten, die im Teams App Studio als „Bot ID" bezeichnet wird. Diese App-ID finden Sie auf der Einstellungsseite Ihres Bots im Azure-Portal, wie in Abb. 8.9 dargestellt.

Um einen Bot innerhalb einer Teams-App einzurichten, müssen Sie die „Bot-ID" angeben, die die „Microsoft App ID" ist. Außerdem müssen Sie den Geltungsbereich des Bots auswählen, der „Persönlich", „Team" und „Gruppe" sein kann, um festzulegen, in welchen Szenarien die Benutzer mit dem Bot kommunizieren dürfen. Außerdem können Sie die Unterstützung für das Hoch- und Herunterladen von Dateien innerhalb der Konversation aktivieren oder den Bot als reinen Benachrichtigungsbot einschränken, wie in Abb. 8.10 dargestellt.

Nachdem der Bot in der Teams-App korrekt eingerichtet wurde, wird er im nächsten Schritt für Sie installiert, um zu sehen, ob er mit einem

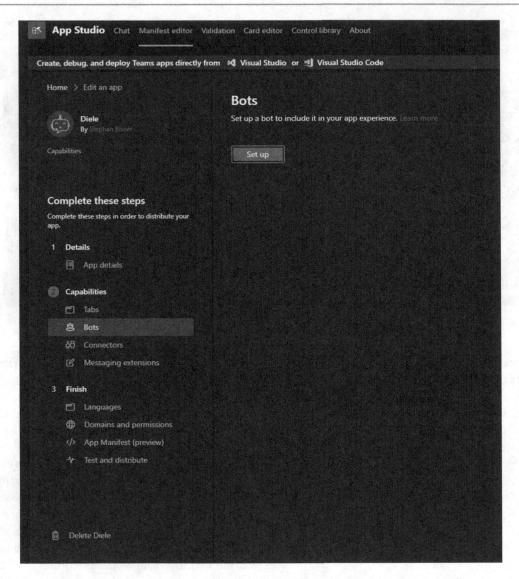

Abb. 8.8 Teams-App für den Bot erstellen – Bot 01 einrichten

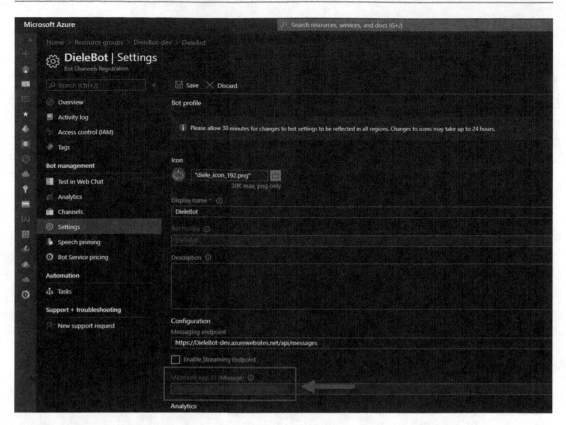

Abb. 8.9 Teams-App für den Bot erstellen – Microsoft App ID

Benutzer über Teams kommunizieren kann. Dazu müssen Sie zum Abschnitt „Testen und verteilen" gehen und dann „Für mich hinzufügen" wählen, um den Bot in Ihrem Teams-Client als App zu installieren, wie in Abb. 8.11 dargestellt.

Nach der Installation des Bots sehen Sie, dass das Symbol des Bots in der linken Navigationsleiste Ihres Microsoft Teams-Clients angezeigt

wird. Außerdem sollten Sie einige Sekunden nach der Installation des Bots die Begrüßungsnachricht des Bots erhalten, die in Abb. 8.12 zu sehen ist, und zwar auf die gleiche Weise, wie wenn Sie das Webchat-Steuerelement oder den Bot-Framework-Emulator verwenden würden, um eine Kommunikation mit dem Bot herzustellen.

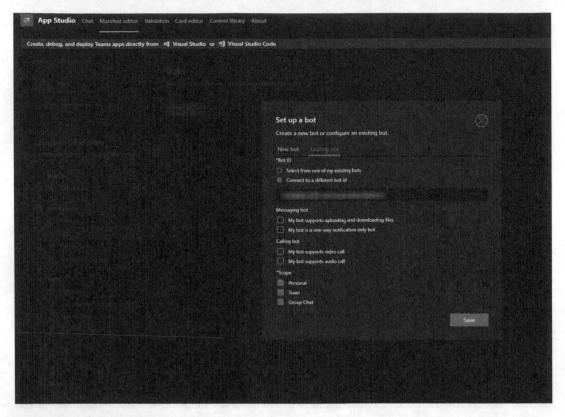

Abb. 8.10   Teams-App für den Bot erstellen – Bot 02 einrichten

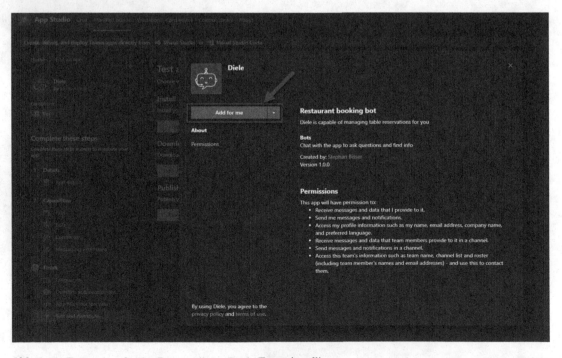

Abb. 8.11   Teams-App für den Bot erstellen – Bot in Teams installieren

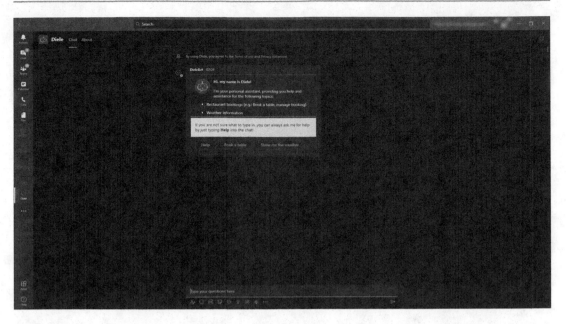

Abb. 8.12 Testbot in Teams

Diese Microsoft Teams-App kann jetzt in den öffentlichen Microsoft Teams-Store hochgeladen werden, damit jeder Ihren Bot nutzen kann. Wenn Sie möchten, dass nur Personen innerhalb Ihrer Organisation Ihren Bot in Microsoft Teams verwenden, können Sie die Teams-App in den App-Store Ihrer Organisation hochladen, sodass nur Mitglieder Ihrer Organisation Ihren Bot installieren und verwenden können.

Zusammenfassung

In Kap. 8 haben wir die von Azure Bot Service unterstützten Channels behandelt. Insbesondere haben wir bestimmte Funktionen zwischen den Kanälen verglichen, um zu sehen, welche Kanäle welche wichtigen Funktionen unterstützen. Außerdem haben Sie gelernt, wie Sie einen Bot mit dem Web-Chat-Kanal verbinden und das Web-Chat-Steuerelement sicher und ohne potenzielle Sicherheitsprobleme in eine Webseite integrieren können. Außerdem haben wir gezeigt, wie man das Webchat-Steuerelement anpasst und das Styling anwendet, um ein Corporate Design auch in die Konversation einzubinden. Der letzte Abschnitt dieses Kapitels führte Sie durch den Prozess der Aktivierung des Microsoft Teams-Kanals für Ihren Bot sowie das Erstellen und Installieren einer Microsoft Teams-App, die Ihren Bot enthält und in Ihrem Unternehmen verteilt werden soll.

Printed in the United States
by Baker & Taylor Publisher Services